ダークパターン

人を欺くデザインの手口と対策

ハリー・ブリヌル 著
長谷川敦士 監訳　髙瀬みどり 訳

BNN
Bug News Network

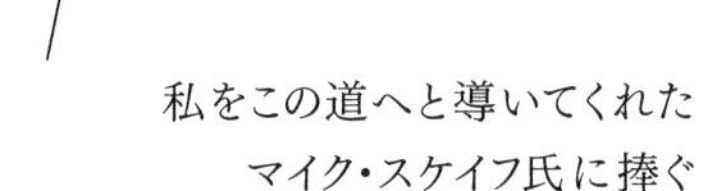

Deceptive Patterns: Exposing the Tricks Tech Companies Use to Control You
By Harry Brignull

The Japanese edition was published in 2024 by BNN, Inc.
1-20-6, Ebisu-minami, Shibuya-ku,
Tokyo 150-0022 JAPAN
www.bnn.co.jp

Printed in Japan

DECEPTIVE PATTERNS

EXPOSING THE TRICKS TECH COMPANIES USE TO CONTROL YOU

HARRY BRIGNULL

目次

◉凡例 - 訳注、編注は〔 〕で括った。
- 後注で示されるURLは原書制作時点のものであり、変更されている場合がある。

―謝辞―

原稿を添削し、改良の手伝いをしてくださった親切な方々に心からのお礼を申し上げます。

昔、私がヒューマン・コンピューター・インタラクション（ＨＣＩ）とインタラクション・デザインに出会うきっかけをくれ、学士課程、修士課程、博士課程を通して指導してくださった、イヴォンヌ・ロジャース教授。教授はこの本の執筆にも手を貸してくださいました。イヴォンヌ、ありがとうございました。

欺瞞的なパターンに対する法規的な対応は、特にＥＵ諸国で急速に進化しています。本著には全くもって法的な文書としての側面はありませんが、欺瞞的なデザインを規制するための法整備について、アムステルダム自由大学のマーク・ライザー博士にご教授いただいたこと、感謝申し上げます。

何時間も私に付き合って、扱いの難しい議題を紐解き書き直す手伝いをしてくれたケニス・ボールズ氏にも感謝しています。彼は10年以上前に、私が最初にこのテーマで議論を書いたときにも手助けしてくれました。

そして、多くの有益なテーマや研究へと私を導いてくれたフィン・リュツォー＝ホルム氏にもお礼申し上げます。この分野は今や非常に広いテーマとなりましたが、フィン氏は隅々までアンテナを張っているようです。

最後に、原稿を添削してくださったものの、匿名を希望した多くの協力者へ。自分のことだとわかっていますね。本当にありがとうございました。

編集：オーウェン・グレゴリー
カバーアート：ミア・ブリヌル

プロローグ

彼らの表情からは何も読み取れない。2021年3月のとある木曜日の午後、第117議会の通信・技術小委員会が、オンラインで合同公聴会を開いた。そしてその日の「偽情報国家：過激主義と誤報を促進するSNS」というセッションで証言するために、世界トップレベルの影響力を持つ3人――スンダー・ピチャイ氏（GoogleのCEO）、ジャック・ドーシー氏（TwitterのCEO）、マーク・ザッカーバーグ氏（Facebookの会長兼CEO）――が一堂に会していた。[*1]

それは、待ちに待った瞬間だった。映像はリサ・ブラント・ロチェスター下院議員に切り替わる。彼女はダークパターンについて説明し、それを「ユーザーを騙すために意図的に作られた、欺瞞的なユーザーインターフェース」と定義した。そしてピチャイ氏、ドーシー氏、ザッカーバーグ氏にこのような質問を投げかけた。

――ユーザーを騙し、意図的に操って個人情報を提供させるようなデザイン技術を禁止する法の制定には反対ですか？

カメラが3人それぞれの顔を映すと、議員との違いが露わになった。ロチェスター議員が木製の小さなブースの中で、解像度の低い小型のウェブカメラで撮られているのに対し、CEOの3人は明らかにスタジオの中で、プロによる照明、カメラ、マイクを手配されていた。

「もちろん、この領域について何らかの規制は必要だと思っています」とピチャイ氏が頼もしい言葉を返した。

ドーシー氏はただ「いいと思います」と短く答える。

一方ザッカーバーグ氏はもう少し茶を濁すような言い方をした。「議員さん、方針はいいとして、問題は具体的なところではないですか」

彼の言葉はロチェスター議員との対立を煽るようだ。それを受けて議員は、より率直に聞くことにした。「わかりました。ザッカーバーグさん、あなたの会社は最近、インターネットがこの四半世紀で遂げた発展について、大規模な広告を打ちましたね。いい広告です。それはこんな言葉で締めくくられていました。『今の私たちにふりかかる問題に合ったインターネット規制を支持しています』。ですが残念ながら、あなた方が視聴者に見せた提案には、ダークパターンやユーザーの心理的操作、欺瞞的なデザインについて一切触れていません。ザッカーバーグさん、これからは欺瞞的なデザインも、あなた方の目指すよりよいインターネット規制の対象に含めるつもりはありますか？」

ザッカーバーグ氏は一瞬、躊躇した。「議員さん、それについては……考えておきます。一見したところ、今は、他にもっと急を要する問題があるような気がするので……」

そろそろ5分のタイムリミットが迫っていたロチェスター議員は、彼の言葉を遮るように締めくくりのスピーチを始めた。「私たちが今直面している問題を取り上げる意欲があると仰いますが、ダークパターンのような欺瞞的な行為の問題は２０１０年から存在しています。ぜひ調査してください。〔…〕子供たちも〔…〕シニア世代も、退役軍人も有色人種も、私たちの民主主義そのものですら危機に瀕しているのです。私たちは行動を起こさなければなりません。私は――いえ、私たちが保証します。必ず行動を起こすと」

感動的なスピーチだったが、ＣＥＯたちはすべての手札を抱え込んだままだ。規制が変わるときがやってきたと知りつつも、手放すものは最低限に留めたいというのが本心だろう。

リサ・ブラント・ロチェスター議員の宣言は実に的を射ていた。ダークパターンの概念は２０１０年に現れた。なぜ知っているかというと、私が作った言葉だからだ。とは言えここまで広まると知っていたなら、もっと深く考えて名付けていただろう。２０１０年の5月にキッチンテーブルで、ボールペンを握りながら考えたのを覚えている。私は次のカンファレンスで話す内容をまとめていて、このテーマについて書くのは初めてだった。最初は「20分も話すような内容じゃないのでは」と思っていたが、調べれば調べるほどこのテーマの深さに気がついた。ユーザーを騙す手口やテクニックは至るところに蔓延っていたものの、当時それを問題視して声を上げる人は誰もいなかったのだ。

あのときから、状況は大きく変わりつつある。

第1章

人を欺くデザインとは

2010年に、私は「ダークパターン」をこう定義した。「ユーザーを騙して、たとえば、品物の購入時に保険に入らせたり、定期購入を契約させたりなど、特定の行動に誘導するため慎重に設計されたユーザーインターフェース」と。

この定義は今や少し古いため、最近は「ディセプティブ（人を欺く）パターン」[*1]という言葉を使うようにしている。より賢そうな言い方をするなら「ディセプティブもしくはマニピュラティブ（人を操る）パターン」になるが、長ったらしいためこの本では両方を指して、シンプルにディセプティブパターンと呼ぶことにする。[*2]

当時、人を欺いたり操ったりするUIデザインについて詳しく調べていたのは私くらいのものだったろう。それが13年経った今、ヒューマン・コンピューター・インタラクション（HCI）研究者や法学者をはじめとした多くの人たちの注目を集め、多角的に研究される一大分野となった。もちろんすべてが私のおかげと言うつもりはない。最初のきっかけを作り、初めに十数個くらい用語を作ったのは私だが、その後は主に教育者として、あるいは活動家や推進者としての役割を担ってきた。[*3]この問題を世に広め、これを行っている企業の名を知らしめて非難し、そして法や規制の整備と取り締まりなどの行動を起こすよう働きかけてきたのだ。

それでは、どのようにして企業はデザインを利用し、ユーザーを操って利益を得るのだろうか。まずは物理的な例――空港を利用したときのケースから見ていこう。ロンドン・ガトウィック空港から飛行機に乗るときは、「遅くとも出発の2時間前には空港に到着し、チェックインと保安検査のために十分な時間を確保する」[*4]ように推奨されている。しかしこの空港では、保安検査を通過したあと直接出発ラウンジに向かうことはできない。旅行に全くもって関係ない行動を強制され、注意力と体力と時間を消耗させられるのだ。飛行機に乗り遅れそうで急いでいたとしても、それを避けて通ることはできない（図1－1）。

業界では、これを「通り道を強制した」店舗レイアウト[*5]と呼ぶ。実際は腹の中に詰め込まれた腸の如く、長方形のフロアにただ長く曲がりくねった通路を詰め込んだだけの店舗レイアウトなのだが、旅行客は強制的に通路の入り口から出口まで歩かされる。曲がりくねった通路はビジネス的に都合がいい。商品ディスプレイが必ず客の視界の中心に入るため、そのエリアを通り抜ける際どう

図1-1
ロンドン・ガトウィック空港で必ず通らされるショッピングエリア

しても売り物を見てしまうようになっているのだ（図1－2）[*6]。

さて、航空券と規約に目を向けよう。これらの文書には、出発ラウンジへ入るのに店で香水やら美容品やら酒やらを見て時間を使わなければならないとは、一言も書かれていない。空港からは、少なくとも出発の2時間前には到着しているよう案内されている。だが、もしも本当に空港が時間的な効率を一番に重要視しているのならば、保安検査場と出発ラウンジの間に通り道を強制したレイアウトの店を配置して、そこを必ず通らなければならないような造りにはしないはずだ。

これがまさに、ビジネスにおいてデザインを利用して客を操り、何かを強制しているいい例だ。企業側は利益のために意図的に通り道を強制したレイアウトを採用しているにもかかわらず、それを客に伝えずにただ2時間前に来るようにとだけ案内し、しかもその工程を飛ばす選択肢を与えないところは、やや騙し討ちのようだとも言えるだろう。

この例では、旅行客が受ける影響はたかが知れているし、被害があるとも言えない。何より面倒というだけだ。しかし毎年４０００万人以上がガトウィック空港を利用することを考えれば、この

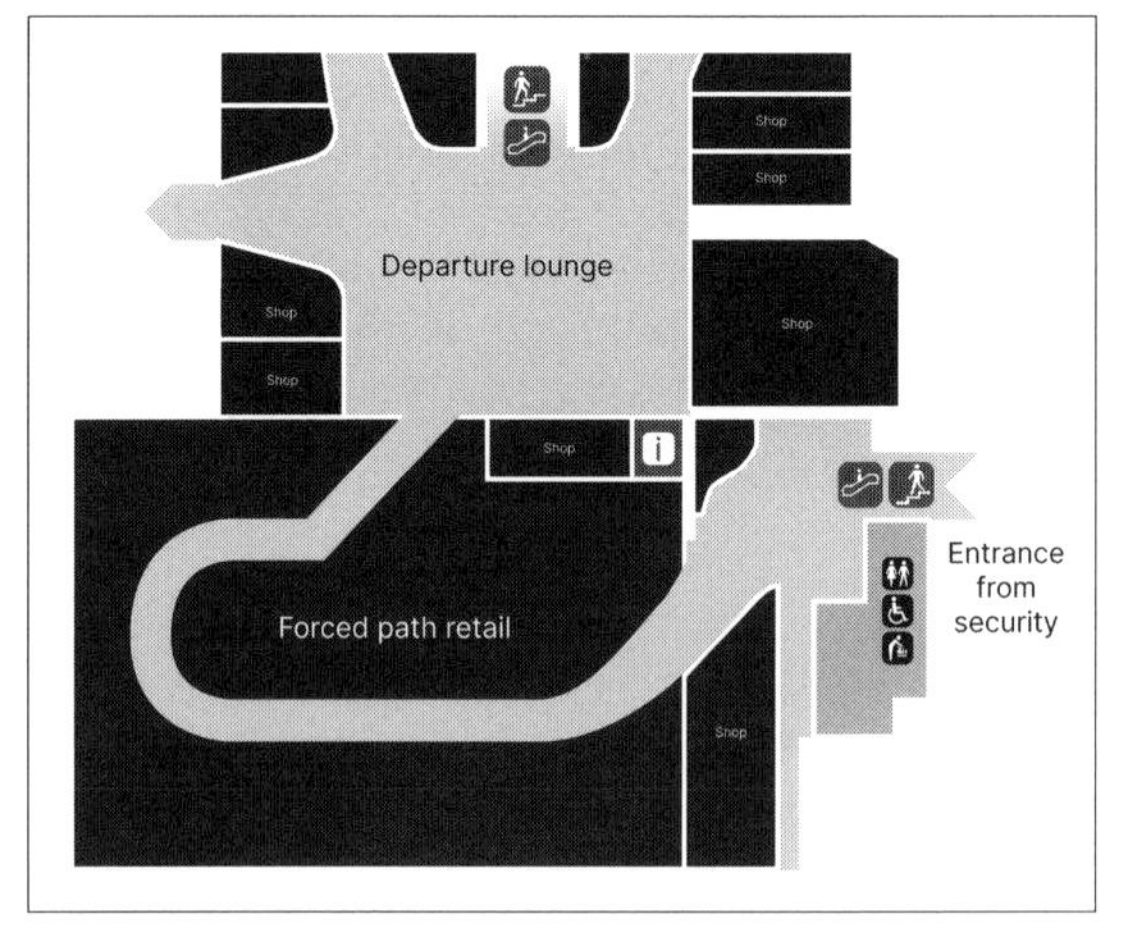

図1-2
ロンドン・ガトウィック空港、南ターミナルの間取り図。強制された通り道は中で引き返すような形に折れ曲がっている

ように設計されたわけにも納得がいくだろう。[*7] 人の心理を操作するような設計によって、たった数パーセントでも買い物をしてくれる客が増えるだけで、空港は店に巨額のテナント料を要求でき、テナントとの関係にもうまみが生まれるのだ。

オンラインなら尚更、客を操り騙すのが容易になる。設計者がもっと多くのことをコントロールできるからだ。目にするものすべてがバーチャルだと、利益率を上げるためにあらゆる工作が可能だ。1つ、ウェブサイトに見られるディセプティブパターンの例を紹介する（図1－3）。[*8] きっとあ

WIRED and Conde Nast would like to contact you with offers and opportunities. Please tick here if you would prefer to receive these messages:
by email ☐ by SMS ☐

If you do not want to hear from us about other relevant offers, please tick here:
by post ☐ by phone ☐

Our partners sometimes have special offers that we think you will find relevant, please tick here if you would prefer to receive these messages:
by email ☐ by SMS ☐

Please tick here if you would prefer not to hear from our partners:
by post ☐ by phone ☐

一段目：
WIREDとConde Nastは、お客様にお得なサービスや情報をお知らせします。メッセージを受け取る方法を選んでください。
Eメール　SMS

二段目：
ほかの関連情報を受け取りたくない場合は、受け取らない方法を選んでください。
投稿　電話

三段目：
お客様が興味を持ちそうな素敵なサービスについて、提携企業からのお知らせを受け取りたい場合は、受け取り方法を選んでください。
Eメール　SMS

四段目：
提携企業からのお知らせを受け取りたくない場合は、受け取らない方法を選んでください。
投稿　電話

図1-3
Condé Nastの雑誌『WIRED』の購読登録フォームから抜粋
（2010年10月）

なたも、何かのサービスに登録するとき同じようなものに遭遇した経験があるだろう。

このウェブページを見て、気がついたことはあるだろうか。質問ごとに、「受け取る」、「受け取らない」を交互に聞いているのだ。1段目は受け取りたい場合にチェックを入れ、2段目は受け取りたくない場合にチェックを入れる仕様になっている。そして3段目は受け取りたい場合、4段目は受け取りたくない場合にチェックを入れる。よほど注意深く読まないと、この中の最低1つは読み間違えて、受け取りたくないスパムを受け取る事態になってしまうだろう。この手口によって、Condé Nastは宣伝の発信数を増やし、より多くの「目」を獲得できた。つまりはより多くの人の目に情報を触れさせ、結果的に売り上げも利益も増やすことができたのだ。ＥＵもしくはイギリスに住んでいる人は、最近この手のディセプティブパターンは見かけなくなったはずだ。何せ数年前に、一般データ保護規則（ＧＤＰＲ）[9]の名のもとに違法になったからだ。[10]一歩前進だ！

ディセプティブパターンに関する私の活動の一部は、「デザインパターン」に対する興味から始まった。デザインパターンとは、ユーザーインターフェース（ＵＩ）を作成する際に使える、一般的かつ再利用可能な解決策のことだ。たとえば今、目を瞑ってウェブサイトのサインインフォームを想像するとしたら、きっと私たちは皆同じようなものを思い浮かべるだろう。まずユーザー名と、その下にパスワードの入力欄がそれぞれあり、「サインイン」というボタンと「パスワードを忘れた方はこちら」といったボタンがあるはずだ。これこそがＵＩデザインパターンである。もともとは構築環境における建築に端を発する概念で、業界によってあらゆるデザインパターンが存在する。[11]

他にもよく知られている概念として、「アンチパターン」がある。アンチパターンとは、解決策を求めてよく陥りがちな間違いのことだ。だが２０１０年のある日、ページの余白に落書きをしながら、私はさらにもう1つ、まだ誰にも指摘されていないデザインパターンの存在に気がついた。それは、推奨される行いでもなければ、避けるべき間違いでもない――ビジネスで利益を上げ、引っ掛かったユーザーに不利益をもたらすような、人を欺き、操る行いだった。

長い時間がかかってしまったが、ついに新しい法が施行され、この問題の突破口が開かれた。ＥＵ一般データ保護規則（ＥＵ ＧＤＰＲ）を初め、不公正取引行為指令（ＵＣＰＤ）、デジタル市場法（ＤＭＡ）[*12]、デジタルサービス法（ＤＳＡ）[*13]、ＥＵデータ法案[*14]、カリフォルニア州プライバシー権法（ＣＰＲＡ）[*15]、コロラド州プライバシー法（ＣＰＡ）[*16]など、続々と法整備が進んでいる。

カリフォルニア州プライバシー権法とコロラド州プライバシー法は、いずれもダークパターンに次の定義を採用している。「ダークパターンとは、ユーザーの自律性、意思決定、選択を著しく損なう、もしくは覆す効果を持つように設計、もしくは操作されたユーザーインターフェースのこと」。

この定義の中心となっているのは、自律性だ――すなわち、ユーザーが自身の選択の意味するところを理解し、外的な影響を受けずに自身の目的に即した行動ができるということである。たとえば、法的な取り決めをユーザーの目から完全に隠し、ユーザーの意思に反して個人情報を提供させた場合、そこに法的合意は存在していないことになる。個人情報の提供についてユーザーは知らされておらず、選択の余地がないため、自律性が認められないのだ。ただし、カリフォルニア州プライバシー権法とコロラド州プライバシー法が取り締まるのはプライバシーに関わる場合のみだ。アメリカの連邦法にも州法にも、プライバシーの問題を越えてディセプティブパターンを直接取り締まる法はまだ存在しない。その点ＥＵはもう少し進んでおり、より広い範囲を取り締まるデジタル市場法やデジタルサービス法が２０２３年に施行される〔施行済み〕。デジタルサービス法は、ダークパターンについて、以下のように定義している（前文67）。

「オンラインのインターフェースもしくはプラットフォームにおけるダークパターンとは、意図的もしくは事実上、サービスの受取者が説明を受け自律的に選択や意思決定を行う能力を著しく歪める、もしくは損なう行為のことである。それらの行為は、サービスの受取者に求めていない行動をとらせたり、望まない決断をさせたりするように説得し、不都合な結果を招くのに使われることがある」

この通り、「デジタルサービス法におけるダークパターンの定義はカリフォルニア州プライバシー権法とコロラド州プライバシー法のそれによく似ており、いずれもユーザーの自律性、選択、および意思決定に介入するか否かが焦点となっている。

ディセプティブパターンに対する向き合い方はさまざまで、法的な措置はその1つでしかない。たとえばＵＩデザイナーやエンジニアからすれば、ディセプティブパターンがどのような仕組みで成り立っているかのほうに興味が沸くかもしれない。あるいは心理学やヒューマン・コンピューター・インタラクションの分野に携わる人なら、どのようにして人間の思考が惑わされるのかに関心を寄せるかもしれない。倫理学者ならもっと広く、哲学的な意味を探ろうとするかもしれない。この先の章では、それぞれの視点についても触れていく。

ここで一番強調したいのは、ディセプティブパターンがもはや一部の界隈のニッチな関心事ではないということだ。特にテクノロジー系の業界に身を置いているなら、ディセプティブパターンについてしっかりと理解する必要がある。法律家、規制当局、法執行機関による法整備が行われ、取り締まりが強化されつつある今、中にはすでに違法なものもあるのだ。*17

これ以上先へ進む前に、まずはデザイン業界がどのように進化してきたかを把握しよう。

1　デザイン業界の専門用語

デザインと聞くと、見た目のことを思い浮かべがちだ。フォントや色、テクスチャ、グリッド、ムードボードといった性質である。だがこれは「グラフィックデザイン」のことである。グラフィックデザインは、無論重要ではあるが、今日のデジタルデザイン業界におけるほんの一領域に過ぎない。

今やデザインと言うと、どう装飾するかよりも、人にどう働きかけ、影響を与えるかという側面が強い。人の行動を追跡したり、テストしたり、心理学、行動経済学、統計、実験科学などの観点から研究されたりするものだ。要するに、ビジネスを成功に導き利益を生むための手段なのだ。

気づいていない人もいるかもしれないが、人気のアプリやウェブサイトを利用すると、何をクリックし、どのページをスクロールしたのかなどの情報がすべて記録される。そしてその記録は詳しく分析される。MetaやAmazon、Netflix、Googleなどの大企業には、何十万ドルという給料を受け取って、どうすればもっと客から金を搾り取れるか考えるチームがある。毎日あなたは行動を追跡され、どうすれば客がリンクをクリックしたり物を買ったり規約に同意したりするかを調べるためのA／Bテストや多変量テストなどの定量調査に協力させられているのだ。同じ調査方法が、ユーザーを助けるためにも害するためにも使えるという点を理解しておくべきである。企業側の意図によって、どちらにも転ぶのだ。ディセプティブパターンは作るのが簡単なうえ、結果を測定することができるため、企業側が積極的に自粛しなければ至るところで使われてしまう。

ディセプティブパターンは必ずしも、熱心な研究と精緻な職人技によって生み出されるわけではない。中には偶然生まれ、結果的に利益を生んだというパターンもある。たとえば、サブスクリプションの申し込みページで、企業側がたまたま定期的な支払いについての詳しい説明を怠っただけかもしれない。その結果利益が大きく増え、理由も理解しないままそのやり方に頼るようになったケースも考えられるだろう。

この本では業界用語がいくつか登場するため、先にここで紹介しておく。

プロダクト

人々が使用するアプリやウェブサイト、ソフトウェアなど全般を指す言葉。Amazonのアプリも、

Facebookのウェブサイトもプロダクトだ。それでだいたいの意味は掴めただろう。プロダクトの代わりに「サービス」という表現を好む企業もあり、特にさまざまな顧客と無数のタッチポイント（顧客接点）があるプロダクトを提供している企業はその傾向が強い。

プロダクトマネージャー

現代のほとんどの組織では、1人の人間がプロダクトや機能に関わるすべての決定権を持っている。それがプロダクトマネージャー（PM）と呼ばれる人物だ。プロダクトマネージャーはミニCEOのような存在で、与えられた領域内ですべての責任を負っているが、実際の役職名や仕事内容はさまざまだ。ディセプティブパターンが作成されるとき、プロダクトマネージャーはその事実を把握しているはずだ。それがどんな経緯でどんな目的を持って作成され、何人のユーザーの目に触れて、どれほどの利益をもたらすかを把握していなければならない立場なのだ。これを知っていると、いつか集団訴訟を起こすことになったら誰を召喚すべきか迷わないだろう。

ユーザー

ユーザーとは、プロダクトの利用者として想定される人々のことであり、「地球上のすべての人」と差別化される。業界では、プロダクトを日常的に利用するユーザーを「アクティブユーザー」と呼び、プロダクトのターゲットとして想定されているがまだ利用者ではないかもしれない人々のことを「ターゲットユーザー」と呼ぶ。他にも、「マンスリー・アクティブユーザー（MAU）」（1か月のアクティブユーザー数）や「デイリー・アクティブユーザー（ＤＡＵ）」（1日のアクティブユーザー数）なども、プロダクトの成功の度合いを測るのによく使われる指標であり、これらの数字をつり上げるためにディセプティブパターンが使われることも多い。

ユーザーインターフェースデザイン

インターフェースとは、２つのものが出会い、接触するポイントのことである。たとえば２枚の板切れを糊で貼り合わせたら、糊がインターフェースと見なされる。だがここで接触するのは２枚の板切れではなく、プロダクトとユーザーだ。そして両者の間にあるのがユーザーインターフェース（ＵＩ）である。ディスプレイで操作するデバイスで言うと、テキストや画像、枠やボタンなどがそれに当たる。Amazon Echoのように声で操作するデバイスなら、スピーカーから流れてくる言葉や音、加えてユーザーがマイクに吹き込むコマンドがＵＩとなる。

ユーザーエクスペリエンスデザイン

ユーザーエクスペリエンス（ＵＸ）とは、プロダクトのＵＩと何度も接触するうちにユーザーが知覚したり感じたりするもののことだ。ＵＩが扱いづらいと感じたら、ＵＸが悪くなる。

ただし、すべてのＵＩが戦略的に同じようなＵＸを目指しているわけではない。たとえばネットで買い物をするとき、支払いの工程は普通、簡単に素早く終わらせたいと思うだろう。フォームに情報を記入する体験はどれも似たり寄ったりで、ユーザーはそこに楽しさを求めてはいない。むしろさっさと終わらせたいはずだ。つまり、このような状況では利便性と効率性こそが最も重視される。一方で任天堂のゲーム機やOculusのヘッドセットを起動しているときは、一瞬一瞬を楽しみたいと思うだろう。つまり、その状況においては感情と楽しさに意味があるのだ。

もちろん、世の中には他にもあらゆる種類の挑戦が存在し、デザインもそれぞれに合わせて考慮する必要がある。教育的なプロダクトを設計するなら、まずは人がどのようにして学ぶのかを知らなければならない。はたまたX線検査装置の操作機器を設計するなら、最も考慮すべきは安全性だ。例を挙げればきりがないが、こういったことを考えるのがUXデザイナーの仕事だ。UXデザイナーはビジネスとしての目標が、ユーザーのニーズおよびユーザー心理と重なるところを見出すのである。UXデザイナーはよくアイデアをスケッチしたり図やモデルを書いたりして、考えをまとめたり共有したりする。そうやって、プロダクトマネージャー、調査チーム、技術的な問題に取り組む専門家、そしてUIデザイナーなど、それぞれの役割を担う人々の橋渡しをするのだ。

残念ながらデザイン業界には、一般的に認められている資格や役職名、役割や責任といったものがほとんどない。使われている名称や仕事のプロセスは企業ごとに微妙に異なる場合が多いのだ。

ディセプティブパターンに関わるその他の用語

いまだに「ダークパターン」という言葉が使われているのを目にするが、否定的なニュアンスを含まない、包括的な表現に移行すべきだ。私は「ディセプティブパターン」を推奨しているが、弁護士と仕事をするときは、必ずしもディセプティブ（欺瞞的）と言えないパターンも含まれるため、より正確に「ディセプティブもしくはマニピュラティブパターン」と言うようにしている。人や団体によっては、だいたい同じような意味で以下の言葉が使われる場合もある。

- **有害なオンラインの選択アーキテクチャ（harmful online choice architecture）**：イギリスの競争市場庁（CMA）が使用する用語。
- **アスホールデザイン（asshole design）**：Reddit〔アメリカの匿名掲示板〕などのフォーラムで使用される口語的な用語。
- **ダークナッジ（dark nudge）**：リチャード・セイラー氏とキャス・サンスティーン氏が提唱した「ナッジ（肘で小突く・そっと押す）」という概念をもとに作られた用語で、行動経済学者がよく使用する。
- **スラッジ（sludge）**：キャス・サンスティーン氏が広めた、よい行動を阻害するようなデザインのこと。

この分野は今や法規制の領分にもなりつつあるため、1つの共通の用語に統一される日は遠いだろう。たとえば「ディセプティブ」は米国連邦取引委員会法（FTC法）により、アメリカの連邦法上で厳密な定義が存在するため、アメリカの法律家は「ディセプティブパターン」という言葉を用いるとき極めて慎重にならざるを得ない[*18]（私がこの本の中で広い意味で用いるのとはわけが違う）。同様に、「ダークパターン」も近年ＥＵの法律で定義づけられたため、欠点を内包しつつも引き続き使用されるだろう。したがって、法律家もしくは法律に関わる立場でない限りは、自分がどういうデザインパターンのことを話しているのかを明確にさえすれば問題ないだろう。また、時が経つにつれ用語が変化していくかもしれない事実を柔軟に受け入れることをお勧めする。

2 ディセプティブパターンの台頭

ディセプティブパターンについて調べ始めた当初、私の認識はまだ甘かったと言わざるを得ない。そのような行いをする企業をさらし上げて辱めさえすれば、ディセプティブパターンはすぐに根絶されるだろうと思っていたのだ。あるいはＵＩデザイナーやＵＸデザイナーの倫理観に訴えれば、少なくとも数は激減すると考えていた。

しかしこのアプローチは実を結ばなかった。むしろ、当時より状況は悪化してさえいる。今の世の中にディセプティブパターンはあふれている。不安を抱えたユーザーが行政に通報するホットラインが世界中に存在するくらいだ。[19] それほど、解決までの課題が山積みだということである。

断っておくが、ディセプティブパターンは何も一夜にして出現したわけではない。人を騙すのは人間の本能的な行動だ。動物界でもありふれた行動であり、相手を騙すのは生きるために備わっている一種の能力と言ってもいいだろう。[20] この本の表紙にはハエトリグサ（学名：*Dionaea muscipula*）が描かれているが〔原著の表紙〕、ハエトリグサは果実や花のような匂いを分泌し、その匂いにおびき寄せられた虫が葉の内側の感覚毛に触れると、葉がぱたんと閉じて獲物を中に閉じ込める。表紙のハエトリグサは、ディセプティブパターンを利用してユーザーを騙し、罠にかける不届きなテック企業を象徴している。

人を騙すことにまつわる歴史的エピソードや神話は多く、イギリスの「王のシリングを受け取る」という言い回しの由来となったエピソードもその1つだ。18世紀と19世紀のイギリスはいくつもの戦争に参戦していた。だが戦時中の兵役は人気がない。志願兵が不足したため、徴募官はかなり積極的に志願兵を募り、志願した者には1シリング〔昔のイギリスの通貨。ポンドの20分の1〕を与えた。そのうち1シリング硬貨を受け取ることがすなわち兵役に合意したと見なされるようになり、性悪な徴募官たちは船乗りの服のポケットやビールのコップの中に硬貨を滑り込ませ、硬貨がそのまま相手の物になると、取引成立として海軍に徴兵した。本当の話かどうかはさておき、ディセプティブパターンの例としては非常に強力な話だ。ＵＩの中の曖昧な名称のボタンをクリックするにせよ、コインをこっそり入れられた飲み物をもらうにせよ、何の意図もない些細な行動がやり直しの利かない大損害に繋がるのなら、「同意」の定義から見直さなければならない。

インターネットが普及する前後で、人を欺いたり操ったりして利益を得る行為がどう変化したかを知っておくと、後々役に立つだろう。現代のテクノロジーはこれらの行為を加速させたり、または触媒となって激化させたりと、世に広めるのに一役買ったのだ。

メトリクス管理される社会

メトリクス管理〔活動や成果を数値化し、データとして業務を管理する方法〕は、実は大昔に遡る。7000年前のメソポタミア文明の遺物に、会計帳簿と見られるものが発見されている。当時のものはまだ粗雑だったかもしれないが、それから長い時を経て人類はあらゆるものを定量化する力をつけ、そして今や何をおいても正確性が追求されるようになった。

大昔と今とで変わったことと言えば、何かを定量化するハードルが比べようもなく低くなったことである。ビジネス環境でやること成すこと定量化し、決断のためにデータを分析するのに、抜きん出て頭がいい必要もなければ膨大な資金も必要ないのだ。

実際、メトリクス管理は非常に簡単だ。自分のビジネスにとって何の数字が重要かを決めたら、チームがそれを目指せるように、業務パフォーマンスに応じた給料、目標設定、賞与、昇進などのマネジメント術でモチベーションを上げればいい。当然、目標を達成した者に見返りがあるというのはつまり、達成しなかった者に罰を与えるのとほとんど同義である。労働基準が低めな国では「スタックランキング」制度というマネジメント術を採用する企業もある。さまざまな基準で従業員のパフォーマンスを評価したうえで順位づけし、順位が下のほうの従業員をクビにする制度だ。健康状態や国への滞在可否が雇用状況に懸かっている人にとってはかなりのプレッシャーとなるため、そのような従業員は是が非でも目標を達成しようとする。

インターネットの存在が、ディセプティブパターンを作り、最適化するのをさらに簡単にしている。それを念頭におきつつ、ソフトウェアにおけるディセプティブパターンの台頭を後押しした要因を挙げていこう。

トラッキングの普及

インターネットが普及する以前は、こっそりと気づかれないように誰かを観察するのはそう簡単ではなかった。昔は調査員を店に送り込み、クリップボードを持たせて立たせるくらいしかやりようがなかったのだ。[*21]

だが現地調査にはコストがかかるうえ、一度に1つのものしか観察できないという難点があった。それに比べて現代では、ちょっとしたJavaScript[*22]をウェブサイトに埋め込んでおくだけで、同時にすべての顧客の行動を詳しくトラッキングし、クラウドの巨大なデータベースに記録できる。さらに、事業家たちはもう1つ、オンライントラッキングの利点を肌で感じているだろう。昔よりもずっと詳しく調査できるにもかかわらず、調査されている側は人の視線を感じないというだけで、プライバシーを侵害されているとはこれっぽっちも思わないという点だ。すべてのトラッキングは、ユーザーの目からも思考からも隠れたところで終始行われるのである。

データ処理という技術進歩も忘れてはならない。インターネット普及前は、すべてを紙の上で行っていた。何千枚という紙だ。すべてのクリップボードを集め、メモを書き写し、帳簿に記録していた。何人の人間がいつ、何を行い、それが企業の純利益にどう影響したか、手作業で計算していたのだ。今は、そのすべての計算が一瞬で行える。GoogleアナリティクスやAdobe Analytics、Mixpanel、Hotjar、Amplitudeなどのオンラインソフトを使えば、誰でも行うことができるようになった。

さらにこれらのツールによって、あらゆる視点からの観察が可能になった。ネット上の広告やチャネル（広告やキャンペーンなど、集客をするための媒体や経路のこと）の中で、最も集客効果のあるものはどれか、一番ユーザーを特定の行動に駆り立てているページはどれか、ユーザーが混乱したり面倒になったりして読むのを止めたページはどれか、などなど。ここで得られた洞察はすべてデザインチームに共有され、プロダクトに反映されることで、「コンバージョン率」（企業側が意図する行動をとったユーザーの割合）を上げるための糧となる。

A／Bテストの普及

A／Bテスト[23]が初めて商業的に使われ出したのは20世紀初頭だが、当時のものは粗雑な作りで、実施するにもなかなか骨が折れた。[24]多くは新聞広告で行われ、異なるクーポンをつけた2種類の広告が出された。そしてどちらのクーポンがより多く使われたかで、効果が比較された。当時は、すべての作業を人が行っていた。使われたクーポンは代理店に送られ、運営スタッフによって手作業で仕分けされ、集計されたのだ。それだけで膨大な作業量になる。しかもこれは一般大衆向けのプロダクトを不特定多数に宣伝する場合にしか使えない手法であるため、そうでないプロダクトについては八方塞がりだった。

さらに物理的にできることには限界があり、デジタルのプロダクトやサービスで行うA／Bテストを物理的なプロダクトやサービスで同じように適用するには莫大なコストと不確実性がつきまとう。たとえば、大通りに構えた店のレイアウトを客ごとに変えるなどというのは不可能だ。それこそ映画『インセプション』に登場するコブのように、指をトントンとするだけで簡単に店の間取りを変えられるのでもなければ。だがデジタルの世界では、『インセプション』のようにごく簡単に改変が可能だ。ページや機能のバージョンを2つ用意し、どちらが効果的か気軽に試すことができる。たとえばA案のページには「他に20人がこの商品を閲覧しています」と書き、B案のページには「在庫残り2つ」と書く。そしてA／Bテストを実施するソフトによって、AとBのページはそれぞれランダムに表示される。テストが終わったあと、ソフトは自動的に統計を取り、デザインの違いによって知りたいコンバージョン率（たとえば購入完了の割合）が大きく変わったか否かを教えてくれるだろう。ソフトがシンプルな文章で簡単に結果を教えてくれるため、テストを行う人は統計学の心得も必要ない。魔法も、セメントもレンガも、博士号も必要ない。VWO（Visual Website Optimizer）やOptimizelyのような類のプロダクトを無料で申し込み、フォームに入力するだけで誰でも簡単にA／Bテストが行える時代になったのだ。

実のところA／Bテストは、特定のデザインがユーザーにとっていいか悪いかの判断は行わない。ただ単に、指定した指標に対してどちらのバージョンのほうがいいパフォーマンスを見せたかを統計的に教えてくれるだけだ。ディセプティブパターンとそうでない普通のデザインパターンを比較したとき、前者のほうが指標に対していい結果を出す傾向があるため、必然的にA／Bテストはディセプティブパターンに対して肯定的な結果を出すことになる。なぜそんな結果になるかと言うと、ユーザーを真正面から説得するより、罠にかけたり騙したりするほうが効果的だからだ。さらに説得との「合わせ技」で、二段構えで攻めてくるウェブサイトも多い。まずはユーザーに望む行動をとらせるよう説得を試み、それで説得できないならディセプティブパターンを用いた不埒な手口で騙すのである。たとえば、チェックボックスに最初からチェックが入っているようなコンテンツを思い浮かべてみてほしい。一部のユーザーはコンテンツに説得されて、そのデフォルトの状態を受け入れるかもしれない。だが中には、説得されなかったもののチェックの入ったチェックボックスの存在に気づかず、意思に反して何かに同意させられる事態に陥るユーザーもいるだろう。

A／Bテストで好成績を残すようなディセプティブパターンは、直接的な利益に繋がっているケースが多く、その効果は統計に裏づけされている。メトリクス管理された環境では、この状況に対抗してユーザーフレンドリーな（ただし利益には繋がりにくい）デザインを推進するのは難しいだろう。

コピーキャットデザイン

オスカー・ワイルドはかつて、「模倣とは、凡人が偉人に対して贈ることのできる最も正直な賛辞である」という言葉を残した。一部の企業は、ディセプティブパターンを利用してコンバージョン率を著しく上げることに成功し、多くの企業がその手口を模倣している。考えてみれば当然だ。競争相手が何年も何の取り締まりも受けずに儲けていたら、やり方を真似ない理由がない。

3 ホモ・エコノミクスからホモ・マニピュラブルへ

ディセプティブパターンを理解するには、まず経済学に登場する概念をいくつか知っておく必要がある。長いこと、経済学者たちは人間が与えられたすべての情報を常に余すことなく取り込み、理解し、合理的に思考できる、完璧な情報処理マシンであるかのような認識を持っていた。この考え方は、「ホモ・エコノミクス」と呼ばれる。毎日自分がどれほどの間違いを犯しながら生きているかを考えれば、この認識がいかに馬鹿げているかわかるはずだ。だが、気持ちはわからなくもない。経済学者としてはスタート地点を定める必要があり、手始めに人間の行動を比較的単純化したモデルを使わなければ、計算が複雑になりすぎてしまうのだ。

経済学者たちが認識を改めたのは20世紀の終わり頃で、比較的最近のことだ。ハーバート・サイモンが「限定合理性」の概念を提唱したときは、経済学界に大きな衝撃を与えた。[*25] サイモンの主張によると「意思決定者の知識と計算能力は共にひどく限定的」で、「現実世界と、行為者がそれをどう知覚し推論するかは区別する必要がある」。要するに、我々はある程度の量の情報しか覚えられず、それを超えると忘れてしまうということだ。また、特定のレベルの暗算能力しかなく、それより難しい問題は間違えるし、理解力を越えるあまりに難しい文章に遭遇すると、消耗して内容を誤解することが増える。

さらにシンプルに言い換えると、限定合理性とは、我々は限られた能力で何とか頑張りながら生きているという意味だ。引っ越ししたことをすっかり忘れて夜に階段から転げ落ちた経験から、私は、身をもってそれを証明できる。

近年の行動経済学の研究により、限定合理性の概念は拡大している。行動経済学の草分け的存在であるリチャード・セイラー氏は、「心理学的に現実的な思い込みを、経済学における意思決定の分析に組み込んだ」ことで、2017年にノーベル賞を受賞した。[*26] 実は、人間が時に馬鹿な行動をとることが理解できると、経済学におけるモデル化に役に立つのだ。特に、多くの人々がよくする間違いの原因を理解できれば非常に有利である。[*27]

「現実の人々は、電卓を使わない大きい数字の割り算は苦手だし、夫や妻の誕生日も忘れてしまうことがある〔…〕。彼らはホモ・エコノミクスではなく、ホモ・サピエンスなのだ」

——セイラーとサンスティーン（2008年）

肉体的にも、我々の体にはいくつもの欠陥がある。気管と食道が近すぎるのもその1つだ。誤嚥して窒息しかけた経験はほとんど誰しもがあるのではないだろうか。その欠陥を認識し、知識を共有し合うことは、人類全体を大いに助けている。同じことが、論理的思考や意思決定にも言えるはずだ。我々自身についての理解をもっと深めれば、いつか弱点を克服できる日が来るかもしれない。

ほとんどの心理学研究者や理論心理学者たちは、人間の状態をよりよくするという高潔な目標のために熱心に研究している。応用心理学には人間工学（ヒューマンファクター、もしくはエルゴノミクス）という、まさに「ヒューマンエラーを減らし、生産性を高め、安全性と心地良さを促進する」ことを目標にした研究分野も存在する。[*28] 一言で言うと、人間の思考がどのように働くかを調べ、その洞察を使って、人々がよりよい判断をできるように助けるのだ。

残念ながら、誰も彼もが人を助けたいという優しさを原動力にしているわけではない。中には、人間の弱点をビジネスチャンスと捉えて利用しようとする人もいる。それなら、我々はホモ・エコノミクスではなく、「ホモ・マニピュラブル（操れる）」だと考えたほうがいいのかもしれない。我々は不完全で、気づかないうちに他人に容易くコントロールされているのだ。[*29]

まとめると、この章ではデジタルの世界におけるディセプティブパターンの台頭と、ディセプティブパターンが至るところに蔓延っている理由について紹介した。テック業界におけるメトリクス管理の風潮や、トラッキングとデータ処理の簡易化、A／Bテストの普及、模倣による拡大など、いくつかの大きな要因が、ディセプティブパターンの増殖を後押ししたと考えられる。この数十年間で、もとは善意から始まった学術研究が、人間の論理的思考と意思決定における弱点を露わにしてしまった。今やそれらの洞察は、もともとの意図から遠く離れ、ユーザーを操り搾取するために使われてしまっている。

第2章

人を搾取するための戦略

ディセプティブパターンの根本にある心理や原理と言えるものには、さまざまな捉え方がある。まずは、搾取するためのビジネス戦略の結果としてディセプティブパターンが生まれたという解釈から見ていこう。その場合、企業側はユーザーのことを相互に成功を収めるための協力相手として見ておらず、道具として自分たちの役に立てることしか考えていない。そこに「相手の成功がすなわち自分たちの成功」という関係性は存在せず、あるのは「相手の弱点が自分たちのチャンス」という考え方だ。また、法律に対する企業の姿勢にも、搾取してやろうという考えが透けて見える。企業は法を尊重するより、利益のために抜け穴やグレーな部分を利用し、手段を弄することに注力しているのだ（表2－1）。

単純に考えれば、搾取的な戦略のほうが、ユーザーに情報を与えて選択してもらうという寄り道をしなくていい分、協力的な戦略よりも効率的である。船に飛び込んできてくれないかと魚にお伺いを立てるより、漁網のほうが効率がいいのは明白だ。漁網は、相手を罠にかけるディセプティ

表2-1　搾取的なデザイン戦略と協力的なデザイン戦略の比較

	搾取的な戦略 「相手の弱点が自分たちのチャンス」	協力的な戦略 「相手の成功がすなわち自分たちの成功」
ユーザーに対する姿勢	ユーザーは道具	ユーザーは人間
	利益のために弱みにつけ込む	弱点はサポートするべき
法律に対する姿勢	法律は上手く躱（かわ）すもの	法律は尊重するべき
	抜け穴は成長のチャンス	抜け穴は落とし穴として避ける
結果	**ディセプティブパターン**	**ユーザー中心のデザインパターン**

ブパターンと同じである。ユーザーに情報を与えず選択の機会を奪ったり、事実の隠蔽や誤解を招く表現でユーザーの判断を妨げたりすることで、ユーザーの意に反して、彼らを効率的に捕らえ、閉じ込めるのだ（そのときは、情報が明らかになっていないせいでユーザー自身も気づかないかもしれないが）。

企業は普通、自分たちが搾取的な戦略を用いているとは認めたがらない。企業の成長と、数字で見える結果を求めていると、無自覚に搾取的なマインドになりやすいのだ。ビジネスにおいては婉曲表現もよく見られる（Ｅメールなどでユーザーに知らせずにサブスクリプションを更新する形態を、「サービスを中断させることなくユーザーに楽しんでもらう」という婉曲表現を使って良く見せるのもその1つだ）。また、実装した人たちの想定とかけ離れた判断がされる場合もある。大企業のカスタマーサービスはしばしば、方針を決定する本部から遠く離れた海外に外注される。経営陣の会議でユーザーの情報がグラフやデータに置き換えられると、人間を相手にしているという意識が失われ、ユーザーを数字や利益を生み出すための道具として見ることに抵抗がなくなってしまうのだ。

ディセプティブパターンを理解するうえで最適なスタートポイントは、搾取的なデザイン戦略に注目することだ。搾取的なデザイン戦略の理論と原理と目的を理解し、それから結果を観察すれば、世に蔓延るディセプティブパターンの具体的な例や種類を理解するための基礎が身につくだろう。

パデュー大学のコリン・Ｍ・グレー教授率いるＵＸＰ２研究室は、搾取的なデザイン戦略とそれにより生まれたディセプティブパターンの詳しい研究における草分け的存在だ。[*1] この章では、彼らの研究成果をもとに8つのタイプの搾取的デザイン戦略について説明する。それぞれを以下の通り要約した。

・**知覚的脆弱性を利用する戦略**：人間は情報を論理的に分析する前に、それを知覚する必要がある。しかし人間の知覚は完璧ではないため、その弱みにつけ込んで情報を隠す手口がある（例：低解像度、小さい文字）。

・**理解力の脆弱性を利用する戦略**：人間は読解力、計算能力、批判的思考、記憶に限界がある。それにつけ込み、必要以上に複雑なデザインを作る場合がある（例：冗長的な言い回しで書かれた規約や条件）。

・**意思決定の脆弱性を利用する戦略**：認知バイアスは人間なら誰しもが犯し得る間違いで、偏った認識によって判断力が歪められることだ。それを利用し、意思決定に介入する手口がある（例：チェックボックスにあらかじめチェックを入れておき、デフォルト効果を狙う）。

・**思い込みを利用する戦略**：人に優しいデザインは、スタンダードな設計のおかげでユーザーがプロダクトを想像しやすい。ところがこのスタンダードを逆手に取り、ユーザーを引っ掛ける手口がある（例：×ボタンを「いいえ」ではなく「はい」に設定する）。

・**消耗させプレッシャーを与える戦略**：注意力、エネルギー、時間は有限だ。これらが消耗すると、ユーザーは諦めたり、プレッシャーを感じたり、疲れて罠に引っ掛かりやすくなったりする（例：Cookieの同意ポップアップは、拒否するのが非常に大変な場合が多く、ユーザーを消耗させて同意に持ち込む）。

・**強制・ブロッキング戦略**：強制とは、ユーザーが行いたいアクションの前に、別のステップを強制的に踏ませることだ。それを行わずして目的のアクションは完了できない。（例：購入を完了するために登録を必須にする）。ブロッキングとは、機能をまるごと削除することだ（例：ユーザーが自分のデータをエクスポートできないようにする）。

・**感情的脆弱性を利用する戦略**：人間は、罪悪感や恥、恐怖、後悔などの負の感情を忌避する傾向にあり、それらを避けるための行動をする（例：フィットネスの勧誘を拒否する際、「いいえ結構です、不健康のままで構いません」というボタンをクリックしなければならない仕様）。

・**依存症を利用する戦略**：人間は何かに依存しがちであり、害のある習慣でもなかなかやめられなくなる場合がある。無限スクロールやオートプレイのようなデザインテクニックは、行動サイクルをますます悪化させる可能性がある。

1 知覚的脆弱性を利用する戦略

人間は情報を論理的に分析する前に、それを知覚する必要がある。今や我々の生活の多くがネットや画面上で営まれていることを考えると、人間の視覚の仕組みについて知っておいたほうがいいだろう。

我々はつい、健康な人間の目を完璧な高解像度カメラのように考えがちだが、実際は全く違う。[*2] 視覚が捉えるものは脳の知覚システムが作り出しているに過ぎず、目も不完全極まりない情報を提供する。たとえば人間の視覚には、眼球と脳を繋ぐ視神経が集まったところに物理的に盲点がある。盲点は常に存在しているが、普通の視覚を持っている人間にはそれを認識できない。視覚野が盲点を補完するからだ。[*3] 簡単に言うと、視覚システムがその空白にあるべき景色を推測し、作り出すのだ。つまり、我々の脳は視覚をでっち上げているとも言える。

同じように、網膜の真ん中には色を認識する錐体細胞がある。そして網膜の外周には、暗い場所で明暗を感知する、杆体（かんたい）という別の視細胞がある。だが我々の視界の中では、真ん中だろうと外周だろうと色に違いはない。人間の視覚野があらゆる空白を埋めるために大規模な「推測」を行い、ばらばらなデータをもとに高解像度のフルカラー映像を作り出しているからだ。

さらに、普通、人の目には景色が固定されて見えるが、眼球は平常時でもよく動くものだ。文章を読んだり周囲を見渡したりする際、目は集中している対象以外にも、周囲のあらゆる情報を受け取りながらあっちこっちへ素早く動いている。この素早い動きは「サッケード」と呼ばれ、20～200ミリ秒の短い時間に眼球が高速で動く。そのあとは「フィクセーション」という50～600ミリ秒ほど眼球の動きが止まる時間があり、サッケードとフィクセーションは交互に起こる。だが、目がこれほど忙（せわ）しなく動いているにもかかわらず、我々は酔うどころか気づきもしない。

まとめると、我々が見ているものは現実の景色ではない——不完全な感覚器官（目）と、不足を補うために高度な推測を行うという膨大な内部情報処理によって生み出された、現実の再現に過ぎないのだ。それなら逆に、人間の視覚システムの弱みにつけ込んで情報を隠す——言い換えれば、カモフラージュするのも可能ということだ。

自然界におけるカモフラージュの例として、ライムホークモス（Mimas tiliae）[*4]という蛾を紹介しよう（図2-1）[*5]。この蛾は自身の色とコントラストを背景に似せ、体の縁を判別しにくくすることで周囲に溶け込むため、セイヨウシナノキやそれに似たような植生の中にいるときは敵から見つかりにくいのだ。

搾取的なデザイナーはアプリやウェブサイト上で、テキストのサイズや色のコントラストを工夫するなどしてこれと似たようなテクニックを使う。

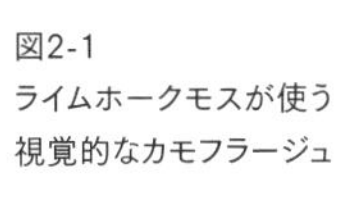

図2-1
ライムホークモスが使う
視覚的なカモフラージュ

興味深いことに、色のコントラストは計算が簡単である。[*6] テキストの色と背景の色の16進数カラーコードを計算ツールに入力するだけだ。[*7] Ｗ３Ｃウェブコンテンツ・アクセシビリティガイドライン（ＷＣＡＧ 2.1）ではウェブ制作における国際的な基準が定められており、色のコントラストの最低値も設定されている。色のコントラストは３段階に分けられ、真ん中のＡＡレベルが、目指すべきベースラインとして広く認識されている。[*8] つまり、色のコントラストを計算するツールを使えば、ページの背景とテキストの色のコントラストが基準値に届いているかどうか、簡単に判明するのである。

また、同じページ内でテキスト対背景色のコントラストに差異がある場合は注意が必要だ。ページ内のほとんどの文字がハイコントラストなのに対し、一部の文字だけが比較的ローコントラストで表示されていたら、たとえローコントラストの文字が基準のＡＡレベルに達していたとしても、見逃したり、注意が向きにくくなったりする。通常、色のコントラストはそのまま重要度として解釈され、読むべきものと読み飛ばしていいものとに区別される。たとえば、「薄いグレーのテキストはそれほど重要ではないはずだ。重要なら、もっと目立たせるはずだ」というように。

私がまだ専門家証人として裁判に関わるようになったばかりの頃、アリーナ対インテュイット裁判[*9]に携わることになった。２０１９年にStueve Siegel Hansonという法律事務所から連絡を受け、インテュイットのTurboTaxというプロダクトのアカウント作成とサインインのプロセスについて精査してほしいと依頼されたのだ。ここにサインイン画面のスクリーンショットを載せるので、ここまでの話をもとに、問題がないか探してみてほしい（図２－２）。

このスクリーンショットを見ただけではわからないかもしれないが、「Create Account（アカウントを作成する)」ボタンをクリックすると、拘束力のある仲裁措置に同意したと見なされる。要するに、インテュイットを裁判で訴えることができなくなるのだ。仲裁措置について詳しく知りたい場合は、大きなボタンの下に書かれている文章(「By clicking Create Account [...]」)に気づいて読まなければならない。

私が分析したところによると、その部分の文字色は同じページの他の文字に比べてコントラストが低く、フォントサイズも小さかった。報告した内容の大部分が機密情報であるためあまり詳しくは書けないが、重要なのは裁判官が私の分析に同意を示したという点だ。裁判官の言葉を引用しよう。

「[...]注意書きもハイパーリンクも共に、サインイン画面全体で最も色が薄く[...]同じページ内で他と比較して著しく薄い文字は、理性的な消費者であっても気づきにくいと裁判所は判断する」

――連邦地方裁判所、チャールズ・R・ブレイヤー判事(2020年3月12日)

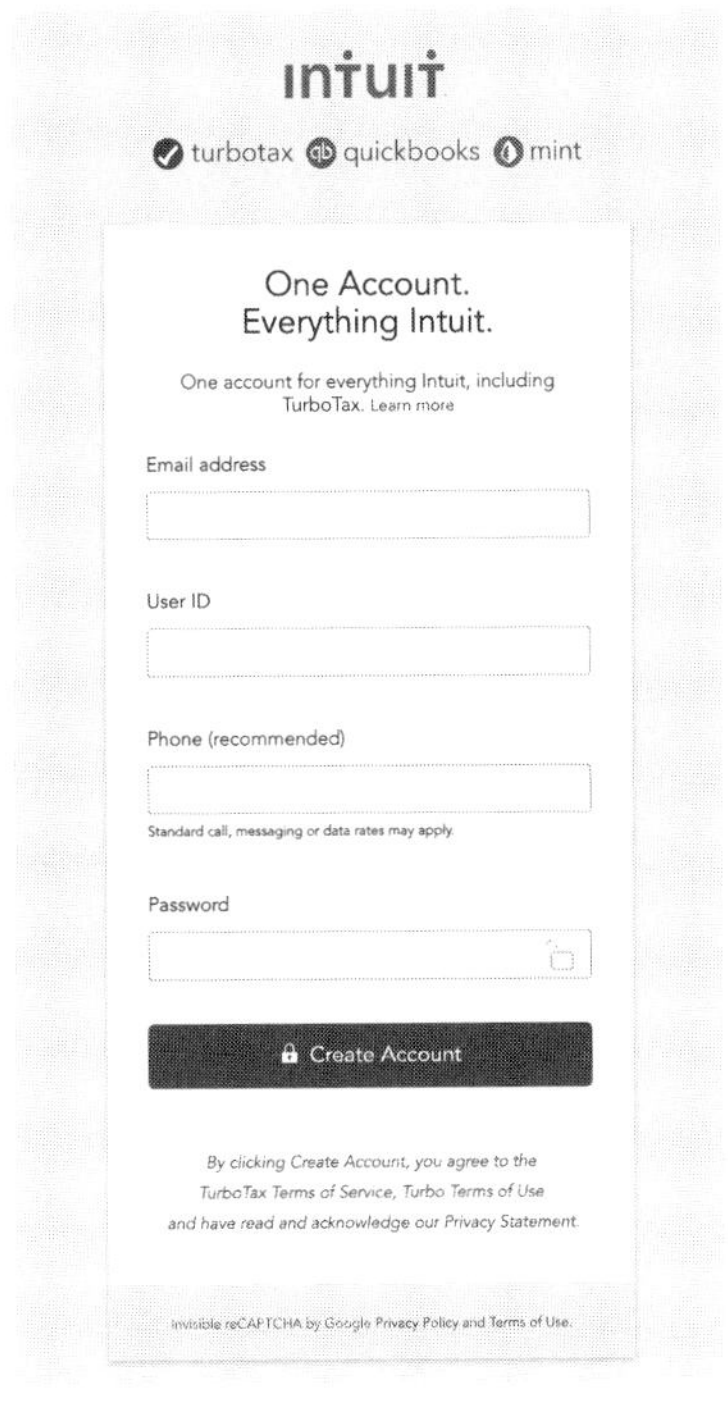

図2-2
2019年11月当時のTurboTaxのサインイン画面のスクリーンショット

インテュイットがこの裁判で開示するよう要求されたアナリティクスのデータによると、2019年の4カ月間で件のハイパーリンクをクリックしたユーザーは、0・55％に満たなかった。[*10] これは衝撃的な証拠となった。こうして企業の重要な内部データや書類が裁判で明らかになるケースがあるため、何を開示請求するかを提案するのも専門家証人の大事な仕事だとあらためて実感した。

まとめると、ローコントラストの小さいフォントでテキストを表示するのは、ページ上で何かしらのコンテンツを隠し、ユーザーが理解したうえで判断するのを妨害する方法として効果的である。世に蔓延るあらゆる搾取的な戦略同様、知覚を操る手口も使い方によっては違法と見なされることがあるだろう。[*11]

知覚の弱みにつけ込んださらに大胆な手口として、特定の物をユーザーの知覚範囲から完全に取り除くというものがある。ユーザーにきちんと理解してほしくないなら見せなければいいという考えのもと、別のページへ遷移するリンクやボタンの後ろに隠すのだ。これはCookieの同意ポップアップによく見られ、ぱっと見はトラッキングを全面的に拒否するボタンがどこにあるかわからないようになっている。2020年に、ノーウェン氏率いるチームがこれによる影響を測る調査を行い、40人を対象にオンライン上のフィールド実験を行った。[*12] 結果を見ると、「すべて拒否」のボタンを最初のポップアップから取り除くことで、同意するユーザーが最大23ポイント増えることがわかった。

他にも、イギリス政府のBehavioural Insights Team（ＢＩＴ、通称「ナッジユニット」）〔人の行動に影響を与える要因を研究し、よりよいシステム、ポリシー、プロダクトやサービスを作ることを目的とした、行動洞察チーム〕が罰金や借金、税金などの支払い率を上げるために、オーストラリア政府と協力したケースがある。[13]この調査では、4万8445人に2種類の手紙が送られた。一方の手紙にはこのように、「PAY NOW（至急支払え）」という赤いスタンプがでかでかと押され、もう一方の手紙にはスタンプが押されなかった（図2－3）。[14]

結局、スタンプありの手紙を受け取った人たちのほうが、スタンプなしの手紙を受け取った人たちよりも、支払い率が3・1ポイント高いという結果になった。（スタンプなしの支払い率が14・7％なのに対し、スタンプありの支払い率は17・8％だった）。[15]この数字を逆の視点から見ると、「PAY NOW」のスタンプがないと支払い率が低くなるという結論になる。つまり、相手に働きかける言葉を取り除くだけで、効果的に相手の行動を控えさせることが可能なのだ。人は行動を起こすための衝動や理由を目の当たりにしないと、行動しようという考えすら浮かびづらい。そして考えが浮かばない限り、意思決定がその考えに影響されることもない。

次のタイプの戦略に進む前に、これら以外にも人間の知覚を操る方法がまだまだあることは伝えておこう。よく見かけるのは、ごちゃごちゃとノイズになるものを入れる手口だ。ホワイ

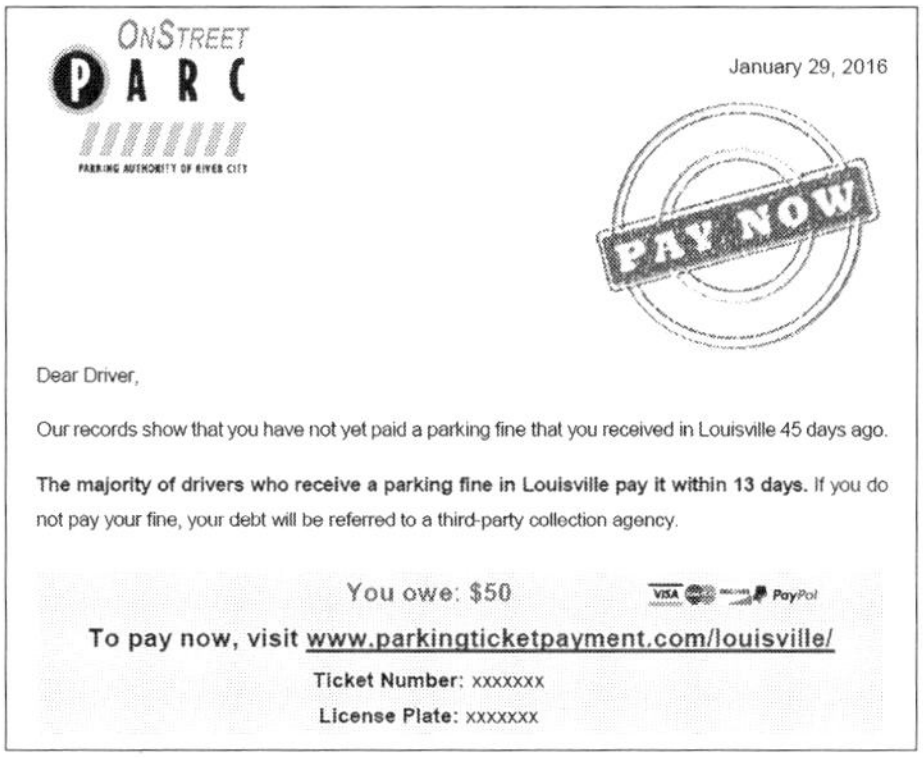

ONSTREET
PARC
PARKING AUTHORITY OF RIVER CITY

January 29, 2016

PAY NOW

Dear Driver,

Our records show that you have not yet paid a parking fine that you received in Louisville 45 days ago.

The majority of drivers who receive a parking fine in Louisville pay it within 13 days. If you do not pay your fine, your debt will be referred to a third-party collection agency.

You owe: $50

To pay now, visit www.parkingticketpayment.com/louisville/

Ticket Number: xxxxxxx

License Plate: xxxxxxx

図2-3
BITによる類似の実験で使われた、「PAY NOW」のスタンプが押された手紙

トスペース（余白）や反復、整列、近接といったグラフィックデザインにおける原則（グラフィックデザインの基礎教本では必ず説明されているので、知らないという人は読むといいだろう）[*16]をわざと逸脱することで、そのページ上の要素をわかりにくく、言わば煙幕のようにしてユーザーを惑わすのだ。これは、人の理解力の脆弱性や思い込みを利用する戦略にも繋がっている。

2 理解力の脆弱性を利用する戦略

読解力と数的思考力と問題解決能力

２０１３年に、33カ国で計25万人の参加者を調査した、「国際成人力調査」という世界規模の調査が公表された。[*17]これは成人の読解力、数的思考力、問題解決能力を世界中の国々で調査したものだ。ここではアメリカの調査結果を紹介するが、多くの国で似たり寄ったりの傾向が見られた。

２０１３年の国際成人力調査の結果をまとめると以下の通りだ。[*18]

・アメリカの成人の30％が、Ｅメールを指定のフォルダに振り分けて整理することが満足にできない。

・アメリカの成人の20%が、議員の代表地域、名前、生まれ年と出身地がまとめられた紙から、議員の名前を見つけることが満足にできない。

・アメリカの成人の30%が、レンタカーのレンタル代と実走行距離と距離ごとの料金を教えられても、その日のレンタカー代を満足に計算することができない。

・アメリカの成人の16%がデジタル・リテラシーに乏しく、パソコンを使ってネットでレシピを探したり、買い物をしたり、税金の申請をしたりできない。

見ての通り、読解力や数的思考力が低い人はそこら中にいる。人を搾取してやろうという考えの持ち主にとってみたら、つけ入る隙がたくさんあるとしか思えないだろう。企業側が不公平、または不都合な取引内容を隠したければ、複雑な言い回しや数字を散りばめるだけでいい。これを念頭に、公共のウェブサイトと、たとえば仮想通貨取引のアプリのような搾取的なプロダクトのページを比較すると面白いだろう。前者は簡潔な言い回しと短い文章で、すべての国民にわかりやすくしようとするとてつもない努力が見て取れる。対して後者は、難解な専門用語がそこかしこに使われ、説明もほとんどなく、ユーザーは大した知識も安全策もないままリスクの大きい取引に手を出せるようになっている。

飛ばし読みを利用して人を誘導する手口

趣味で楽しく小説を読んでいるときや、一生懸命勉強しているときなどは別として、一般に文章を読むとき、毎回一字一句すべてを読むわけではない。次の画像を見てみよう（図2－4）[*19]。

左の画像を見ると、我々は目立つものから順に読む傾向にあることが明らかになる。大きくて目立つものに先に注目し、小さいものは後回しにする習慣が身についているのだ。一方、右の画像を見るときは時間を節約するために文章をさっと一瞥し、経験則で単語の羅列から意味を推測する。これは生まれつきの行動ではない。スキャニング〔必要な情報だけを探す読み方〕といい、読むことに慣れるにつれて自然と習得するテクニックだ。そして文章を書いたりページをデザインしたりする技術を持っている人は、人々が効率的にメッセージを読み取れるように、スキャニングしやすいデザイン作りを学ぶ。

スティーブ・クルーグ氏の著作『超明快Webユーザビリティ――ユーザーに「考えさせない」デザインの法則』（原題：Don't Make Me Think）は2000年に初版が出てから35万部を突破し、第3版まで刷られている[*20]。この本は、画面上のスキャニングにつ

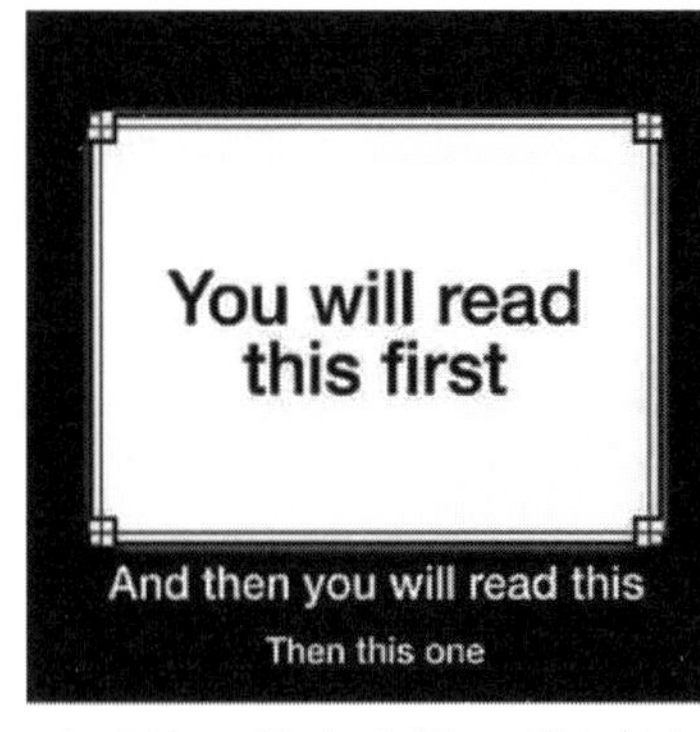

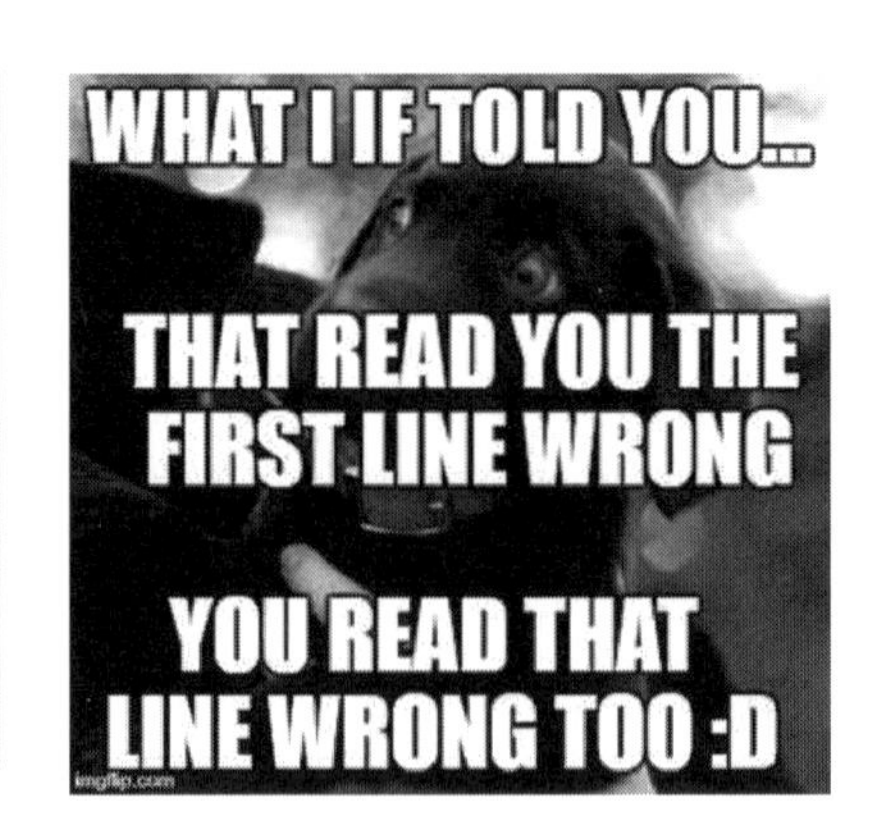

図2-4　人間の視覚を操るデモンストレーション

いてはっきりとわかりやすく説明しており、UXデザイン業界で高く評価されている。

これから、もう2つ画像を見せよう（図2－5）。左の画像は、「おそらくこのように読み進めてくれるだろう」という甘い想定を表している。我々は理屈では、ユーザーが一字一句読み、ページのすべての要素をしっかり把握してくれるだろうと思っているのだ。情報を求める人に対するこのような甘い考えは、昔の経済学におけるホモ・エコノミクスのコンセプトに似ている。まるで人間の注意力もエネルギーも批判的思考能力も常に限界知らずで、どんなページも隈なく読み込んで全身全霊で取り組むとでも言うかのようだ。

しかし、一字一句を注意深く、合理的に読んでほしいという製作者の意図とは裏腹に、実際は画像のように全く違う読まれ方をするとクルーグは主張する。我々は普段、目の前にこれほど多くの情報が現れると、「時速60マイル〔約96キロメートル〕で看板を通り過ぎる」かのように読むのだそうだ。[*21]

図2-5

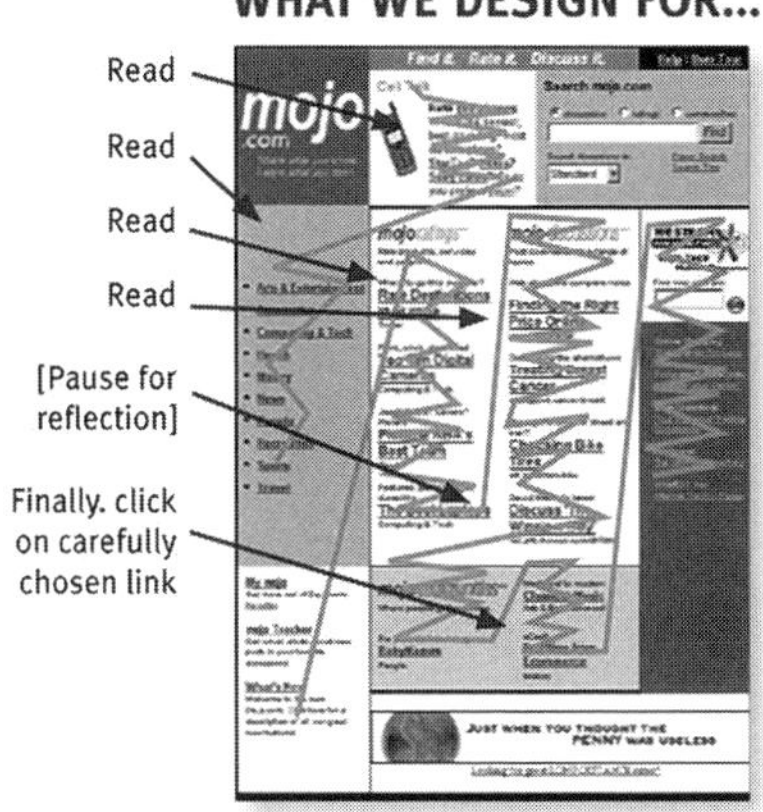

「デザイナーが想定する読み進め方」を表した（クルーグ、2006年）

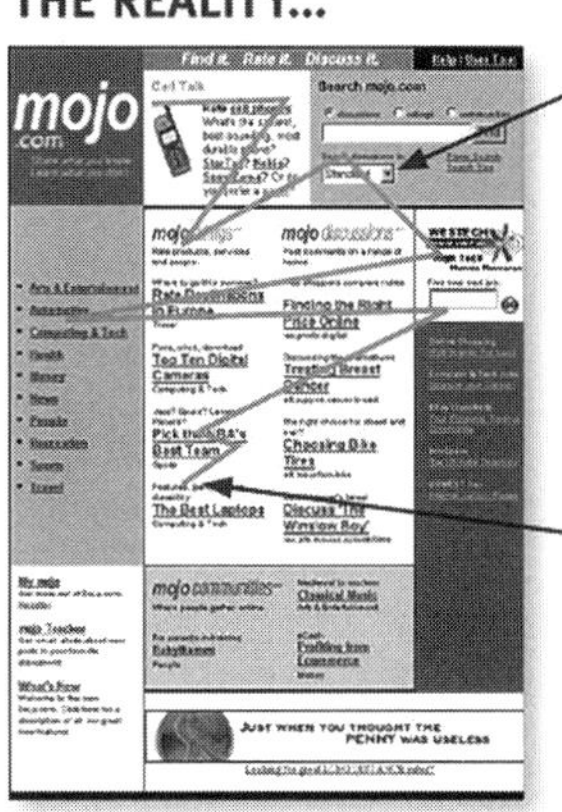

「実際の読み進め方」を表した（クルーグ、2006年）

クルーグによると、ユーザーは「新しいページをさっと一瞥し、いくつかの言葉を拾って、一番先に興味を引かれたリンクか、目的のものに何となく似ているリンクをクリックする。たいてい、目を向けさえしない部分が多くある」。さらにクルーグは、スキャニングの習得は若い頃から始まると言う。雑誌や新聞をパラパラと読んだり、本に書かれている膨大な情報の中から興味のある部分だけを探して読んだりすることを通して訓練するのだ。

彼の主張を根拠づけるような研究結果は他にもある。1997年にモークス氏とニールセン氏は51人の被験者に書き方の異なる5つのウェブサイトを見せて定量的な実証研究を行った。[*22]

1. プロモーション的なスタイル…宣伝文句が多い
2. スキャンしやすいスタイル…スキャニングを推奨する書き方
3. 簡潔なスタイル…簡潔にまとめられた内容
4. 客観的なスタイル…宣伝文句がない文章
5. 簡潔でスキャニングしやすい、かつ客観的なスタイル

被験者はウェブサイトから簡単な質問の答えを探すといったようなタスクをいくつか与えられた。かかった時間と、間違いも記録される。調査の結果、プロモーションスタイルのウェブサイトでは出来が悪く、スキャンしやすくて簡潔なスタイルのウェブサイトでは著しく出来がいいことがわかった。予想どおりの結果に思えるかもしれないが、この研究によって、書き方のスタイルはユーザーの

読解力と理解力に影響があると証明された。もしユーザーがすべてのページを規則的に読むとしたら、このような違いは生まれないはずだ。ニールセン氏は実験のあとに発表した記事（１９９７年）で、「ユーザーはウェブサイトをどのように読むのか？」という疑問を提起し、それに対してはっきりと「そもそも読んでいない」と答えた。「一字一句きちんと読む人はほとんどいない。さっと目を通して、いくつかの言葉や文章を拾い読みするだけだ」。[*23]

効果的なウェブサイトやアプリの画面をデザインしたい、もしくはディセプティブパターンを作りたいなら、人がどのように読み進めるのかを理解するのは非常に重要だ。

視線の動きを追跡する研究も、読まれ方を知りたい人には役に立つだろう。２０１４年に、パーニス氏とウィテントン氏とニールセン氏は３００人以上を対象に視線追跡実験を行った。[*24]その中の１つのテストで、被験者はサーチエンジンを使って特定の情報を見つけるよう指示された。その間、被験者の視線を追跡し、画面上で視線がどのように動いたり留まったりしたかを調査した。結果、17％の割合で、１つしか検索結果を見ずにリンクをクリックして次のページに移動していた。彼らは他の場所には目もくれなかったそうだ。つまり、彼らはページ上のすべての検索結果を順に読もうとはせず、最初の検索結果を「及第点」と見なし、それ以上の手間を省いたということだ。ここで使われたのは、１９９９年にピローリ氏とカード氏が定義した「情報採餌術」というテクニックである。２人は人がインターネット上で情報を探す方法と、動物が餌を漁る方法に類似点を見出した。[*25]動物が餌を探すとき、すべての場所をくまなく漁っていては餓死してしまう可能性があるため、低コストで最大限の利益を得るために「及第点」を探る戦略が必要になるのだ。情報採餌術も、広い意味では目的を持ってスキャニングする戦略の1つと言える。

一般的に、スキャニングと情報採餌術は効果的に時間とエネルギーを節約できる方法だ。ただしそれは、デザイナーがユーザーのためを思って設計した、予想を裏切らない、信頼の置ける環境においてのみ通用することだ。ユーザーを騙そうとして設計された環境では、スキャニングを逆手に取って重要な情報を予想外の場所に隠したり、紛らわしい見出しや視覚的階層（重要度に応じて目立たせること）などの手口で惑わそうとしたりしてくるだろう。

紛らわしい情報で誤解を生む手口

企業が誤解を生むような紛らわしい情報を発信すると、ユーザーは自分が損になる判断をしてしまう場合がある。そういった企業は完全な嘘（詐欺）から、曖昧もしくは誘導するような表現やデザインまでさまざまな手法で、ユーザーに誤情報を信じ込ませようとする。たとえば、スキャニングされるのを見越して、ページの本文を見出しやリンクやボタンと違う内容にし、本文を一字一句読まなければ気づけないようにする手がある。他にも、かなりの暗算力と短期記憶力がないと価格をきちんと比較できないような表示をする手もある。ユーザーにそれらをこなす力がなければ、金銭的に損をする契約をしてしまうかもしれない。こういった「誤解」は、アメリカの連邦取引委員会（FTC）が発表しているディセプティブパターンによる被害事由の上位に食い込んでいる。[*26] 2021年にルグーリ氏とストラヒレヴィッツ氏が3777人を対象に行った調査では、情報を隠したほうが普通のデザインより2倍もプロダクトが売れていることがわかった。つまり、事実が隠されたことで被験者たちはプロダクトに誤った認識を持ち、彼らの判断に大きな影響を与えたのである。[*27]

3 意思決定の脆弱性を利用する戦略

頭の中に大量の情報が流れ込んでくるとき、まずはそれを知覚し、それから理解する必要がある。ここまで、知覚と理解の両方の過程で、弱みにつけ込まれる可能性があることを説明してきた。情報の知覚と理解が済んだら、今度は批判的思考――認知心理学者たちが言うところの「評価と意思決定」――を行う番だ。これもまた、利益を得るために利用される可能性がある。[*28] ケンブリッジ・アナリティカを内部告発したクリストファー・ワイリー氏の言葉を、彼の著作『マインドハッキング：あなたの感情を支配し行動を操るソーシャルメディア』（原題：Mindf*ck）から引用しよう。[*29]

「ハッキングの目的は、システムの弱点を探し出し、その弱みにつけ込むことだ。心理戦における弱点とは、人の思考が抱える欠陥である。誰かの思考をハッキングしたいなら、その人の認知バイアスを特定し、それを利用する必要がある」

――クリストファー・ワイリー（2020年）

認知バイアスとは、評価と意思決定に系統誤差をもたらす心理的な近道のことだ。人間はいとも容易くこうしたバイアスに引っ掛かり、経済学者ダン・アリエリー氏も、人間の行動は「予想どおりに不合理」[30]だと言っている。ただ、確かにバイアスには欠点が多いものの、時間とエネルギーを大事なことに注ぐために、それ以外のタスクの労力を節約するという意味では、いい近道になってくれる。認知心理学者アーロン・スローマン氏は、それを「生産的な怠惰」と称し、「チェスで何手も先まであらゆる可能性を検討してから最適解を選ぶチャンピオンは、多くの手を明確に検討することを避けるプレイヤーほど知的ではない」[31]と言っている。スローマン氏がこれを書いたのは１９８８年のことだったが、もし今日に書いていたならチェスではなくウェブを例に出していただろう。普通の良識ある人なら、Google検索で出てきたすべての検索結果を読んだり、Amazonで出てきたすべての商品を確認したりしてから買うなんてことはしない。さくさく物事に対処するのに近道は必須だ。情報過多の現代においては尚更すべての情報を細かく精査するのは不可能なため、我々はますます認知バイアスに頼るようになった。

認知バイアスについての論文は世に何千とあり、百を優に超えるタイプの認知バイアスが提唱されている。[32]認知バイアスの研究が広く知られるようになったのは２０００年代初頭で、ポピュラー心理学やビジネスやデザイン関係の教本で取り沙汰されるようになってからだ。テック業界はかなり積極的にこの波に乗った。中には、自分の著書の目的をはっきりと明言する著者もいる。ロバート・チャルディーニ氏は『影響力の武器』（原題：Influence）の冒頭で、自身の研究分野は「コンプライアンスの心理」——つまり、他者からの要求に従う心理——だと述べている。そして「影響力が持つ6つの普遍的な武器」を主軸に主張を展開した。[*33] 一方でニール・イヤール氏は『Hookedハマるしかけ：使われつづけるサービスを生み出す心理学×デザインの新ルール』(原題：Hooked）の中で、「習慣化させる」行動モデルを勧めている。これはナターシャ・ダウ・シュール氏が提唱した「ルディック・ループ」（「遊びのループ」の意。行動に対して報酬が与えられ続けると、ループにはまって止められなくなってしまうこと）とほぼ同一のコンセプトだ。もっとも、ダウ・シュール氏のほうはこれを「デザインされた依存症」と称し、人生を台無しにするギャンブル依存症の要因として危険視している。[*34] イヤール氏は「依存症」という言葉こそ避けているものの、関連は明らかだ。

今や、利益のために認知バイアスを逆手に取る手法を教えるウェブサイトやブログなどは、そこら中に転がっている。たとえばConvertizeという企業は、ありとあらゆる認知バイアスの知識を「ニューロマーケティングをもとにしたA／Bテストのアイデア」という名目で提供しているが、その結果エンドユーザーが騙されて望まぬ取引や契約を結ばされてしまう可能性があることには、全く触れていない。[*35]

ユーザーの弱みにつけ込まずに認知バイアスを利用したり説得したりする方法についても、多くの情報が提供されている。だが、「このバイアスを使えば、ユーザーのためになる明瞭な取引を持ち掛けられる」という考えから、「次はこのバイアスを利用したら、A／Bテストはどんな結果になるだろう」という考えに辿り着くのは簡単だ。そしてひとたびテストによって、その欺瞞的なデザインが他のデザインよりも利益を生むと統計的に証明されたら、おそらくそれ以上は深く議論されずに採用されてしまうだろう。ユーザーが置いてけぼりを食らい、知らないうちに望まぬ状況に陥ってしまうかもしれないリスクなど、気にも留めずに。

デフォルト効果

デフォルト効果とは、与えられた選択肢をデフォルトと見なし、現状を受け入れる心理現象のことである。これまで、消費者の判断から公共政策に至るまで、あらゆる分野において研究されてきたバイアスだ。企業側は、消費者がデフォルト状態のほうを好む傾向にあると把握しているため、チェックボックスやラジオボタンをあらかじめ選択済みの状態にするなど、企業側に有利な状況をデフォルトとして消費者に提示しがちだ。

デフォルト効果に関する最も有名な調査の1つは、エリック・J・ジョンソン氏とダニエル・ゴールドスタイン氏が2003年に発表した論文、「Do Defaults Save Lives?（デフォルトは命を救うのか）」で行われたものだ。[*36] 彼らは各国の臓器提供の承諾率を調べ、デフォルトが承諾（右側）か拒否（左側）かで承諾率に違いが出るか比較した（図2－6）。

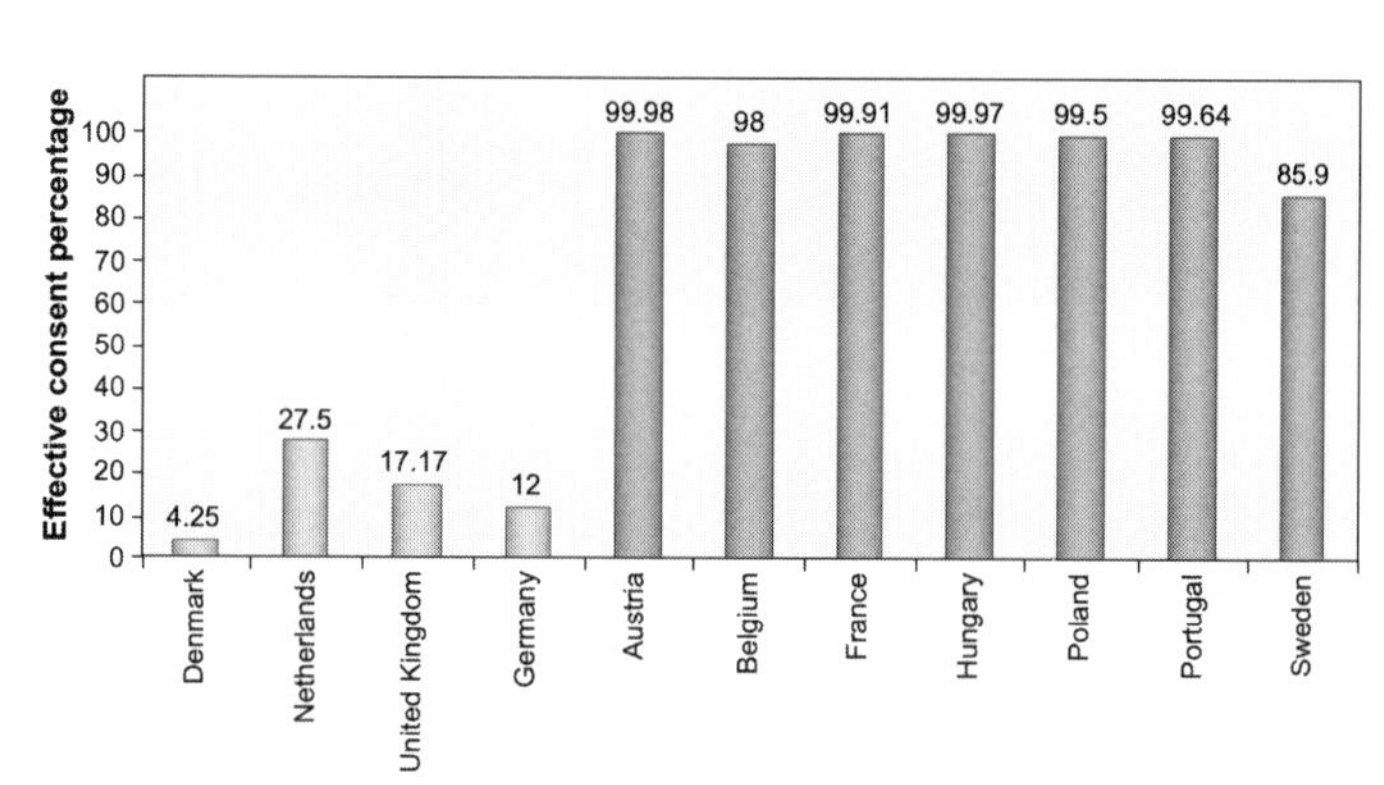

Effective consent rates, by country. Explicit consent (opt-in, gold) and presumed consent (opt-out, blue).

図2-6　国ごとの、事実上の承諾率（ジョンソンとゴールドスタイン調べ、2003年）

見ての通り、承諾率は雲泥の差だった。デフォルト効果を促進する要因はいくつもある。

・**認識**：デフォルトから変えるには、そもそも変更が可能だと認識する必要がある。（これはそのまま、前に説明した知覚的脆弱性を利用する話に繋がる）

・**労力**：デフォルトから変えるには、何かしら行動を起こす必要がある。この場合は、正しい公的書類を探して記入する労力が必要だ。デフォルトから変えたいという意思があっても、そうする時間とエネルギーがない場合もある。

・**権威バイアスと社会的証明**：デフォルト効果は他の認知バイアスと組み合わされる場合がある。権威のある存在（たとえば医師など）から正しい選択としてデフォルトを勧められたら、それ以外の選択肢は選びにくい。あるいは、皆がそうしているから正しいはず（社会的に証明されている）と考えてしまうケースもある。この2つは、もともと強い影響力を持つ認知バイアスとして知られている。

リチャード・セイラー氏の著作『行動経済学の逆襲』（原題：Misbehaving）では、このトピックについて再調査が行われ、承諾したと見なされた割合ではなく実際の臓器提供率を調査した。[*37] 論文の上では見なしの承諾率だけで十分根拠として有効に思えるかもしれないが、実際は本人が亡くなったあと病院側が遺族の意思を確認することが多く、そのときに拒否されるケースもままある。デフォルトで承諾していたと見なされたとしても、本人が自らの意思で臓器提供を選んだという証拠がないからだ。セイラー氏は、運転免許証の更新のたびに必ず選択させる、「意思表示の強制」のほうが、制度として優れていると結論づけた。

デフォルト効果は、プライバシーとCookieの同意ポップアップに関連づけた調査も行われている。以前、SERNAC（チリの国家消費者庁）が大規模な調査を行い、衝撃的な結果を公表した。[*38] この調査では、総勢7万人以上の被験者に、それぞれ異なるインターフェースのCookie同意ポップアップを見せた。一方のインターフェースでは、デフォルトでCookieによるトラッキングに同意する形で提示され、別のインターフェースでは逆に、同意しない形で提示される。結果、同意しない形で提示されたほうが、Cookieを拒否するユーザーが86ポイントも多かった。

この結果を見るに、デフォルト効果は誰でも容易に利用でき、しかも非常に効果的だ。実際、多くの企業が消費者を搾取するために利用している。消費者が、問われていることの本質を理解し、積極的な選択を迫られたならノーと言いそうな事柄について、同意を得たと見なす目的で利用されているのだ。

アンカリング効果とフレーミング効果

アンカリング効果とは認知バイアスの1つで、意思決定の際、最初に受け取った情報（アンカー）に重きを置きすぎる心理現象のことだ。トヴェルスキーとカーネマン氏が1974年に発表した調査では、被験者に対して、アフリカの国のうち国連に加盟している国の割合を推測させた。[*39] 被験者には最初にランダムな数字を見せ、推測される割合がその数字よりも大きいか小さいかを質問する。

そのうえで国連加盟国の割合を答えさせた。結果を見ると、答えが最初にアンカーとして見せられた数字に大きく影響を受けることが判明した。アンカーの数字が高い人ほど答えも高くなり、低い人ほど答えも低くなったのだ。この洞察は、消費者を搾取しようと商品の値段を決める際によく利用されている。たとえば、最初の値段をかなり高く設定してから値引きしたほうが、最初から値引き後の値段で売るよりもお得に見えるものだ。

フレーミング効果も似たような認知バイアスで、情報の根拠となる事実ではなく、情報がどのように提示されたかに重きを置きすぎる心理現象だ。1981年にトヴェルスキーとカーネマン氏が行った実験では、被験者に架空の病気に関する話を伝え、2つの異なる治療計画から好きなほうを選ばせた。[*40] さらに被験者は2つのグループに分けられ、一方のグループにはポジティブな表現（「X人が助かる」）で、もう一方にはネガティブな表現（「Y人が死ぬ」）で、それぞれ2種類の治療計画が説明された。その結果、治療計画の内容は全く同一であったにもかかわらず、フレーミング効果によって2つのグループの選択に差異が見られた。

ダン・アリエリー氏は、著書『予想どおりに不合理』（原題：Predictably Irrational）の中で、このタイプの認知バイアスが持つ、人を操る力について詳しく述べている。[*41] 彼は雑誌『The Economist』の架空の定期購読申し込みページを2種類作ると、200人の学生を半分に分け、最初の100人とあとの100人に別のデザインを見せて、好きな購読プランを選ばせた。参加した学生たちには知らされていなかったが、以下に載せるデザインAのほうには、紙媒体とウェブの両方を購読できるプランが一番お得に感じるような仕掛けが施されている（図2-7）。Aには、Bにはないもう

1つのプラン——紙媒体のみのプランが、「囮」として追加されているのだ。このプランは、紙媒体とウェブ両方のプランと同じ価格で提供されている。デザインAでは84%が紙媒体とウェブ両方のプランを選んだのに対し、デザインBではたったの32%に留まった。この囮プランの存在によって、紙媒体とウェブ両方のプランがよりお得に見え、選ぶ人が増えたというわけだ。

社会的証明

社会的証明とは、他の人々の行動に同調してしまいがちな現象を指す認知バイアスである。「バンドワゴン効果」や「集団思考」または「集団浅慮」、「ハーディング効果」とも言われる。要するに、我々は多数の人々が何かに価値を見出すと、彼らを正しいと思い込む傾向があるのだ。これは、毎回自分自身の頭で批判的に考える労力を省くための近道でもある。

　2014年に、イギリスの歳入税関庁（HMRC）と共同で、研究者たちが社会的証明の影響力を測る大規模

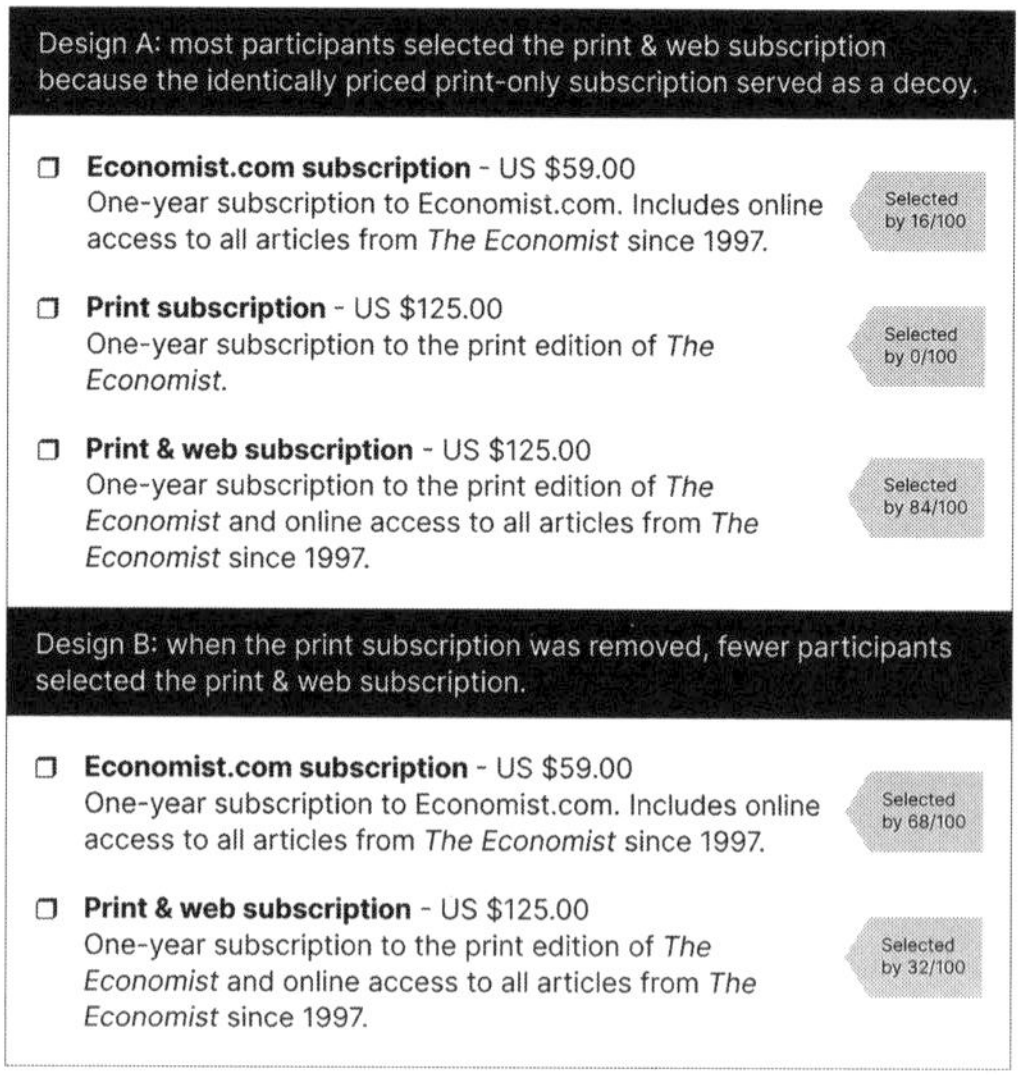

デザインA：ほとんどの被験者が紙媒体とウェブ両方のプランを選んだ。同じ価格の紙媒体のみのプランが、比較対象として囮になったためだ。

Design A: most participants selected the print & web subscription because the identically priced print-only subscription served as a decoy.

❐ **Economist.com subscription** - US $59.00
One-year subscription to Economist.com. Includes online access to all articles from *The Economist* since 1997.
Selected by 16/100

❐ **Print subscription** - US $125.00
One-year subscription to the print edition of *The Economist.*
Selected by 0/100

❐ **Print & web subscription** - US $125.00
One-year subscription to the print edition of *The Economist* and online access to all articles from *The Economist* since 1997.
Selected by 84/100

デザインB：紙媒体のみのプランが削除されると、紙媒体とウェブ両方のプランを選ぶ人が減った。

Design B: when the print subscription was removed, fewer participants selected the print & web subscription.

❐ **Economist.com subscription** - US $59.00
One-year subscription to Economist.com. Includes online access to all articles from *The Economist* since 1997.
Selected by 68/100

❐ **Print & web subscription** - US $125.00
One-year subscription to the print edition of *The Economist* and online access to all articles from *The Economist* since 1997.
Selected by 32/100

図2-7
ダン・アリエリー氏が行った、雑誌『The Economist』の定期購読ページを用いた実験。囮プランの存在が、被験者の判断に影響を及ぼした

な実験を行った。[42] 彼らは、それぞれ異なるメッセージが書かれた税金の督促状を5種類用意した。そしてそれをイギリス国内で無作為に選出された10万人の対象者に送り、23日以内に実際に支払った人の割合を観測した（表2−2）。

見ての通り、1〜3番のメッセージはいずれも社会的証明の一種で、4〜5番は違う。3番のメッセージは最も強い言葉で社会的証明を煽っており、他のメッセージとは比べるまでもなく一番成果が出ている。この結果はHMRCにとってかなりの朗報で、期限内に納税率を上げることができて国としても有益だった。もちろん、この例における言葉の使い方に搾取的な側面はない。本物の正しい情報で社会的証明を促すのは、建設的で役立つ利用方法だ。ただし、情報を歪め、意図的にユーザーに正確な状況が伝わらなくなるようにすると、社会的証明は人を搾取するために使われてしまう。

社会的証明は、インターネット上ではよく、レビューや事例研究、口コミやデータ（評価や「いいね」の数）などの形で見られる。ここでは高評価の口コミを例に考えてみよう。もしその口コミが企業側の完全な嘘だったとしたら、それはただの詐欺であって何も複雑なことはない。たとえ本物のユーザーが書いたとしても、商品を良く書くように企業

NO.	メッセージ	支払い率
1	「10人中9人が期限内に税金を支払います」	1.30%
2	「イギリスでは10人中9人が期限内に税金を支払います」	2.10%
3	「イギリスでは10人中9人が期限内に税金を支払います。あなたは現在、非常に少数の未払い者の1人です」	5.10%
4	「納税することで、私たちは皆、NHS〔National Health Service。イギリスの国営医療制度〕や道路整備や学校教育などの極めて重要な公共サービスを受けられます」	1.60%
5	「納税しないと、私たちは皆、NHSや路整備や学校教育などの極めて重要な公共サービスを受けられなくなります」	1.60%

表2-2　HMRCによる税金の督促状を用いた調査（ホールズワース他、2017年）

側から見返りをもらっていたとしたら、それも詐欺に当たる。

しかし、もしそれが本物のユーザーの口コミで、企業から見返りをもらいつつも、肩入れしない正直なレビューをするように頼まれていたとしたらどうだろうか。見返りを伴う依頼にはグレーゾーンがあり、裏に搾取的な行為が隠されている可能性がある。たとえば、そのレビュアーはどのような見返りを受けたのか。報酬の額は、依頼の内容に見合っていたか。企業側はレビュアーに対して、今回のレビューがポジティブな内容だったら今後も依頼するかもしれないとほのめかしたか。レビュアーは企業に特別頼まれたわけではないものの、報酬に報いるためにポジティブなレビューをしたか。おまけをもらったり大幅に割引されたりすると、元の値段で買うよりもその商品の欠点に対して寛容になりがちだということは、誰しも経験上知っているだろう。だからこそ、何かしらの見返りをもらって書かれたレビューは、必ずそうとわかるように公開すべきなのだ。それが報酬ありきで書かれたものだと、ユーザーに伝えなければならない。しかし、その公開の仕方についても曖昧なケースがある。例として、Amazon UKのサイトに掲載されていた、ノンフライヤーのレビューを見てみよう[*43]（図2－8）。

レビュアーの名前の横に、「VINE VOICE」と書かれているのがわかるだろう。このラベルはリンクになっておらず、クリックしたりマウスオーバーしたりしてもこれ以上の情報は現れないし、このページのどこにも説明はない。ページの上のほうの商品検索ボックスに「VINE VOICE」と入力しても、関連のあるものは引っ掛からない。実は、サイトの片隅にひっそりと「ヘルプライブラリ」という検索ボックスが存在しており、そこで検索するとようやく説明を見ることができるのだ。そこで初めて、「VINE VOICE」とは、商品を無料で提供して書いてもらったレビューのことだとわかる。これでは、情報の開示が全くもって不十分ではないだろうか。

社会的証明を操る方法は他にもある。モバイルアプリのストアが登場して間もない頃、Appsfire[*44]という企業が、先陣を切ってアプリ開発者向けにAppBoosterという巧妙なアプリを開発した。このアプリは、ユーザーを偽のレビューページへ誘導し、評価やレビューを求める。そこでユーザーが高評価をつけると、それをApp Storeにも投稿するように求め、反対に低い評価をつけると、そのレビューは非公開のEメールサポートスレッドに回される仕様になっている。だがこの仕様は何一つユーザーに説明されない。実際の画面の遷移は以下の通りだ（図2－9）。

このように、AppBoosterはこのレビューページにおける高評価と低評価の本当の意味を隠していた。ユーザーに対して真に誠実な姿勢を見せるなら、App Storeでレビューを公開するか、それとも開発者に直接連絡するかはユーザー自身に選ばせるべきだ。

今現在、このような詐欺的な手口はAppleおよびGoogleのアプリストアでは禁止されているため、以前ほどは見かけなくなっている。

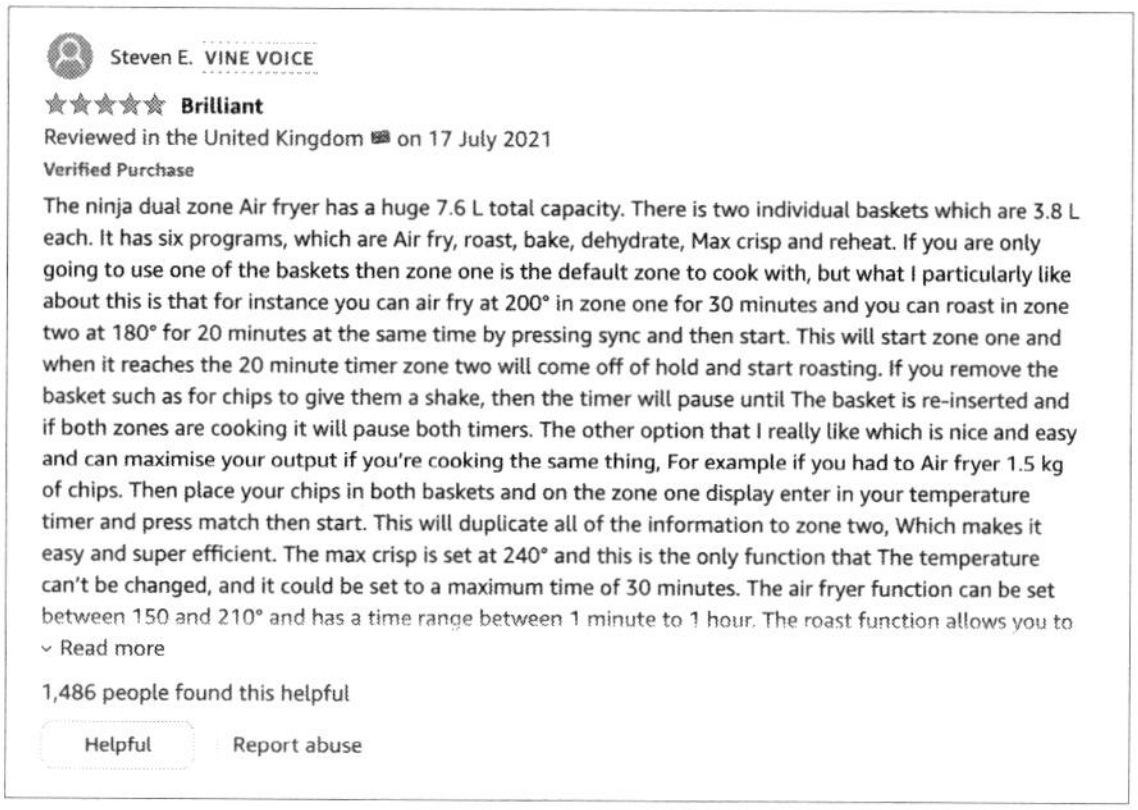

Steven E. VINE VOICE

★★★★★ **Brilliant**

Reviewed in the United Kingdom on 17 July 2021

Verified Purchase

The ninja dual zone Air fryer has a huge 7.6 L total capacity. There is two individual baskets which are 3.8 L each. It has six programs, which are Air fry, roast, bake, dehydrate, Max crisp and reheat. If you are only going to use one of the baskets then zone one is the default zone to cook with, but what I particularly like about this is that for instance you can air fry at 200° in zone one for 30 minutes and you can roast in zone two at 180° for 20 minutes at the same time by pressing sync and then start. This will start zone one and when it reaches the 20 minute timer zone two will come off of hold and start roasting. If you remove the basket such as for chips to give them a shake, then the timer will pause until The basket is re-inserted and if both zones are cooking it will pause both timers. The other option that I really like which is nice and easy and can maximise your output if you're cooking the same thing, For example if you had to Air fryer 1.5 kg of chips. Then place your chips in both baskets and on the zone one display enter in your temperature timer and press match then start. This will duplicate all of the information to zone two, Which makes it easy and super efficient. The max crisp is set at 240° and this is the only function that The temperature can't be changed, and it could be set to a maximum time of 30 minutes. The air fryer function can be set between 150 and 210° and has a time range between 1 minute to 1 hour. The roast function allows you to

⌄ Read more

1,486 people found this helpful

Helpful　Report abuse

図2-8
Amazon UKに投稿されたレビューのスクリーンショット。「VINE VOICE」のラベルがある

図2-9

User gives thumbs up

User is invited to review on App Store

Like this app? Feedback Type? Bravo Bug Idea

Email harry@clearleft.com

Message Awesome app well done!

Cancel Send

Thank you!

We're glad you like Appsfire: Discover the Best Free & Paid Apps!

Show your support by leaving us a positive review on the App Store.

No thanks　Review on the App Store

高評価をつける

App Storeでレビューを投稿するよう誘導される

AppBoosterで高評価をつけた際の画面の遷移

低評価をつける

App Storeへの遷移はなし

AppBoosterで低評価をつけた際の画面の遷移

その他の社会的証明を操る手口としては、批判的なレビューの掲載を遅らせたり（高評価のレビューは早く掲載し、低評価のレビューはなかなか掲載しない）、単純に批判的なレビューを目立たないように掲載したりといった方法がある。

希少性効果

希少性効果とは、希少で手に入りにくいものにほど価値を見出しがちという認知バイアスである。売り切れてしまう前に手に入れなければ、という焦りを感じさせるため、衝動買いやリスクのある行動が増え、判断力にしばしば影響を与える。

希少性効果の研究における先駆けとなった有名な実験に、クッキーを使ったものがある。クッキーと言っても、これまでに出てきたブラウザのCookieではなく、食べられるほうのクッキーだ。1975年に、ウォーチェル氏、リー氏、エイドウォール氏の3人の研究者は146人の大学生を対象にいくつかの実験を行った。[*45] 参加者には、クッキーが10枚入った瓶か2枚しか入っていない瓶のいずれかを見せ、そのクッキーをどのくらい食べたいと思うか評価してもらった。すると、2枚入りの瓶を見せられた参加者のほうが、10枚入りを見せられた参加者よりも、クッキーに対する評価が高い結果になった。

そのあと、実験をさらに面白くするために、研究者らはちょっとした演出を入れた。役者を雇い、実験の途中で部屋に乱入させたのだ。役者の手には2枚入りもしくは10枚入りのクッキー瓶があり、今部屋にある瓶と交換する旨を説明する。それにより参加者たちは、交換前と交換後のクッキーの数の違いに注目せざるを得なくなる。10枚から2枚へと減ったほうのグループは、そのクッキーを・・・・・・・・・・・・・・・・・・・交換前のものよりもっと魅力的と評価した。これは、希少性がものの価値に影響を与えることの証拠に他ならない。そして、希少性に人の注意が向くと、さらにその効果が高まることがわかった。

現実において、ものの希少性は動かしようのない事実であり、その情報はユーザーにとって大いに役立つだろう。たとえばの話だが、有給休暇を使って旅行する計画を立てている客にとっては、取りたい航空券が売り切れ間近なのかどうかという情報は重要だ。もし売り切れそうなら、すぐにでも予約しないと計画が頓挫してしまうかもしれない。

嘘偽りない、正直なメッセージは大歓迎だが、希少性効果のあまりの影響力に、企業側は嘘の希少価値をアピールしたり、曖昧な言葉やカテゴリー分けやＵＩで「希少」の意味を捻じ曲げたりしてしまいがちだ。どのようなタイプのディセプティブパターンがあるかは、この本の第3章でもっと詳しく見ていこう。

サンクコストの誤謬

サンクコストの誤謬（ごびゅう）とは、すでに相当な労力やリソースを注ぎ込んだものに対して、投資し続けてしまう心理現象だ。１９８５年にアルケス氏とブルーマー氏が行った調査によると、タスクにリソースを投資すればするほど、たとえすでに回収できないほどコストが膨れ上がり、これ以上タスクを続けるのが非合理的だったとしても、入れ込んでしまう傾向があるという。[*46] 彼らはある実験で、61人の被験者に以下のシナリオを読ませた。シナリオの抜粋を読んだら、その先へ進む前に、自分ならどのような反応をするか考えてみてほしい。

幾分先の週末にミシガン州へスキー旅行に行く計画を立てたあなたは、100ドルの旅行チケットを買った。数週間後、あなたはウィスコンシン州へのスキー旅行のチケットを50ドルで買った。正直、ミシガン州よりもウィスコンシン州のほうが楽しい旅行になりそうだ。買ったばかりのチケットを財布にしまおうとしたとき、あなたは、ミシガン行きのチケットの日付が、ウィスコンシン行きの日付と同じであることに気がついた。旅行は目前に迫っており、チケットを売ることはできないし、返金もしてもらえない。どちらかのチケットしか使えず、使わなかったほうは捨てることになる。さて、あなたならどちらを選ぶだろうか。

すでに支払いが完了しており、返金はしてもらえないという事実を考慮すると、それぞれのチケットにかかった金額を根拠に選択するのは非合理的だ。あなた自身はウィスコンシン旅行のほうを楽しみにしているのだから、ここでの合理的な選択はウィスコンシンということになる。果たして被験者たちはウィスコンシンを選んだだろうか。答えはノーだ。ウィスコンシンを選んだのはたったの46％という結果になった。ミシガン旅行のチケットにかけたサンクコストが、過半数（54％）の被験者たちの判断を鈍らせたのだ。

サンクコストの誤謬もしばしばディセプティブパターンに利用される。よくあるのは、魅力的に見える取引をちらつかせてユーザーを釣り、延々と続く煩雑な手続きを踏ませて時間と注意力とエネルギーを消費させたあとで、実は最初の売り文句ほど魅力的でない真実——もっと値段が高かったり、条件が悪かったり——を明かす、というものだ。これについては、第3章で深掘りする。

返報性の原理

返報性の原理とは、人から何かをもらうとお返しをしなければならない気持ちになるという心理現象だ。してもらったことに対して報いようとするため、社会的通貨の一種とも考えられている。2013年に、イギリス政府は特定のウェブサイトを訪れた100万人のユーザーを対象に、8つの異なるデザインを用意するという大規模なA/Bテストを行った。[*47] ユーザーがgov.uk（イギリス政府のウェブサイト）で自動車税の支払い手続きを完了すると、以下のようなページが表示された（図2-10）。

このようなページが、全部で8種類作られた。最初に載せた1番がこの実験におけるコントロールで、その他にもう1つ、最も効果的だった7番を載せる（図2-11）。この2つのページはほとんど同じだが、7番のほうにはこんなメッセージが足されている――「もしあなたが臓器移植を必要としていたとしたら、移植を望みますか？　それなら、他の人たちにも手を差しのべてください」。

特段目立ってもいないし、効果は薄いだろうと思うかもしれないが、そんなことはない。1番のデザインでは、2.3%の人が臓器提供者として登録したのに対し、7番のデザインでは

図2-10
A/Bテストのために作られた、イギリス政府のウェブサイトの自動車税支払い手続き完了ページの1つ

図2-11
別バージョンの自動車税支払い手続き完了ページ。NHSでの臓器提供者登録を促す要素が足されている

3・2％の人が登録した。その差は1ポイントにも満たないと思うかもしれないが、見方を変えれば、7番のページからは1番の約1・4倍もの人が登録したのである。

この報告の中で、BIT（イギリス政府の行動洞察チーム）はこのデザインが「返報性の原理」を誘発したと考察している。[48] 今回のケースでは返報性の原理が正直で誠実な使われ方をしているが、もし嘘や紛らわしい言葉を用いたら、人を陥れることもできるだろう。そうなったら、邪な目的のために利用されるのは想像に難くない。

4 思い込みを利用する戦略

誰しも、ウェブサイトやアプリに対して、何かしらの想定を持っている。ユーザーのためを思ってウェブサイトやアプリを作るデザイナーは、ガイドラインに則り、ユーザー目線に立ったパターンやデザイン体系から外れないようにする。そのようにして、安定感があり、想定を大きく裏切らないプロダクトを心がけることで、新しい機能などを追加するたびに、ユーザーがプロダクトの使い方を一から学び直さなくて済むのだ。[49]

2016年にニコラウス氏とボーナート氏が135人を対象に行った調査では、参加者にマス目の並んだ紙を配り、ロゴや検索ボックスや広告などといった一般的なウェブサイトにありがちな要素が、たいてい画面のどの位置にあると思うかを書き込ませた。[*50] そして参加者たちの想定を集計し、実際に存在する50個のウェブサイトのレイアウトと比較した。以下の集計結果を見ると、ユーザーが想定する検索ボックスの位置は画面右上が一般的で、実際のウェブサイトでも右上が多い（図2－12）。このことから、ユーザーはだいたいの共通認識を持っており、デザイナーがそれに応えることはユーザーの役に立つとわかる。

人を搾取しようと目論んでいるデザイナーは、ユーザーが想定するデザインを把握し、それを逆手に取って利益を得ようとするかもしれない。これの最も有名な例は、２０１３年に突如としてiOSのApp Storeランキング上位に躍り出た、Flappy Birdというゲームだろう。当時、App Storeのランキングは、高評価を受ける頻度をはじめとしたいくつかの要因をもとに算定されていた。このゲームは、何度も死んではリトライするという仕様で、ごくごくシンプルで些細なディセプティブパターンを用いて、レビューの数を増やすための小細工がされていた。リトライするとき、最初に「プレイ」ボタンがあった場所に「評価する」ボタンが配置されているのだ。しかも、

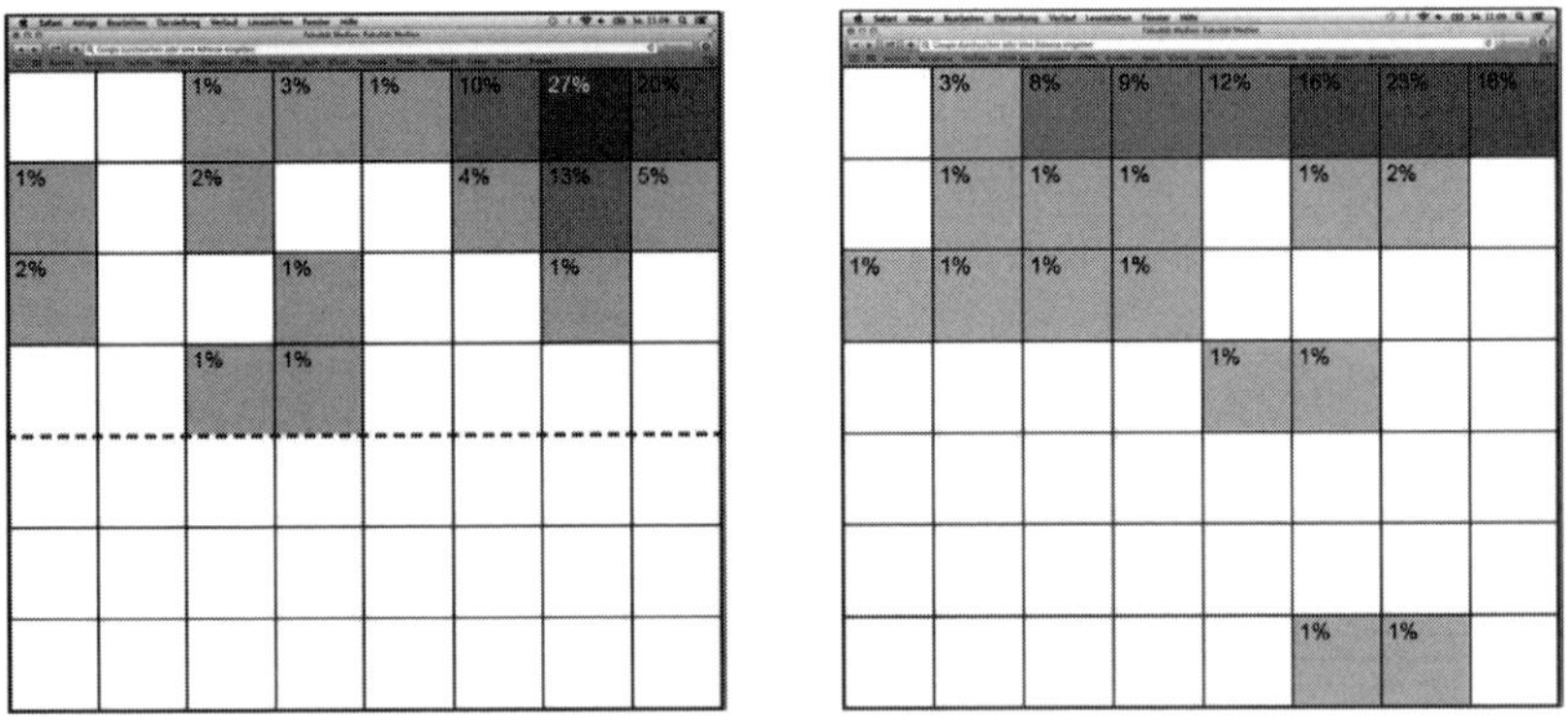

図2-12
ユーザー視点での、ウェブサイトの検索ボックスの想定位置（左）と、実際の位置（右）（ニコラウスとボーナート、2016年）

位置ばかりかボタンのサイズも見た目も同じだ。そのため、リトライしようとしたユーザーが誤って「評価する」ボタンを押してしまい、App Storeのレビュー投稿ページに連れていかれるケースが多々あった。もちろん、ゲーム自体が面白くて、レビュー投稿ページにアクセスしたのは偶然にしろ、ほとんどのユーザーが喜んで高評価をつけたという事実がなければ、ディセプティブパターンとしての効果は発揮されなかっただろう。かくしてFlappy Birdは、一時はアメリカ国内で1カ月に70万以上のレビューを稼ぐことに成功した。これは普通のランキング上位のゲームが1年で稼ぐレビュー数をも上回っていた。

このタイプのディセプティブパターンは、「早送りトリック」[*51]や「アファーマティブ・トンネリング」[*52]と呼ばれているが、ユーザーの思い込みを逆手に取るディセプティブパターンにはさまざまなタイプがあり、もう少しあとで紹介する。一般的には「誘導型（Misdirection）」という名称で知られており、ユーザーに望みどおりの結果になると期待させておいて、望んでいない結果を招く手法だ。

5 消耗させせプレッシャーを与える戦略

誰にとっても、時間は有限だ——いずれは死ぬのだから。何が言いたいかというと、我々は生きている間、たいていそれなりに忙しい日々を過ごしている。1日のほとんどを仕事や睡眠、その他あまりやりたくない雑事——部屋の掃除や書類の記入など——に費やしている。有限なのはエネルギーもで、使い果たせば「認知的負荷」[*53]や「認知的摩擦」[*54]によって疲れてしまう。疲労が溜まってくると難しいタスクに頭が回らなくなり、より近道（認知バイアス）に頼ったり、ミスを犯しやすくなったりする。[*55]

この単純明快な洞察を利用して、わざと人を疲れさせ、罠にかけて搾取しようとする者たちがいる。ソフトウェアには食事も睡眠も休息も必要ない。長ったらしくて退屈な処理も、生命のないソフトウェアなら何とも思わないが、最終的にそれを処理するユーザーにとっては大きな問題だ。つまり、工程を難しくすれば、簡単にユーザーをその面倒な作業から遠ざけることができるのだ。これはサブスクリプションの解約、トラッキングやデータのエクスポートの拒否などに使われている手口だ。こうして意図的に相手を消耗させる戦略は、しばしば「スラッジ」と呼ばれる。キャス・サンスティーン氏は、自身の著書の中でスラッジの問題について説明している。[*56]

「十中八九、あなたの人生はスラッジ——あなたがしたいことをしたり行きたいところへ行ったりするのを阻む摩擦が重なって構成された、『粘り気のある混合物』——のせいで悪化している。［…］スラッジは多くの場合、経済的な損失をもたらす。［…］患者、親、教師、医師、看護師、従業員、消費者、投資者、それから開発者をも。投票の権利も、人種や性別で差別されない権利も含む基本的な権利を侵食する。世に広まる不平等の源だ。スラッジは、人間の尊厳をも脅かす。［…］カフカはそれを描写している。彼の小説は、その粘り気のある混合物に絡めとられて人生を上手く歩めなかったり、苦境から脱せなかったりする人々の世界を描いている。［…］スラッジのせいで傷ついていない人はいないが、病人や老人、障害者、貧困者、無教養な人にとっては、スラッジはもはや呪いである。」

——キャス・サンスティーン、２０２２年

ディセプティブパターン研究の界隈では、インターフェース上の搾取的なスラッジのことを「妨害型（Obstruction）」[*57]や、時には「ゴキブリホイホイ」[*58]と呼ぶが、詳しい話はいったん後回しにする。スラッジを作るのは簡単だ。企業側は任意の工程にいくつもステップを挟んだり、邪魔をしたりすればいいだけだ。たとえば、ユーザーに長いフォームを記入させたり、パスワードを何度も入力させたり。それでも足りないなら、書類を郵送させたり、どこかに足を運ばせたり、掛け方が複雑なうえになかなか繋がらないコールセンターに電話させるという手もある。こうした作戦は、新聞の解約やジムの退会時によく見られる。人生は寄り道や優先順位の競合に満ちている——スラッジはそこにつけ込んで、ユーザーの意図に反してサブスクリプション契約を引き延ばし、結果的に企業に儲けをもたらすのだ。

たった1つステップを増やすだけで、その影響は甚大になり得る。ＢＩＴがＨＭＲＣと共同で行ったある調査では、数千人のイギリス国民に手紙を送り、納税を催促した。最初の手紙では、納税用のフォームのあるウェブサイトを知らせて、そこから実際のフォームへのリンクをクリックさせた（1つステップが多い）。2つ目の手紙では余計なステップを挟まず、フォームへの直接のリンクを知らせた。

たった1つステップが多いだけでも影響は大きく、最初の手紙を受け取った人たちは、2つ目を受け取った人たちに比べて6・1ポイントもタスク完了率が低かった。[*59] これを見ると、いくつも余計なステップを増やすことで、いかに効果的にユーザーを疲れさせ、目的を達成する前に諦めさせられるかがわかるだろう。

スラッジ以外にも、ユーザーを消耗させようと企業が使ってくる手はある。よく使われているのは、期限を設ける手法だ。ユーザーに貴重な時間を使わせるのではなく、逆に制限するのだ。期間限定の売り文句やカウントダウンタイマーは、ユーザーをあせらせ、じっくり吟味と計算を重ねる時間はないと思い込ませる（「押し売り（圧力販売）」や「緊急性」・「希少性」のディセプティブパターンとも呼ばれる）。こういったテクニックはかなり実用的な効果を持っており、恐怖やストレスをはじめとした感情的な反応を誘発し、たとえ非常に冷静で思慮深い人であっても、普段より急いで決断してしまう。そして人は急いでいると、たとえば「これ全部を読む時間はないけど、高評価レビューが多いからたぶん大丈夫だろう」（社会的証明）と考えたり、「すべての選択肢を比べている時間はないから、真ん中の少し安めのものを選ぼう」（アンカリングとフレーミング）というように、近道に頼ったりするようになる。

「ナギング（執拗な要求）」というのも、広い意味でユーザーを消耗させるテクニックの1つだ。アプリやウェブサイトが何かについてユーザーの承認を求めてくるたび、限りある時間と意識を費やしてレスポンスを返さなければならない。まるで、企業が思い通りに動いてくれないユーザーに対して、時間と意識という税金を払わせようとしているみたいだ。ここで支払うコストは金銭ではないが、それでも積もり積もれば無視できなくなり、やがてユーザーは諦めて思い通りに動いてやったほうが効率的だと判断するようになる。

また、世の中には人よりも自由になる時間が少ない人たちがいる。貧困層は特に複数の仕事を掛け持ちして長時間働き、疲労困憊で通勤し、家庭も複雑な傾向にある。リソースを消耗させられ疲れていると、利益のためにあの手この手を使う企業の策略に乗せられやすくなってしまう。

6 強制・ブロッキング戦略

強制とは、通常、ユーザーの目指すゴールの前に、必須のステップを挟むことだ。それを完了しなければ先へ進めないようになっている。一方ブロッキングは、ユーザーがやりたいことを阻む手口である。たとえば、ユーザーがデータをエクスポートしたいとき、企業側は単純にその機能を提供しないか、それについて触れない場合がある。エクスポートさせないことでユーザーを囲い込み、データを持って別のサービスへ移るのを難しくしているのだ。

強制とブロッキングのよく知られている例として、カプセルコーヒーメーカーやプリンターのインクなどが挙げられる。

コーヒーメーカーを製造しているKEURIG（キューリグ）はカプセル式コーヒーメーカーで有名だが、これでコーヒーを淹れるには、K-Cupという専用のカプセルを使う必要がある。しばらく市場に出回ったあと、競合他社からK-Cupのコピー商品が発売されるようになり、コーヒーメーカーの所有者はどこのカプセルを購入するか選べるようになった。利益を横取りされて困ったのはキューリグだ。もともと想定していたビジネスモデルとしては、コーヒーメーカー本体を比較的安価で売り、専用カプセルの購入を強制することで顧客を囲い込む計画で、長期的な利益が見込めるはずだった。２０１５年に、キューリグは自社の製品にデジタル著作権管理（ＤＲＭ）の機能を追加することで対抗した。無線周波数識別（ＲＦＩＤ）チップをすべてのカプセルに組み込み、コーヒーメーカー本体が自社のカプセルを識別できるようにしたのだ。

ところが、それが裏目に出たのが面白いところで、そのシステムの裏を掻く方法がYouTubeにアップロードされてしまったのである。キューリグのカプセルを1つでも持っていれば、あとはそのカプセルから識別チップを切り取り、本体のセンサー部分に乗せるだけでいい。[*60]

もっと最近の例では、プリンターを製造しているＨＰが似たような策をとっている。[*61] ２０２３年3月、ＨＰのプリンターを所有している人たちはある日突然、ＨＰがクラウド経由のアップデートでプリンターの機能性に手を加え、サードパーティーのインクカートリッジが使用できなくなったことを知った。サードパーティーのインクを使っていたばかりに、つい昨日までインクも満タンで何の問題もなく動いていたプリンターが、一夜にして動かなくなったのである。

インターフェースデザインとソフトウェアの世界では、新しくページを作って挿し込むのは至極簡単で、したがって強制やブロッキングは非常にハードルが低い。それについては、第3章でさまざまなタイプのディセプティブパターンを見ていくときに掘り下げる。

7 感情的脆弱性を利用する戦略

人間は、罪悪感や恥、恐怖、後悔などといった心地悪い感情を持つのを嫌がり、しばしばそれを避けるための行動をとる。この習性を利用すれば、ユーザーに特定の決断をさせたり、あるいは特定の決断から遠ざけたりすることも可能だ。この手法は長いこと紙媒体やテレビの広告で用いられており、心理学的にも効果を認められている。

一例として、クリシェン氏とブーイ氏が行った調査を挙げる。彼らは2015年に、122人の被験者に肥満に関する広告を見せ、このあとカロリーの高いスイーツを食べたいと思うかなど、仮定のシナリオや行動についてアンケートを取った。[*62] 使われた広告は2種類——恐怖に訴えるメッセージ（左）と願望に訴えるメッセージ（右）だ[*63]（図2－13）。

調査の結果、高カロリーのスイーツを食べたい気持ちを抑えるには、恐怖に訴えた広告のほうが願望に訴えたほうよりもはるかに効果的だとわかった。近年、恐怖は公衆衛生を促進させるためによく使われており、そのやり方に倫理的に問題がないか議論されることもしばしばだ。[*64] アプリやウェブサイトのユーザーに対しても、同様に感情を利用するデザインはそこかしこに存在するが、それについては第3章で見ていこう。

8 依存症を利用する戦略

あなたやあなたの友人、家族の行動について、以下の事柄が当てはまるか否か、考えてみよう。

図2-13

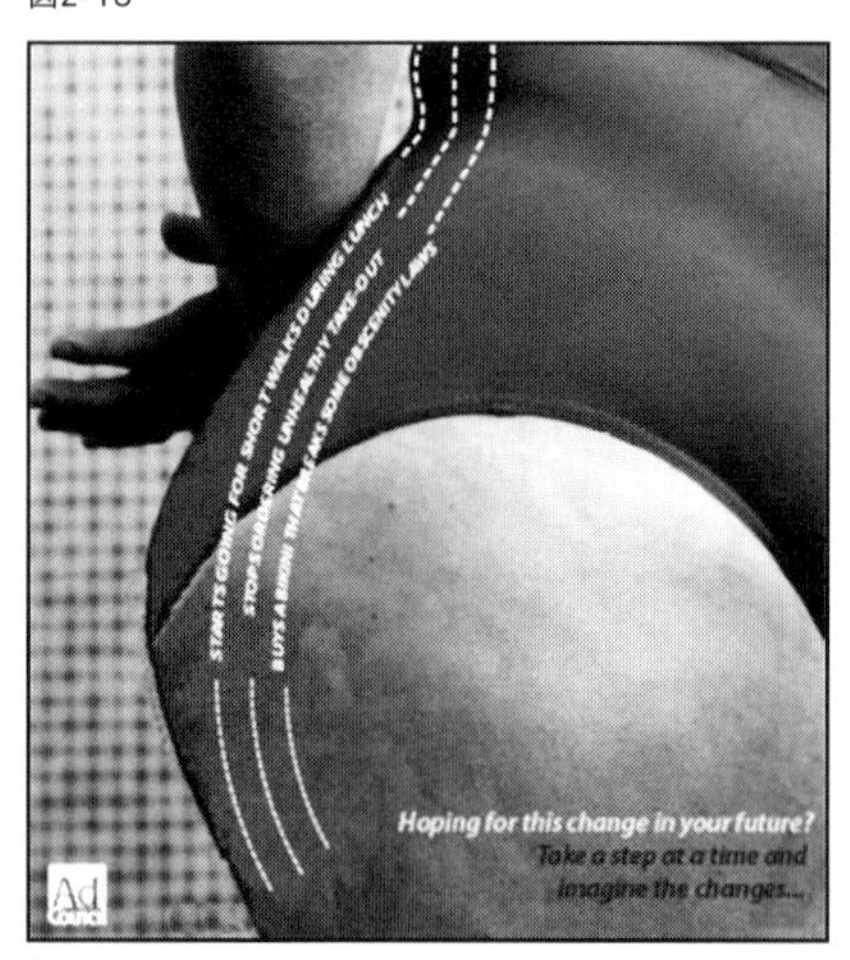

「将来こうなりたいと思いますか？」──クリシェン氏とブーイ氏による実験で使われた広告（2015年）

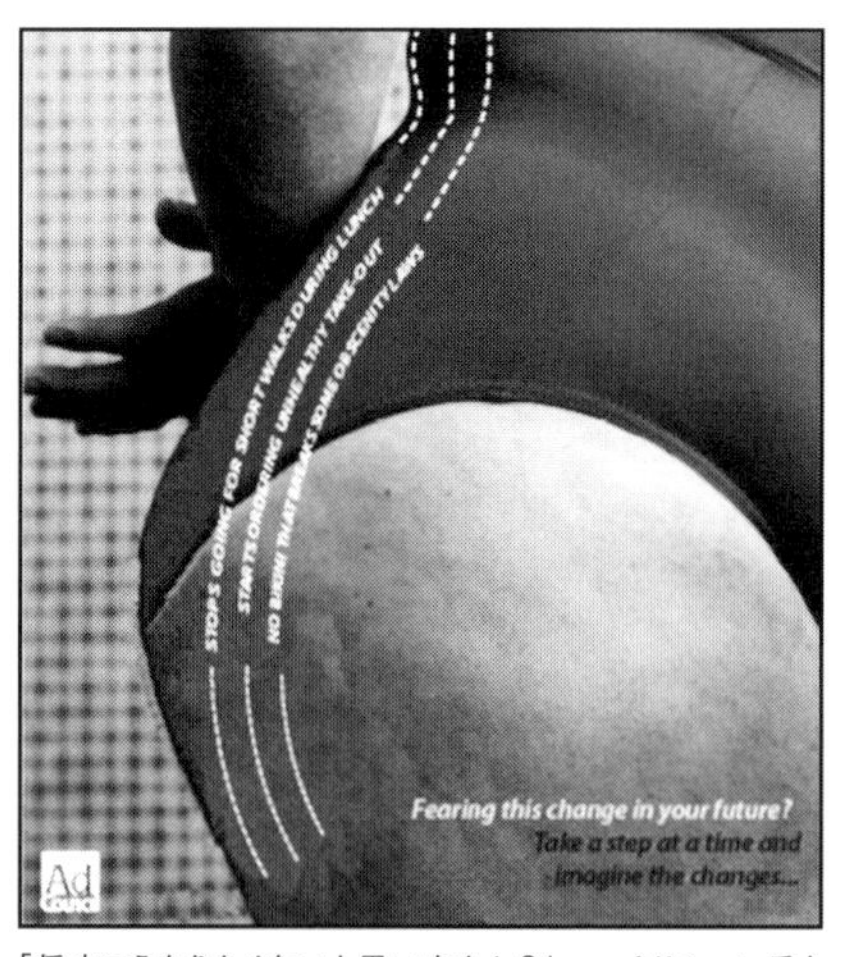

「将来こうなりたくないと思いますか？」──クリシェン氏とブーイ氏による実験で使われた広告（2015年）

1. 意図していたよりも長く使用し続けているものがある。
2. 使用を制限しようとしているが、上手くいっていない。
3. 使用すると、不調（睡眠不足など）が快復するのに時間がかかる。
4. 使用していないと、使用したい気持ちが膨らむ。
5. 使用すると、やるべきこと（仕事や勉強、家事など）に支障をきたす。
6. 人間関係に支障をきたしても（パートナーとの喧嘩が増えたり、パートナーに憤るようになったり）使用をやめられない。
7. 危険な状況（たとえば運転中）にも使用してしまう。
8. 人と会ったり遊びに出掛けたりするより、使用するほうを優先する。
9. 使用できないと、禁断症状を感じる。

このリストは、DSM-5（精神障害の診断と統計マニュアル第5版）という、アメリカの精神科医がさまざまな精神疾患（今回のケースは依存症）を診断する際に則る文書を要約した記述だ。[65] だがこれらの症状を見ると、ゲームやその他のデジタルコンテンツ中毒の人も連想される。周りに、League of LegendsやCall of Duty、X（旧：Twitter）、Facebookなどを延々と、健全な域を超えてやっている人がいるなら、このリストの症状は見聞きしたことのあるものばかりだろう。これは行動嗜癖（しへき）と呼ばれ、薬物を使うわけではないものの、症状は非常に似通っている。[66]

事実、神経科学者の中には、すべての依存症に共通する生物学的要因が脳にあるという証拠を見つけたと主張する研究者もいる。[*67] 薬物依存にしろ、League of Legends中毒にしろ、脳内の報酬系という回路――もっと具体的に言うと中脳辺縁系ドーパミン経路――のせいでやめられなくなっているのだと言う。[*68]

ネガティブな影響を無視すれば、利益を得るために依存症を利用するのは簡単だ。最初から、ユーザーをできる限り中毒にさせようとデザインされているプロダクトもあり、そのためにあらゆる手を使ってユーザーを操ったり欺いたりする。Facebookの初代社長、ショーン・パーカー氏の言葉を引用しよう。[*69]

> 我々がどうやって、皆さんの時間と意識をできるだけ消費させているか？〔…〕ときどき、ちょっとでもドーパミンが出るように仕向ける必要がありました。誰かが自分の写真や投稿なんかに「いいね」したりコメントをしたり……社会的承認のフィードバックループ〔フィードバックの繰り返しによって結果が増幅されること〕ですね……人間の心理的な弱みにつけ込んでいるんです。（発明した人たちは）これを意識的に理解していて、それでも我々はそれを利用することにしました。
>
> ――ショーン・パーカー（2017年）

意外にも、何かを中毒的にしたければ、最も効果的なのは使用者の望みが叶ったり叶わなかったりするように設計し、しかも叶うときは想定外の思いがけないタイミングにすることだ。これは「変動報酬スケジュール」、もしくは「間欠強化スケジュール」と呼ばれる。

これについては、1938年に心理学者B・F・スキナーが行った実験が有名だ。[*70] この実験では、ネズミとハトに押すと餌やその他の褒美が貰えるレバーを与えたところ、変動スケジュールで褒美を与えた（褒美を貰えるタイミングがまちまちで予想できない）ほうが、決まったスケジュールで褒美を与える（タイミングが予想できる）よりも、動物はレバーを継続的に何度も押す行動を見せた。これは、以下に示したドーパミンサイクルを見ると理解しやすい[*71]（図2－14）。

変動スケジュールが効果的なのは、次の報酬がいつ来るか予想できないからだ。それによって、次はいつ貰えるのかと期待でドキドキするようになり、より長期的にその行動をとり続けるようになる。この仕組みは、今はドーパミンサイクルに関連づけて理解されている。一方予想可能なスケジュールは、この期待感とドキドキがないため、サイクルが繋がらない。顧客を中毒にさせる戦略は大きな利益が見込めるため、たとえ社会への被害が大きくとも、マーケティングやプロダクトデザインの

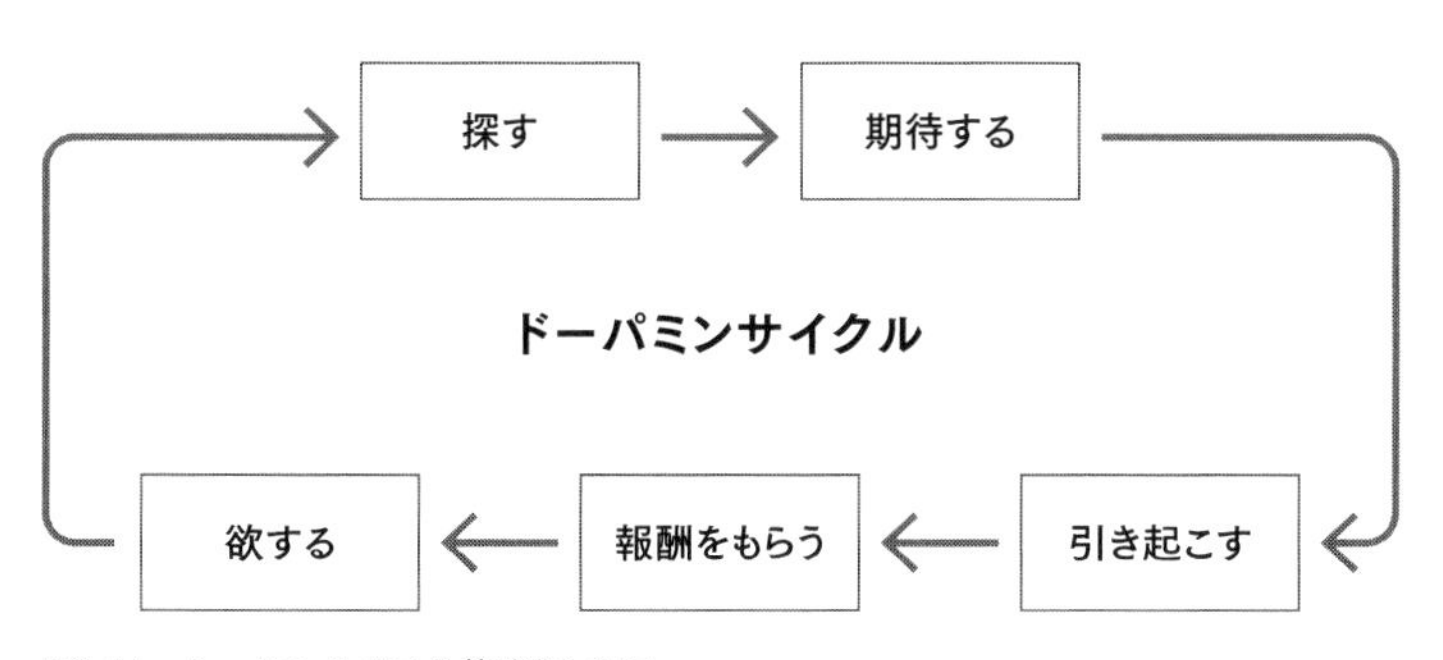

図2-14　ドーパミンサイクルを簡略化した図

界隈では中毒的なモデルがたびたび推奨されている。２０１４年にイヤール氏とフーバー氏が発表した「フックモデル」も有名だが、よく見るとドーパミンサイクルを再構築したモデルに過ぎない[*72]（図２－15）。中毒の代わりに「フック」という言葉を使うことで、依存症を利用する手口を社会的に受け入れやすくしているようにも見える。

行動嗜癖を持つ人は、しばしば「ゾーンに入る」と言われている。ゾーンに入ると、時間の感覚や現実の心配事が頭から掻き消え、その行動に深く没頭する。人類学者ナターシャ・ダウ・シュール氏は、ゾーンに入ると日々の不安から逃れられるため、多くのギャンブル中毒者がまさにこのゾーンに入ることを目指していると述べている[*73]。

この洞察を利用し、ゾーンに入ったユーザーの意識を邪魔しないようなプロダクトをデザインすることも可能だ。たとえば、無限スクロール機能はほとんどのＳＮＳで採用されており、次のページへ行くためのボタンでユーザーの意識を中断させないようにしたり、すでにどれほどのページ数を見てきたかを意識させないようにしたりする目的がある。無限スクロールの発明者、アザ・ラスキン氏自身は、それを生み出したことを後悔している。２０１９年に受けた取材で、「これがどのような使われ方をするのか、もっとよく考えなかったことを後

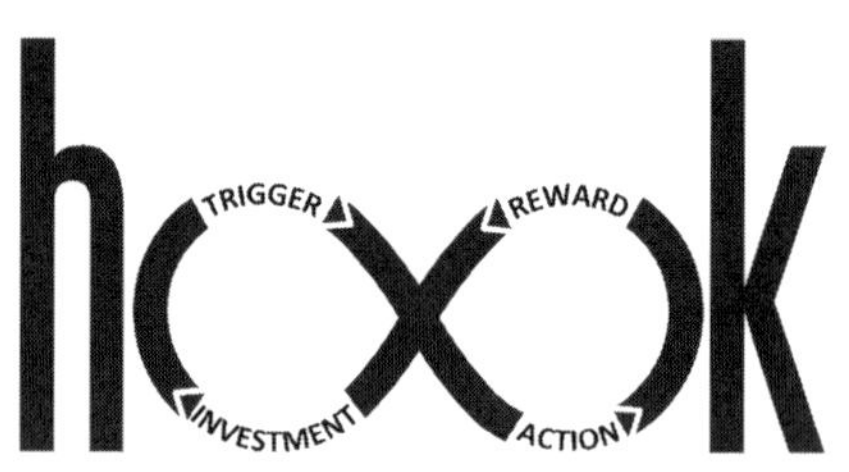

図2-15
イヤール氏とフーバー氏が発表したフックモデル（2014年）

悔しています［…］。私はデザイナーとして知ってしまいました。やめ時の合図を削除したことで、思い通りにユーザーを動かせるようになったと」[*74]。

自動再生もまた、同じような働きを持つ機能である。動画を1本視聴し終わると、ユーザーが何もせずとも次の動画が勝手に選ばれて再生される。そのせいで、当初の予定よりも長時間そのサービスを利用し続けてしまうことがままある。他にも通知を送ったり、連勝記録のようなゲーミフィケーション〔ゲーム以外のサービスにゲーム要素を入れること〕を行ったりして、ユーザーをサービスに呼び戻す手法もある。これらを、ユーザーにアクティビティを習慣的に繰り返させる強制ループと組み合わせるとさらに効果的だ。こういった機能に対して社会では続々と不安の声が上がり、アメリカではソーシャルメディア中毒軽減テクノロジー法案のような規制が提案されるまでに至っている[*75]。

テレビゲームは、利益のためにユーザーを中毒にするテクノロジーの最たるものだ。中でも最も物議を醸しているのが、「ルートボックス（戦利品の箱）」と呼ばれるテクニックである。ゲームを有利に進めたり、ステータスとして自慢したりできる仮想アイテムを入手するための、乱数を利用した仕組み——いわゆるガチャのことだ。突き詰めればこれもギャンブルの一種であり、先述したように変動報酬スケジュールがドーパミンサイクルを引き起こすせいで中毒性が高い。これについては多くの専門家が、もっと広く規制するべきだと声を上げている[*76]。

それにしても、一体いつの間にこのような事態になったのだろうか。１９９０年代までは、テレビゲームの一般的な収益モデルはもっとシンプルだった。店でゲームが買われれば利益が生まれる、それだけだった。つまり当時ゲーム業界で成功するには、ゲームプレイのクオリティを上げつつ昔ながらのマーケティングで売り上げを伸ばすしかなかったのだ。

当時からガチャのような要素はさまざまなゲームにあったが、まだそれを収益に繫げる仕組みは存在していなかった。たとえば、1996年に発売された任天堂の『マリオカート64』では、操作キャラクターがコース上のアイテムボックスに触れると、ランダムでアイテムを1つ獲得できる。獲得できるアイテムは、バナナのような価値の低いアイテム（少しテクニックはいるが、競争相手の前に上手く置ければスピンさせられる）から、スターのような価値の高いアイテム（無敵になる）までさまざまだ。興味深いのは、ゲームデザイナーがアイテムボックスのアルゴリズムを調整しているため、どのアイテムが出るか、真にランダムというわけではないところだ。実際は、プレイヤーに寄り添った優しい設計になっていた。一番先頭を走っているときは弱いアイテムが出やすく、後方を走っているときは強いアイテムが出やすくなっていたのだ。このようにゲームバランスを調整することで、初心者が全く太刀打ちできずベテランプレイヤーとの差が広がりすぎてしまう事態を軽減していた。おかげでさまざまな腕前のプレイヤー（たとえば親と子）が一緒にプレイしても、競争を楽しめるゲーム性になっていた。当時は、いかに面白いゲームを作るかが重要だったのだ。

ウェブとモバイルアプリ、組み込み型決済の到来によって、ゲーム内課金や少額取引が可能になったことで、新しい収益モデルが生まれた。そうなると、目的はいかに利益を生み出せるゲームを作るかに取って代わられた。このスタンスはあっという間にゲーム業界を席巻し、搾取的な行為やディセプティブパターンが発展する機会を作った。そして多くのゲームデザイナーたちは、ユーザーが離れていかないように、そしてゲーム内課金を増やすために、強制ループを作り出すアルゴリズムに何より力を注ぐようになった。今はこれを有償ガチャシステムと合わせて、「ギャンブリフィケーション」と呼ぶ。[*77]

２０１７年に、ゲームデザイナー、マンヴィール・エア氏は、世界的な大手ゲームパブリッシャーであり元雇用主でもあるElectronic Arts（ＥＡ）が行っていたこれらの行為についてどう思うか、取材を受けた。[*78] そこで彼は少額取引とルートボックスについてこのように答えている。

「『マスエフェクト3』（Electronic Artsが発売するゲーム）にカードパックを追加したのと同じ理由です。60～１００時間プレイするだけで終わらせず、ユーザーに何度も戻って来させるにはどうしたらいいか、ということです。［…］ＥＡやほとんどの大手パブリッシャーは、投資額に対してどれだけのリターンを生み出せるかということにしか関心がありません。［…］プレイヤーが何を望んでいるかなんて、本当はどうでもいい。プレイヤーが何に金を払うかしか眼中にないんです。少額取引で、一体どれだけの額が動くのか知っていますか……私は『マスエフェクト』のマルチプレイヤー用のカードに実際に１万５０００ドルも注ぎ込んだ人たちを見てきましたよ」

——ゲームデザイナー、マンヴィール・エア（２０１７年）

昨今、ルートボックスは規制が進んでいる。アップルのApp Store[*79]やGoogle Play[*80]で配布されるゲームは、ルートボックス内の各アイテムの排出率の公開が義務づけられている。そして２０１８年には、ベルギーのギャンブル規制当局が、賭博ライセンスを持たない企業によるルートボックスの実装を全面的に禁止した。もっとも、これについては実際の取り締まりが消極的で非難されている。[*81]

ルートボックスがなくなったとしても、ゲームデザイナーは他にいくらでも、消費者に繰り返し金を使わせる方法を考えつくだろう。[*82] たとえば、出だしは楽しかったゲームが次第に難しくなったり、やり込みが必要になったりすると、「課金してスキップする」や「課金して有利になる」オプションが提示されるケースもある。課金によって面倒な工程を飛ばしたり、難しいところを楽にクリアできたりする仕様だ。[*83] ゲームにどっぷりはまると巧妙にデザインされた強制ループやディセプティブパターンに乗せられて、つい大きい額を注ぎ込んでしまうことがある。人を操ったり欺いたり中毒にしたりするゲームデザインは今、研究対象として大きな注目を浴びている。もっと詳しく知りたい人には、ノルウェー消費者評議会の報告書「Insert Coin（コインを入れてください）[*84]」や、スコット・グッドスタイン氏の論文「When the Cat's Away（猫のいぬ間に）[*85]」（２０２１年）などがお勧めだ。

9 説得力と心理的操作の線引き

私はよくデザイナーから、搾取的な行為と誠実な説得行為を見分ける簡単な方法がないか尋ねられる。映画でよく見る警察の規制テープのように、ビシッと区別できる線はないものだろうか。「立ち入り禁止！　ここから先はすべて欺瞞的もしくは心理的操作を目的とするデザインだ！」と。

残念ながら、話はもっとずっと複雑だ。簡単な答えを求めているのなら、この本で触れられてきたようなデザインはとにかく作らないように避けて通り、自分の地域の法律を調べればいいだろう。あるいは、結果としてどんな被害が出たかに着目する方法もある。ユーザーにとって好ましくない結果を招くデザインには問題があるため、そこから遡って原因を探ればいい。ただ、この方法は調査官や法の執行者にとっては実用的だが、被害が出る前に防ぎたいデザイナーにとってはさほど役に立たない。

直球で騙す意図のあるデザインは、特徴も比較的はっきりしている。デザインにただの嘘――事実に即していない主張――が含まれている場合、それはわかりやすくディセプティブパターンで、議論の余地はない。ということは、少なくとも絶対に超えてはならない一線は存在しているわけだ。あなたが月に住んでいるのでもない限り、それを禁止する消費者法があなたの地域でもそれなりに古くから存在しているはずだ。しかし問題は、「間接的欺瞞」と呼ばれるタイプのほうである。間接的欺瞞は、はっきりと嘘はつかないものの、ユーザーが偽りを信じ込むように誘導するデザイン（重要な情報を省いたり、曖昧な表現をしたりなど）によって引き起こされる。ほとんどのディセプティブパターンがこのタイプだ。間接的欺瞞は、最初のタイプほど線引きが容易ではない。非道さの度合いはケースバイケースで幅があるため、一概に一括りにできないのが難しいところだ。そのうえ、心理的操作のコンセプトはさらに幅が広い。たとえば、強烈な感情操作によってユーザーに特定の選択をさせたとなると、確かにそれは無理強いであり、ユーザーを害する行為ではあるが、欺瞞とはまた別物だ。[*86]

いったん具体的な問題からは遠ざかり、哲学と倫理の世界を覗いてみると、問題の複雑さがさらに見えてくる。2015年の論文「Fifty Shades of Manipulation（心理的操作に潜むさまざまな側面）」の中で、キャス・サンスティーン氏がこれについて分析している。[*87] 彼の言葉を引用しよう。

「単に他人の行動を変えようとするだけでは、それは人の心理を操る行動とは言えない。あなたが車の助手席に座っていたとして、何かにぶつかりそうだと運転手に警告するのは、運転手を操ろうとする行為ではない。請求書の支払い期限を思い出させるのも同様だ。食べ物のカロリー表示やエネルギー消費効率の表示も、普通は心理的操作と見なされない。私的あるいは公的機関が人々に情報を与える分には、『事実を伝えているだけ』なため、心理的に操ろうとしていると批判するのは難しい。また、人を説得するのと操るのには、大きな違いがある。操る意図のない説得は、十分に公平かつ中立的に事実と理由を伝える行為だが、操る行為は違う。一般的に、人は操られているとき、操り人形のように扱われていると考えられている。誰かの操り人形になりたいと思う人はほとんどいない（少なくとも、同意なしでは）。[…]「操る」という概念自体はあらゆる行動に当てはまるが、それが一元的な概念なのか、それとも必要条件と十分条件を特定できるのかははっきりしていない。人はさまざまな形で操られる。最低でも50以上の顔が存在しているはずで、中にはそれらを同一と見なすことができるかどうかに関心を寄せる研究者もいる。」

サンスティーン氏はさらに、一度に複数の事柄を考慮する必要がある点から、この問題は多元的だと主張している。ユーザーが同意の意思を明確にすれば、心理的操作も受け入れやすくなると言う（例：「何をしても構わないから禁煙を手伝ってくれ！」）。また、透明性もあったほうが、さらに受け入れやすくなるそうだ。ユーザーに対してはっきりと、これからあなたを特定の結果に向けて特定の方法で説得します、と伝えることができれば、陰でこっそり行われる可能性を遠ざけられる。

まとめると、人を欺いたり操ったりする行為に対して、「ここから先は立ち入り禁止」と明確に1本の線を引いて区別することはできない。説得と欺瞞と心理的操作の世界を惑星に喩えるとするなら、絶対に踏み込むべきでない領域は把握できるが、その周りにも有害であったり違法であったりと、リスクの度合いに幅がある領域が広がっている、というのが正確な表現だろう。

だが、物事はシンプルなほうがいい。デジタルプロダクトを扱っている人には、こんな助言をしよう。嘘の主張はせず、自分に関連する地域の法律を知っておくこと。この本で詳しく触れた、ディセプティブパターンやマニピュラティブ（人を操る）パターンに見えるものからは距離をとること。そして善良な意図を持っているからといって、被害を未然に防ぐ責任から逃れられるわけではないと肝に銘じておくこと。自分の作ったデザインがどのような結果を招くか予想し、備えるための研究を怠ってはならない。悪い結果を招きそうなら、改良して事故を防ぐべきだ。そこまですれば、しっかりと自分の仕事を全うしていると言えるだろう。それ以上の大きい次元の問題は、哲学者や倫理学者や立法者に任せればいい。

第3章

さまざまなディセプティブパターンの種類

２０１０年に私がdarkpatterns.orgというウェブサイトを作った目的は、ダークパターンに対する意識を広めるためだった。そのため、当時は主にブランディングとプロモーションに力を注いだ。あえて興味をそそるような、かつ覚えやすい名称を考え、人々の関心を集めようとしたのだ。結果的に、厳密な分類法を作ったというより、これをきっかけにムーブメントを引き起こしたというほうが近いだろう。

今日のディセプティブパターン界隈を覗くと、あらゆる分類法や名称があり困惑するだろう。それぞれ利点はあるが、傾向として、初期に登場したもののほうが原始的で、あとに出てきたもののほうが、より多くの根拠や知識を参照しているおかげで洗練されている。

分類の仕方に違いが出るのは、そもそもの目的が異なるうえに、異なる専門性の中で生まれるからだ。行動経済学者やヒューマン・コンピューター・インタラクションの研究者は一般的に心理学の原理に即した名称を使う。たとえばマートゥール氏とその一派は、ディセプティブパターンのほとんどを特定の認知バイアスに紐づけている。同様に、グレー氏の一派の研究（２０１８年）はＵＸやＵＩデザインに関連した文献をもとにしているため、ＵＸやＵＩ分野の用語を使っている。[*1]

最近では、法学者や立法者、法を規制する側の人々も、ディセプティブパターンに関心を寄せている。彼らは法律分野の研究テーマや、自らの地域の法律や法律用語をベースに分類することが多い。たとえば欧州データ保護委員会（ＥＤＰＢ）は、ＥＵのＳＮＳにおけるプライバシーに関わる分類法を編み出し、ＥＵ一般データ保護規則（ＧＤＰＲ）と結びつけた。[*2] この分類法は、その分野に関心があるのなら有用だが、そうでなければ役に立つ機会はそうそうないだろう。

ここで言いたいのは、それぞれの分類法には、それぞれの目的があるということだ。故に、それらの分類法や名称を批評したり仕事で使用したりする前に、どういった目的で定められたのかを知るべきだろう。さまざまな分類法について、分野を飛び越えた分析が知りたいのであれば、経済協力開発機構（ＯＥＣＤ）が２０２２年に上げた報告書、『ダーク・コマーシャル・パターン』の別紙Ｂか[*3]、マートゥール氏、メイヤー氏、クシルサガー氏が２０２１年に発表した研究論文、「What Makes a Dark Pattern... Dark?（何がダークパターンをダークたらしめるのか）」[*4]を読んでみるのをお勧めする。

1 マートゥール派の分類法

私が専門家証人として好んで使う分類法は、実用向きで、しっかりとした根拠をもとに作られているマートゥール氏一派の分類法（２０１９年）だ。これはプリンストン大学とシカゴ大学の７人から成る研究チームによって、「Dark Patterns at Scale: Findings from a Crawl of 11K Shopping Websites（ダークパターンの大規模調査：1万１０００のショッピングサイトの調査結果）」[*5]という論文で発表された。この研究では機械学習アルゴリズムで1万１０００ものウェブサイトから5万３０００の商品ページを分析したところ、1818のディセプティブパターンが検出された。これらのディセプティブパターンを詳しく分析した結果、以下にリストアップした分類法が出来上がったのだ。この分類法は主にEC（電子商取引）向けではあるものの、広く捉えればあらゆるUXのカテゴリー分けに適用できる、非常に柔軟な分類法である。

私は前の章で触れた搾取的な戦略をもとに、新しい分類法を提案しようとは思わない。なぜなら、ディセプティブパターンは特定の搾取的な戦略に1対1できれいに当てはまるわけではないからだ。通常は、あらゆるパターンや戦略が創造的に組み合わさっている。たとえば、特有のウェブサイトで使われている「言葉のトリック」のようなディセプティブパターンは、理解力の弱さと思い込みの両方を同時に利用している可能性がある。あるいは、デザイナーによっては同じ結果を作り出すにしても別の手口を使うかもしれない。

つい、ディセプティブパターンの分類はすでに決まりきっていて、これ以上種類が増えることはないと考えてしまいがちだが、現実には、人間の巧妙さと搾取的な行動に限界はない。人を助けるものと害するものは表裏一体であり、善い行いのためのガイドラインですら、新たなディセプティブパターンの着想を生みかねないのだ。[*6] 多くのディセプティブパターンは、それが利益を生むと知って好機とばかりに利用されることで生み出される。あるやり方が上手くいったのなら、企業はその理由を立ち止まって慎重に考える必要はない。カンフー映画の戦闘シーンと同じだ。登場人物は使えそうな物――傘や梯子やモップ――を見つけたら、躊躇いなく拾って使うだろう。それが不十分なら、すぐに次の道具を試す。ここで大切なのは原理ではなく、使えるか使えないかという結果のみだ。どんなディセプティブパターンをどのように使うかは、人それぞれなのだ。

これで、ディセプティブパターンの全容が複雑でごちゃついている背景と、万能な分類法が存在しない理由をわかってもらえただろうか。とは言え、今地図になっている範囲の先にもディセプティブパターンの世界が広がっていることさえ念頭に置けば、分類法はディセプティブパターンを分析するうえで便利なツールとなる。それを踏まえて、2019年の論文「Dark Patterns at Scale（ダークパターンの大規模調査）」で発表されたマートゥール氏一派の分類法を見ていこう。[*7]

こっそり型（Sneaking）

- **買い物かごにこっそり入れる**：ユーザーの買い物かごに無断で商品を追加する。
- **隠れコスト**：購入する直前まで本当の金額を隠す。
- **サブスクリプションの隠蔽**：1回限りの購入や無料お試しを装って、継続的に料金を請求する。

緊急型（Urgency）

- **カウントダウンタイマー**：カウントダウンタイマーを表示し、商品や割引が間もなく終了してしまうことを示唆する。

・**期間限定のメッセージ**：具体的な期限を明記しないまま、商品や割引が間もなく終了してしまうことを示唆する。

誘導型（Misdirection）

・**羞恥心を煽る**：言葉でユーザーの感情（羞恥心）を煽り、特定の選択肢を選びにくくさせる。

・**視覚的干渉**：視覚的なスタイルと表現を利用し、特定の選択肢を選びにくくさせる。

・**言葉のトリック**：わかりにくい言語表現で、特定の選択肢を選ばせる。*8

・**押し売り**：より高価な商品を選択した状態をデフォルトとして提示したり、より高価な商品や関連商品を買うようユーザーにプレッシャーをかけたりする。

社会的証明型（Social proof）

・**活動状況の通知**：ユーザーに他ユーザーのアクティビティ（購入した商品や、ウェブサイトの閲覧数・訪問数など）を通知する。

・**口コミ**：商品ページに誰が書いたか不明な口コミを掲載する。

希少性型（Scarcity）

・**在庫残りわずかのメッセージ**：商品の在庫が少ないことを示唆し、それを入手したい欲求を掻き立てる。

・**高需要のメッセージ**：商品が人気で需要が高く、売り切れ間近であることを示唆し、それを入手したい欲求を掻き立てる。

妨害型（Obstruction）

・**解約しづらい**：サービスに登録するのは簡単だが、解約は難しい。

強制型（Forced action）

・**強制登録**：目的を達成するためにはアカウントを登録したり、個人情報を提供しなくてはならない仕様にする。

2　こっそり型（Sneaking）

「逆ピラミッド型」の文章スタイルは、最初にこれから書く内容の概要を短く書き、それから順々に詳細を書くことで、読者にとってわかりやすい文章構成になっている。このスタイルのいいところは、どこで読むのを中断しても、正確な要点を掴めるところだ。読む人の行動を操りたいなら、これとは逆のスタイルで書き、重要な情報を長い文章の中や目立たないところなど、ユーザーが予想もしないような場所に入れればいいのだ。特に、スクロールや段階的開示（クリックやマウスオーバーで内容が表示される）、リンク、ボタンなど、あらゆるインタラクションが可能なＵＩの中なら、何らかの形でこっそり情報を潜ませる機会はいくらでもある。[*9] 商取引においては情報を隠すことで利益に繋がる場合もある。そのようなディセプティブパターンのうち、３つのタイプを説明しよう。

買い物かごにこっそり入れるタイプ

オンラインショッピングでユーザーの買い物かごにこっそり商品を入れる方法はいくつかある。最も厚かましいのは、ただ何も言わずに追加して、ユーザーが気づかないか、気にしないのをひたすら願う方法だ。誘導型やその他のディセプティブパターンを利用して、ユーザーがうっかり商品を追加するように仕向けることも可能である。

スポーツダイレクトの事例：1ポンドの雑誌をこっそり追加する

数年前、スポーツ用品店のスポーツダイレクトの大きなマグカップが売れに売れ、イギリス中のキッチンに1つはあるのではないかと言われるほど有名になった。なぜそこまで売れたのか見てみよう。ここに載せたのは、2015年に撮られたsportsdirect.comのスクリーンショットだ（図3－1）。[*10]

このウェブサイトで、ウォーキングブーツを求めて楽しくショッピングしていたとしよう。見ての通り、この時点では何もおかしなことは起こっていない。ごく普通の商品ページだ。

さて、このブーツを買うことにしたとする。サイズを選択して、「買い物かごに追加」をクリックし、清算画面に進む（図3－

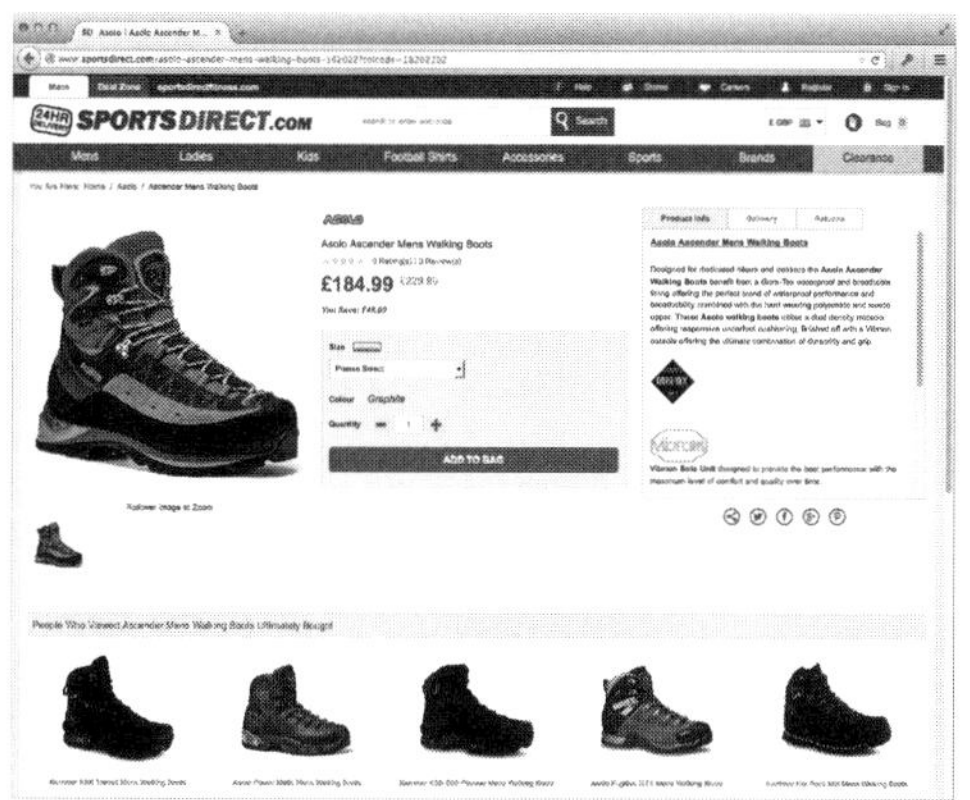

図3-1
2015年のsportsdirect.comの商品詳細ページ

図3-2
2015年のsportsdirect.comの清算画面。ユーザーの同意なしに商品が追加されている

2）。[11] ここで、何かがおかしいことに気づいただろうか。

ブーツの下に、自分で入れた覚えのないアイテムがあるではないか。雑誌とマグカップのセットで1ポンドである。この件についてスポーツダイレクトは、2013年に「Watchdog」という、消費者調査を目的としたBBC放映のイギリスの人気テレビ番組に呼ばれた。消費者権利指令により、2014年以降このような行いはEUで違法となっている。[12]

隠れコストタイプ

隠れコストの開示とは、「ドリッププライシング」[13]〔あとから回避できない追加料金を加算する手法〕や「ベイト・アンド・スイッチ」[14]〔おとり商法。虚偽の内容で検索順位を上げてから、コンテンツを書き換える手法〕とも呼ばれる、買い物の過程でユーザーが想定していない費用の存在を明かすことである。最後の精算ページで、支払いの直前に身に覚えのない費用が加算されているケースが多い。

StubHubによる隠れコストの事例

隠れコストの事例として外せないのが、2021年に学会誌『マーケティング・サイエンス』で発表された、ブレイク氏とその一派の研究者たちとStubHub（エンタメ系チケットのリセール会社）が共同で行った調査だ。[15] この論文は大いに一読の価値がある。というのも、StubHubがなぜか、自らが行う欺瞞的な行為に対して誇らしげなのだ。ただし、この論文はかなり婉曲的な表現が使われているという点に留意すべきだ。たとえば隠れコストについて話すときは、代わりに「バックエンド費用」という言葉が使われている。

これが、StubHubのUXの一例だ（図3－3）[*16]。要約すると、買い物を始めたタイミングに比べて、終えるタイミングのほうが金額が高くなっている。しかも最終的な金額が表示されるのは、氏名や電話番号、メールアドレス、住所などの情報を入力させられたあとだ。

調査の中で、ブレイク氏らはA／Bテストを行い、（A）スクリーンショットのような、序盤ではコストを隠し、最後の最後で表示するデザインと、（B）最初から正しい金額を表示するデザインを比較した。数百万回分の取引からデータを収集したこの調査は、おそらくこれまでに発表されたディセプティブパターンに関するA／Bテストの中で、最も規模の大きいものだ。

結果はどうだろう。**なんと、Aのデザインで買い物をし、最初から正しい金額を知らされていなかったグループのほうが購入額が21％多く、購入を完了させる確率も14・1％高かったのだ。**これはずいぶんと大きな差である。

さて、もしあなたが商売を営んでいて、たった1つのデザインの違いが21％も売り上げを伸ばすと知っていたら、どうするだろ

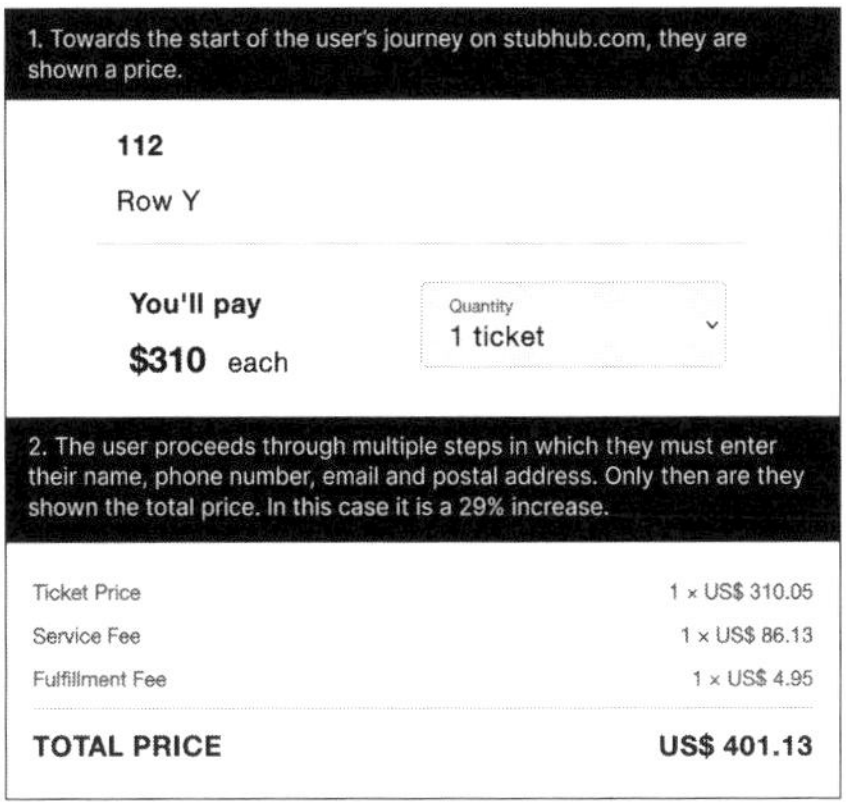

1. stubhub.comでのショッピングの序盤では、このように金額が表示されている。

2. 氏名、電話番号、メールアドレス、住所などを入力させられるステップを経てようやく総額を知らされる。このケースでは29％も金額が増している。

図3-3
StubHubでは、ショッピングの序盤で表示されるチケットの金額（1）と最終段階で表示される金額（2）が異なる

うか。答えは考えるまでもない——もちろんそのデザインを選ぶはずだ。あなたを踏みとどまらせることができるのは、法律に違反して、結果的に利益以上の損害を被る可能性だけだろう。

― Airbnbによる隠れコストの事例 ―

ホテル業界においてしばらくは、リゾート料金、アメニティ料金、デスティネーション料金、清掃料金などが請求されるのが一般的だった。2019年に、マリオットは最大で室料の55%を清掃費として請求していた。[*17] この行為は訴訟にまで発展し、その過程で驚くべき内部資料が日の下にさらされる。マリオットは、自社の市場調査により顧客が不透明な料金制度に懸念を持っている事実は把握していたが、それに構わず続行し、この手法によって2億2000万ドル以上も稼いでいたことが発覚したのだ。また、監査により、33%の割合で予約時に追加料金が明示されていなかった——つまり、客はあとから追加料金の存在を知らされていたと判明した。結局マリオットは和解し、このような行為からは手を引いた。[*18]

目に見える形のほうがわかりやすいだろうから、Airbnbの事例を見ていこう。Airbnbのユーザーから、追加料金についてX(旧:Twitter)で不満の声が上がり始めてからしばらく経つ(図3-4)[*19]。

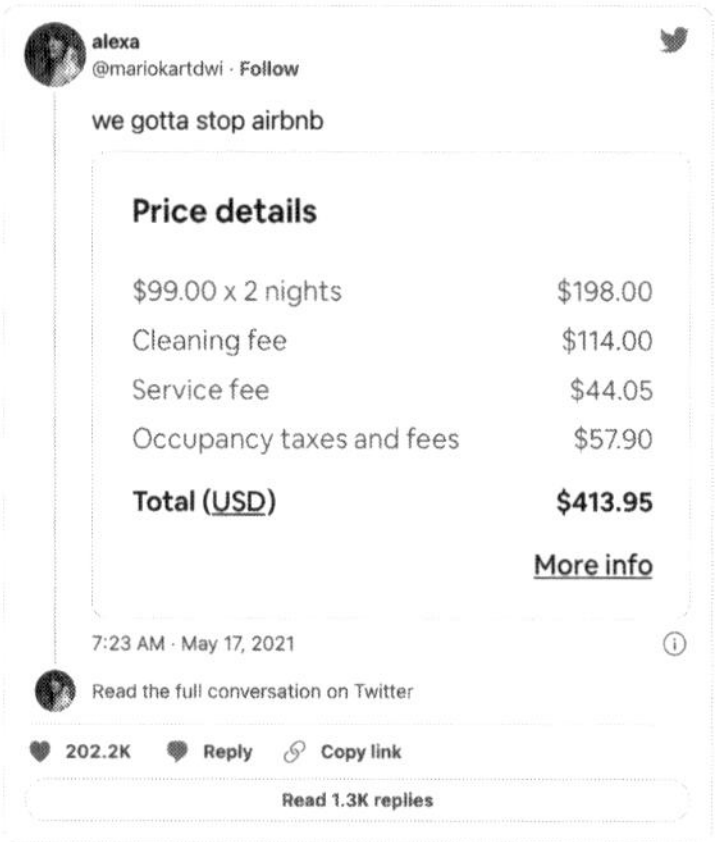

図3-4
投稿者のalexa氏はAirbnbの追加料金に対して不満を漏らしている。
この投稿は20万以上の「いいね」を獲得し、話題となった

ここでの一番の問題は、alexa氏のようなユーザーに対して最初の予約時に追加料金が隠されていたのか、それとも事前に知らされてはいたものの高い金額に不満を持っているだけなのか、である。Airbnbは国によってＵＩが異なり、定期的に改修も入るため、事実確認には少々手こずりそうだ。だが２０２１年６月頃のアメリカ版のスクリーンショットは入手できた[*20]（図３－５）。

　このスクリーンショットを見るに、ユーザーは７月の13日から16日まで、メキシコシティへの２人旅行を計画しているようだ。地図上に、幅広い価格帯の宿がいくつも表示されている。たとえばここで、予算に合わせて１泊87ドルの宿を選んだとしよう。

　ユーザーが１泊87ドルの宿を選択すると、今度は以下の詳細ページに連れていかれる（図３－６）。そして突如として、追加料金――サービス料と占有料および占有税――が加算された。これにより、前のページよりも１泊の値段が35％も高くなっている。

　このような費用の隠し方に対して、いくつかの国では

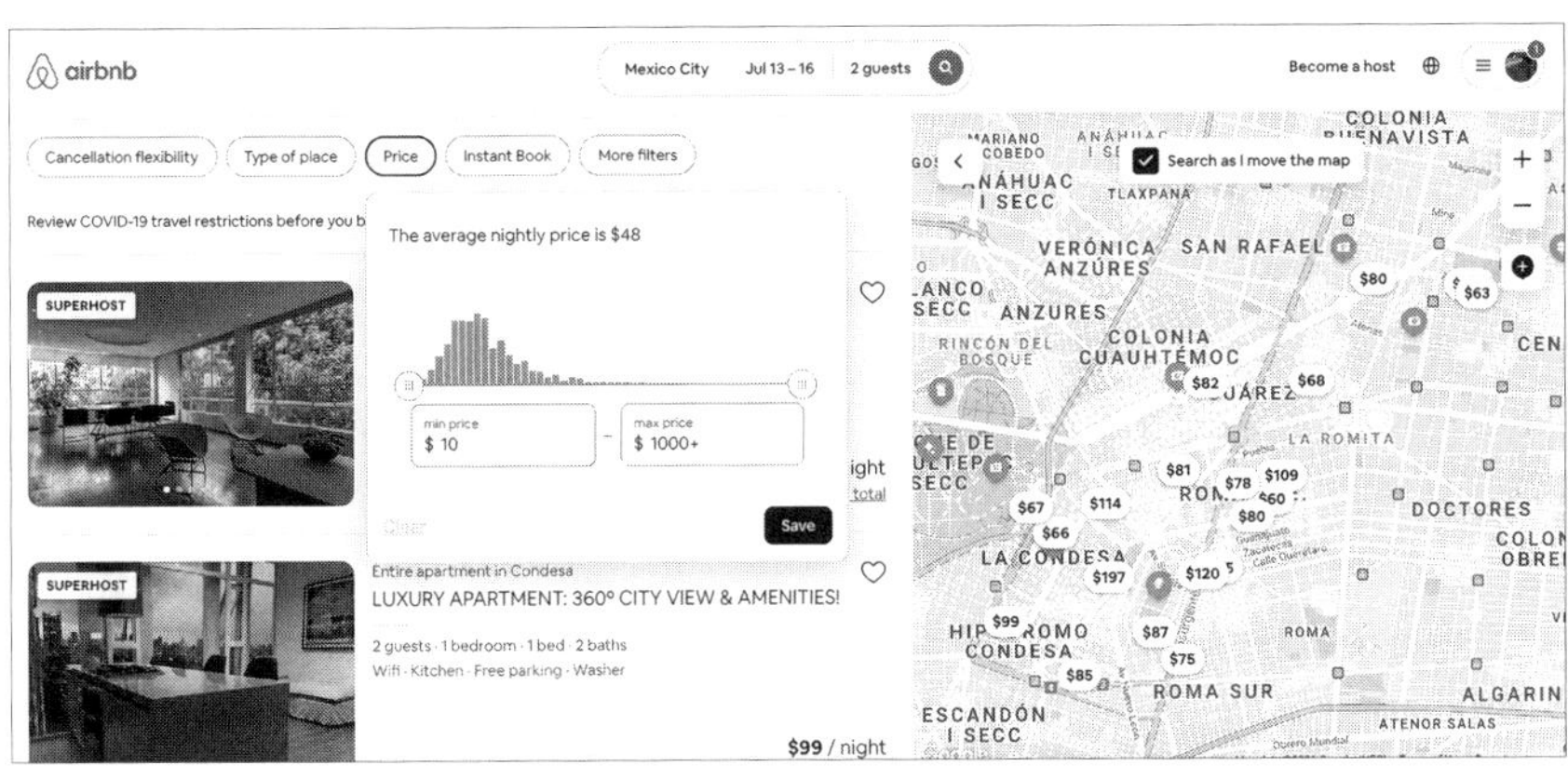

図3-5
2021年6月に撮られたairbnb.com（アメリカ版）の検索ページのスクリーンショット（thepointsguy.com提供）

ＳＮＳ上で大きな反感の声が上がったが、大して問題にならなかった国もある。[*21] たとえばオーストラリアでは、オーストラリア競争・消費者委員会（ＡＣＣＣ）が費用を隠すようなディセプティブパターンを禁じているため、ユーザーが騙されるような事態には至らなかった。[*22] 同様に、Airbnbは２０１９年にノルウェー消費者庁と欧州委員会から警告を受けたため、ヨーロッパ圏でのディセプティブパターンの使用を諦めたようだ。[*23] 企業が地域の法律によって、ディセプティブパターンを使用したりしなかったりするのはなかなか興味深い。そこから察するに、多少のリスクを負ってでもディセプティブパターンに頼ろうとするくらいには、ディセプティブパターンのもたらす利益は大きいということだろう。そして違反した際の代償が大きすぎる国でだけ、ディセプティブパターンは鳴りを潜めているというわけだ。これは規制の効果を証明する事例の1つだ。

現在のairbnb.co.ukのサイトを見てみると、以前よりも料金に透明性があるのがわかる。ホームページにアクセスすると、検索条件はデフォルトで「週の指定なし」となっており、ぱっと見で5泊分の合計金額で宿を比較できるようになっている[*24]（図3－7）。

さらに、airbnb.co.ukで予約したい日付を選択すると、1泊の値段と合計金額が一目で

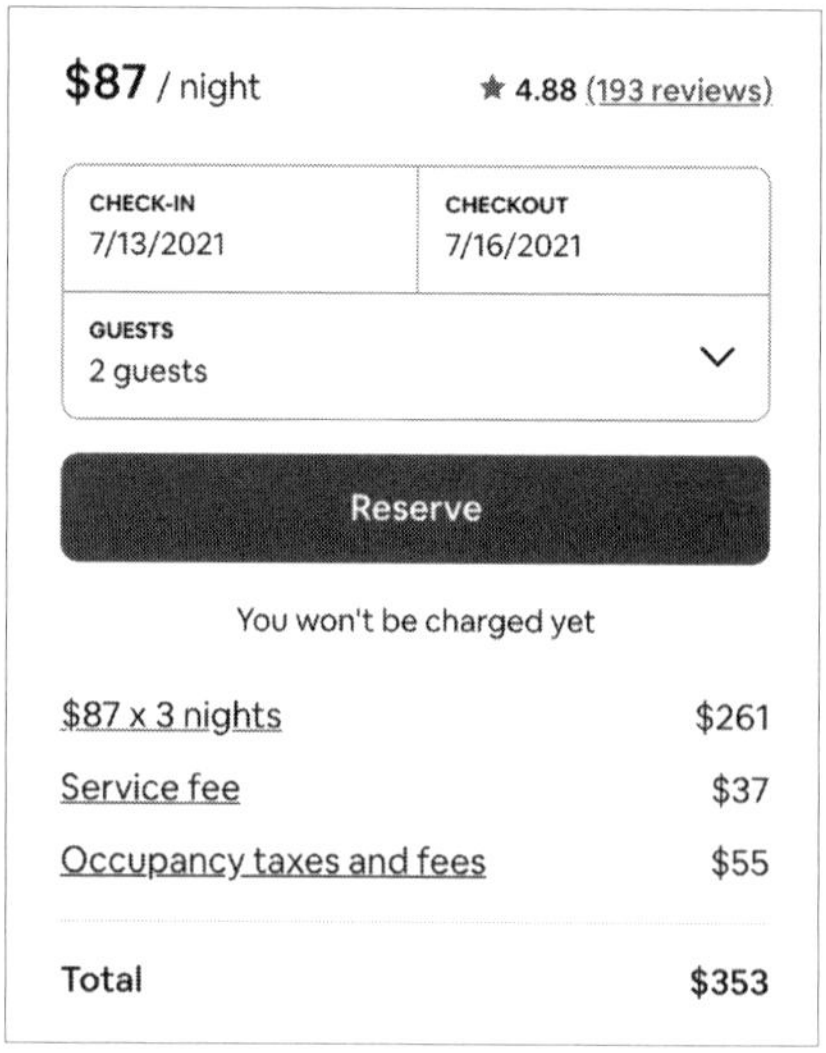

$87 / night ★ 4.88 (193 reviews)
CHECK-IN 7/13/2021
CHECKOUT 7/16/2021
GUESTS 2 guests
Reserve
You won't be charged yet
$87 x 3 nights $261
Service fee $37
Occupancy taxes and fees $55
Total $353

図3-6
2021年6月に撮られたairbnb.com（アメリカ版）の予約詳細ページのスクリーンショット（thepointsguy.com提供）

わかるようになっている。合計金額の部分をクリックすると、小さいポップアップが表示され、料金の内訳が表示される。素晴らしい仕様だ。ぜひ世界中で行ってもらいたいものだ（図3－8）[*25]〔2024年5月現在、アメリカ版と日本版ではこのような仕様になっている〕。

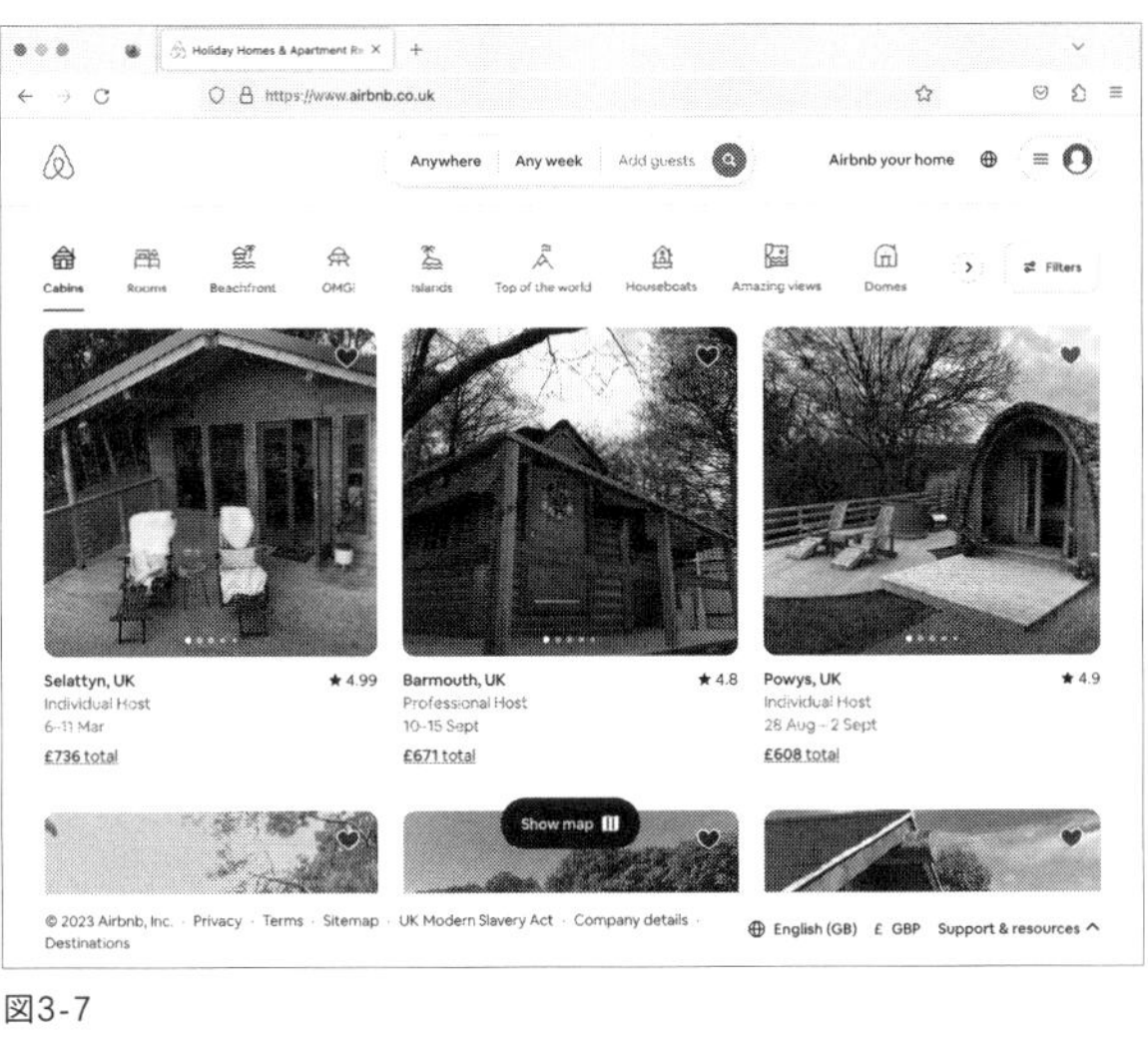

図3-7
2022年10月時点のairbnb.co.ukのホームページ。料金がはっきりと明示されている

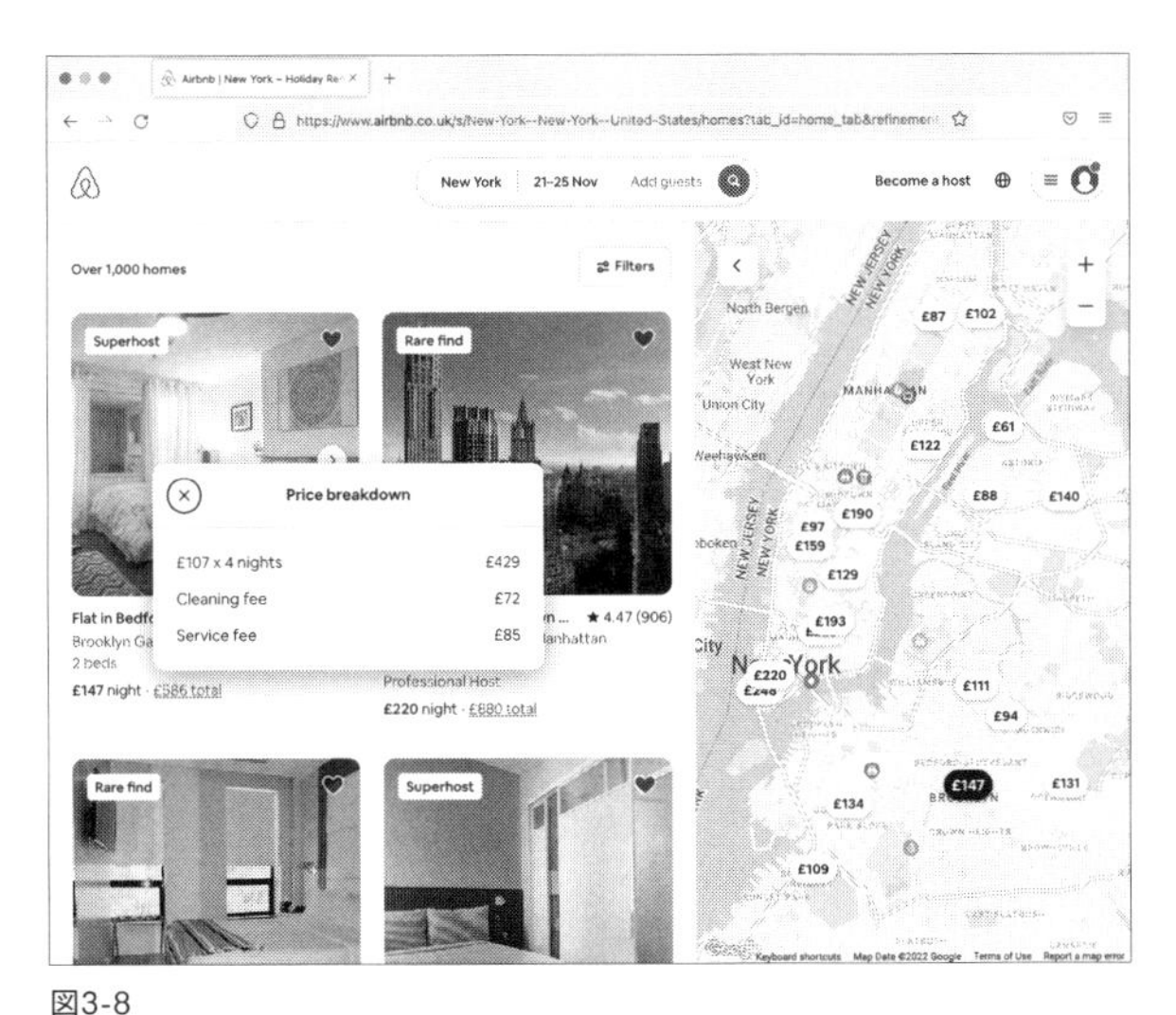

図3-8
2022年10月時点のairbnb.co.ukの検索ページ。ポップアップが表示され、料金が明示されている

サブスクリプションの隠蔽タイプ

Figmaによるサブスクリプションの隠蔽の事例

デザイナーならおそらく、Figmaというツールを知っているだろう。ブラウザ上で複数人が共同編集できる、デザイン業界で広く使われているUIデザインツールだ。Figmaで作成したデザインは、画面の右上にある水色の「Share」ボタンをクリックすることで、他人に共有できる（図3－9）[26]。「Share」ボタンをクリックするとダイアログボックスが開き、チームメンバーや同僚をはじめとして、誰にでも招待を送ることができる。そこからこのように、招待されたメンバーを「編集可能」にするか「閲覧可能」にするかを選択できる（図3－10）[27]。

一見無害な機能に見えるだろう。それどころか、便利とすら思うかもしれない。だが2021年3月に、Gregor Weichbrodt氏はTwitter（現：X）への投稿でこのように指摘している。実はここで「編

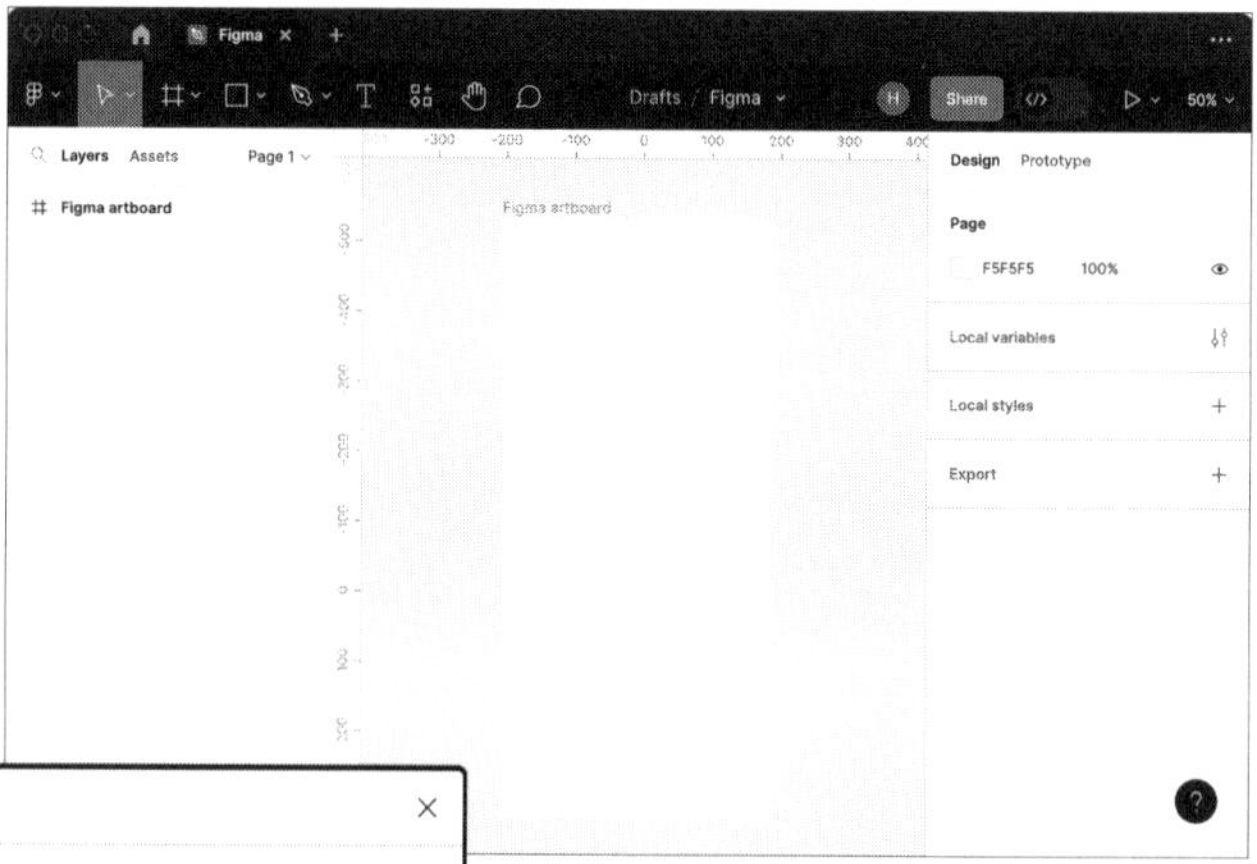

図3-9
Figmaの編集画面。右上に、目立つ「Share」ボタンがある

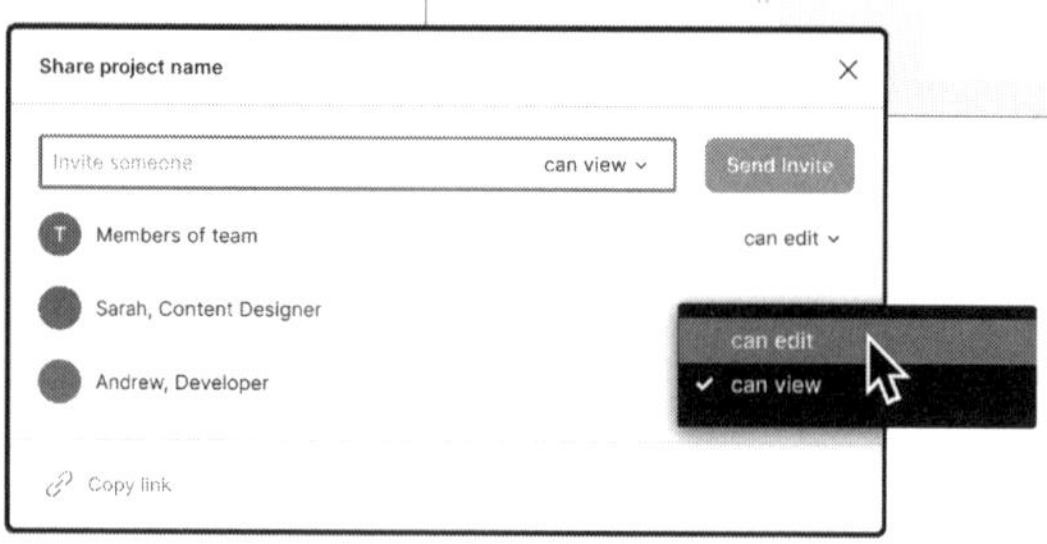

図3-10
Figmaでシェアする際に表示されるダイアログボックス。「編集可能」を選んだ際に発生する月額利用料金については一言も記載がない

集可能」を選ぶと、新たに招待した人の分の定額料金が追加される仕組みになっており、クレジットカードで精算されるのだ。にもかかわらず、この追加料金についてはＵＩのどこにも説明がない。Figmaのアカウントにクレジットカードの情報が紐づけられているため、メールや通知も何もないまま即座に費用が発生し、請求される仕組みだ（図3−11）。[*28]

クレジットカードの請求内容に注意を払っていないと、買い物かごにこっそり商品を追加するのと同じ手口で、いつの間にか追加のサブスクリプション料金を支払うことになってしまうだろう。よく考えてみてほしい。大手のデザイン系の企業で、外部のクライアントやチームやフリーランサーなど多数の人間と仕事をしているケースでは、この仕組みによってコストが急激に増大する可能性があるのだ。

編集者アカウントを持っているメンバーなら誰しも、「編集可能」ボタンで知らず知らずのうちにサブスクリプション料金を払う羽目になりかねない。招待を受け取った人がさらに他の人を招待する可能性もある。デザイン系の部署は基本的にクレジットカードの請求を直接目にする機会はない。もし

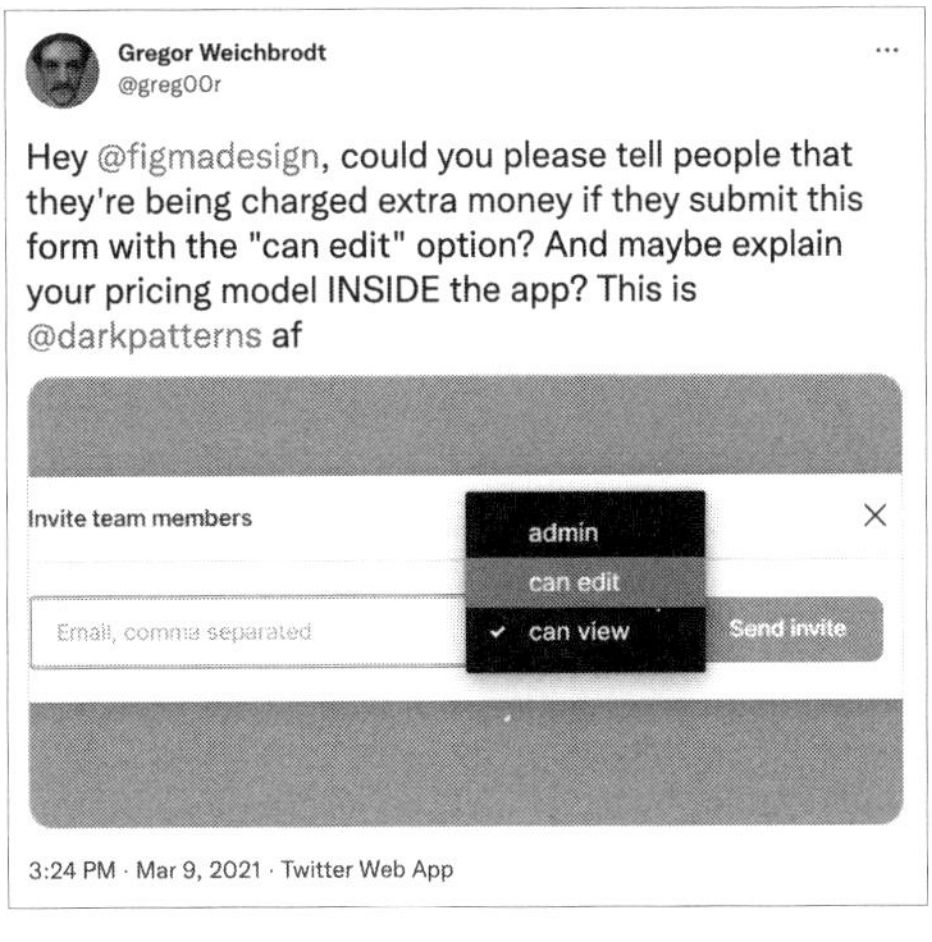

図3-11
Figmaのディセプティブパターンに怒り抗議するGregor Weichbrodt氏の投稿

経理部が積極的に現場のコストを見直そうと思わなければ、誰かがそのボタンをクリックするたびに月額のサブスクリプション費用がうなぎ登りに上昇している事実に気づけないままだろう。

Airtableによるサブスクリプションの隠蔽の事例

どちらが先かはわからないが、airtable.com（クラウド型の表計算およびデータベース整理ツール）もfigma.comと同じディセプティブパターンを使っている。Airtableで「SHARE」ボタンをクリックすると、Figmaのものに酷似したダイアログボックスが表示される（図3－12）[*29]。ここにも、「Send invite（招待を送る）」をクリックすると1人招待するごとにサブスクリプション料金が加算されることは一言も書かれていない。

このUIのせいで意図せずして多額の費用がかかってしまう可能性がある。Twitter（現：X）に以下の投稿をしたharper氏も、そんな事態に陥った者の1人だ[*30]（図3－13）。

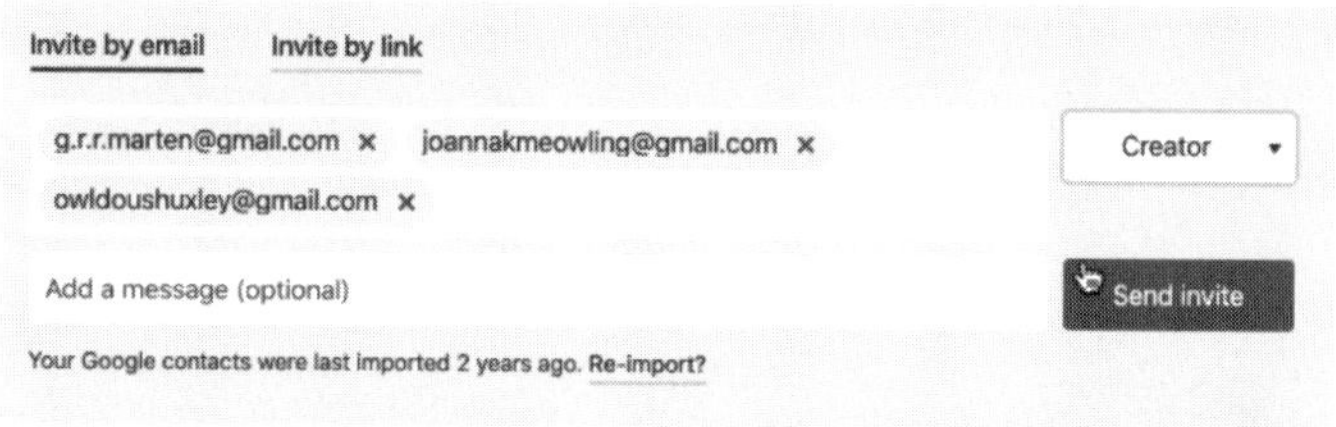

図3-12
Airtableスクリーンショット（サポートページ掲載）

図3-13
Airtableのディセプティブパターンに対して不満を言うharper氏の投稿

Airtableで「editor」もしくは「creator」を選択して人を招待すると、自動的に、そして何の知らせもなく、クレジットカードに請求が行くようになっている。アプリ内には何の説明も警告も通知もない。Figmaのケースと同じように、この追加料金の存在を知るのは支払いを済ませたあとのことだ。

3 緊急型（Urgency）

緊急型というのはごくまともで純粋な感情である。飛行機にしろコンサートにしろ、座席の数は限られているのだから、急がなければ手に入らないかもしれない。我々の生きる物理世界のリソースには限界があるのだ。だがその急ぐ気持ちを逆手に取って利用される場合がある。企業が意図的に偽りの切迫感を植えつけようとしてくるのは、ディセプティブパターンに他ならない。

切迫感を煽るタイプのディセプティブパターンは、大きく2つに分けられる。偽のカウントダウンタイマー（だいたいはでかでかと目立つデジタルタイマーが表示され、ゼロになるとオファーが終了する体になっているが、実際にはそうならない）と、偽の期間限定のメッセージ（だいたいはオファーがもうすぐ終了することを謳う静止テキスト）である。

カウントダウンタイマータイプ

ShopifyがHurrifyのカウントダウンタイマーを使用している事例

ＥＣ（ネット通販）を始めたいなら、Shopifyが便利だ。Shopifyなら店を立ち上げるのも簡単で、海外向けの発送やそれにかかる税金などの煩雑な手続きも肩代わりしてくれる。なんとアプリストアもある（アプリストアはShopifyの機能を拡張するような「アプリ」を提供している）。そしてそのアプリストアの中には、ディセプティブパターンの作成を手助けするようなアプリも存在している。

最近はShopifyが対策をとりつつあるが、アプリストアで「カウントダウンタイマー」や「社会的証明」や「ＦＯＭＯ（取り残されることへの恐れ）」といったワードで検索すると、問題になりそうなアプリがいくつも出てくるだろう。これらは普通なら誠実な使い方をされるが、中には好ましくない行動を誘発するアプリもある。その一例として、Twozillasという会社の作ったHurrifyというアプリが、最近までShopifyのアプリストアに並んでいた（２０２３年の初めに私がShopifyに通報し、その後削除された）。Hurrifyは、偽のカウントダウンタイマーをはじめとした、ユーザーを急かすようなあらゆる偽のメッセージを作成する用途で使用されていた[*31]（図３－14）。Twozillasの創業者の１人であるユー

図3-14
Hurrifyが提供していた「シンプルテキスト」キャンペーンのスクリーンショット。
Shopifyに掲載されていた頃のHurrifyより入手

ゼフ・カーリディ氏は、オーストラリアの放送局の取材を受け、Hurrifyの倫理的問題について問われたとき、このように答えた。「ただのツールですから……ハンマーと同じです。ハンマーで物を修理することもできれば、人を殺すこともできる」[*32]。

すぐにわかるが、Hurrifyは決してハンマーのように無垢な意図で設計されたわけではなく、明らかに買い物客を騙す手助けをするために設計されている。このスクリーンショットは、Hurrifyを使用した場合に買い物客が目にする商品ページのサンプルだ。「急いでください！　あと11時間59分46秒でセールが終了します！　タイマーがゼロになったらセール終了です！」と書かれている。このカウントダウンタイマーの設定インターフェースを見てみると、ネット通販の商品ページに、本物らしく見えるが実は偽物のカウントダウンタイマーを手軽に表示させられるように設計されている。インターフェースの設定はこのようになっている[*33]（図3－15）。

一番下のドロップダウンメニューが特に露骨だ。ここでは「タイマーが終了したときの挙動」が選べるようになっており、デフォルトで「キャンペーンをもう1度最初から繰り返す（永続）」に設定されている。タイマーがゼロになったら最初からカウントし直す、という状態が無

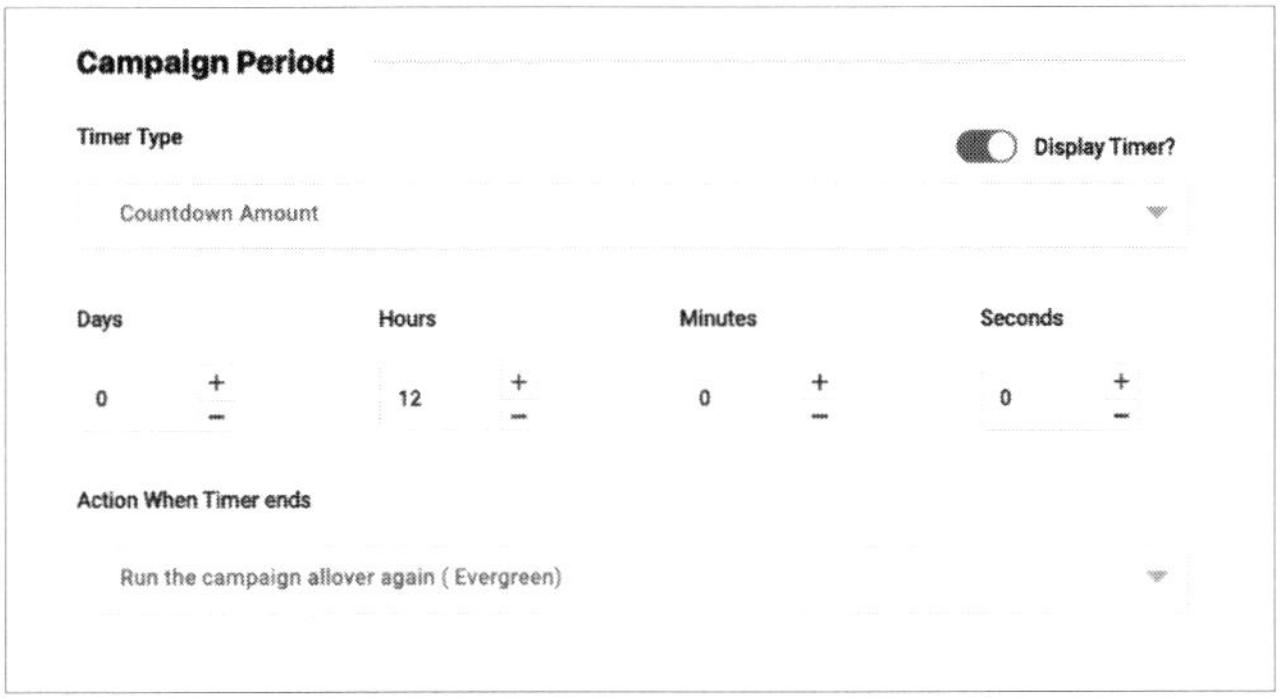

図3-15
Hurrifyのキャンペーン用UIに設定されたインターフェースのスクリーンショット

限に続き、買い物客に偽りのプレッシャーをかけるのだ。つまり、嘘をついているわけだ。

期間限定のメッセージタイプ

期間限定のメッセージのディセプティブパターンは、オファーが終了間近である（実際には終了しないが）ことを記したただの静的なテキストで、ページに実装するのも非常に簡単だ。次に見せるのはsamsung.comで、「期間限定」[34]とされていたオファーが2カ月間（2022年11月から12月まで）[35]掲載され、その間割引額が100ドル上がった事例である（図3－16）[36]。

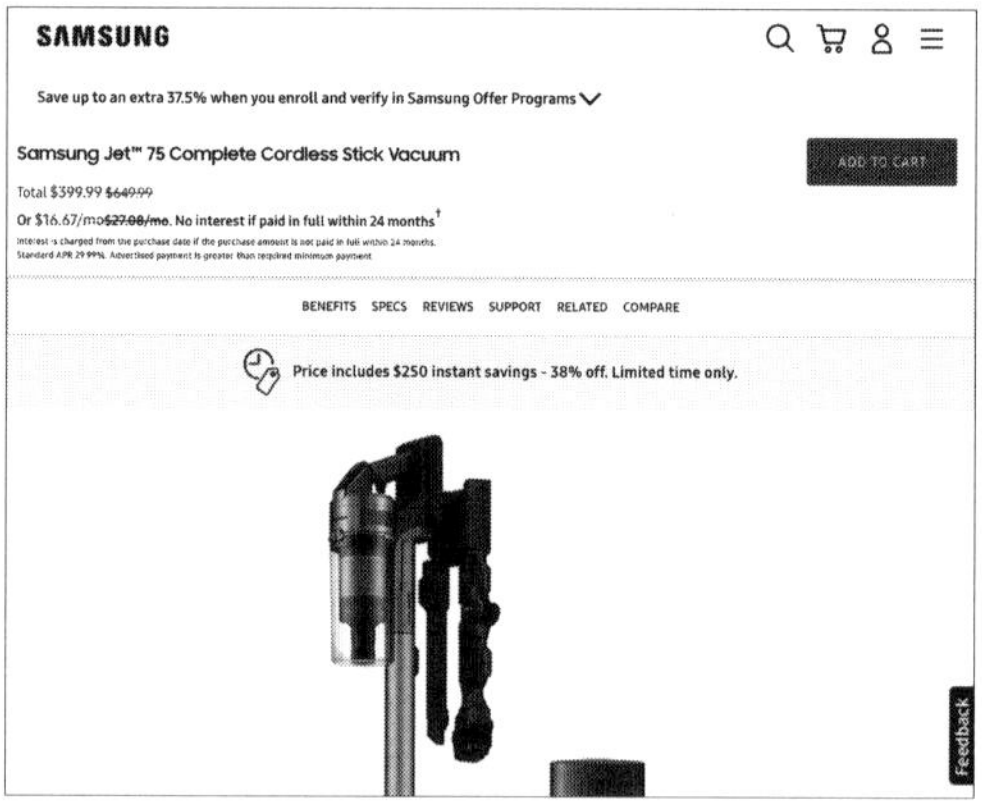

図3-16
samsung.comの商品ページに「期間限定」とあるが、いつまでとは書かれていない（2022年12月）

4 誘導型（Misdirection）

誘導型も他のタイプと同様、歴史上長く多用されてきた。UIで使われるミスディレクションも、スリやマジシャンの手口と原理は同じである。[37]

「簡単に言うと、ミスディレクションはマジシャンが観客の目と思考を誘導したり操ったりして、見せたいものを見せる心理テクニックである。マジシャンが仕掛けをしている間、観客の注意は別の場所に引きつけられる。ミスディレクションは単に、「あれを見て！」と何かを指差して、その陰でこそこそ何かをするのとはわけが違う。これはあまりに粗い手口で、成功率が低いし印象も悪い。腕のいいマジシャンの使うテクニックはもっとさりげなく、洗練されており、観客は自分が操られていたことにすら気がつかない」

——エディー・ジョーゼフ著『How to Pick Pockets for Fun and Profit: A Magician's Guide to Pickpocket Magic』（仮題：趣味と実益のために財布をスる方法：マジシャンのためのピックポケットガイド）

羞恥心を煽るタイプ

「コンファームシェイミング（羞恥心を煽る）」という言葉は、２０１６年にTumblrのブログでそれについての記事を投稿し始めた匿名のブロガーによって広められた。[*38]

コンファームシェイミングとは、ユーザーの感情を操ってミスリードし、何かをさせる（あるいは避けさせる）ことである。[*39] たとえば、何かを拒否する選択がまるで恥ずべきことであるかのように表現され、承諾に追い込む（ノーと言うことに対して罪悪感を植えつけ、イエスを選ばせる）のだ。最も一般的に見られるのは、ウェブサイトにアクセスしたときやその他のタイミングで表示される、メールマガジンの受け取りを勧めるダイアログボックスでの使用だろう。

シアーズによる羞恥心を煽る事例

この例（図3－17）[*40]では、シアーズが宣伝メールの受け取りを拒否するボタンを「NO THANKS. I HATE FREE MONEY（いいえ、結構です。タダでお金をもらいたくありません）」という表現にし、ユーザーの感情を操ろうとしている。これはコンファームシェイミングの原型とも言える例だ。シアーズには別にタダで金銭を配るつもりはない。メールマガジンに登録すれば、シアーズでの買い物で使える10ドルの割引クーポンがもらえるだけである。

MyMedicによる羞恥心を煽る事例

この事例（図3－18）[*41]は、パー・アクスボム氏が発見した。彼は「今まで遭遇した中で最悪の#コンファームシェイミングの例」と述べている。MyMedicのウェブサイトでは救急箱や医療キットが販売されている。ウェブサイトからの通知を受け取るか否かを問うメッセージで「いいえ」を選ぼうとすると、「no, I don't want to stay alive（いいえ、私は生き長らえたくありません）」というリンクをクリックしなければならない。

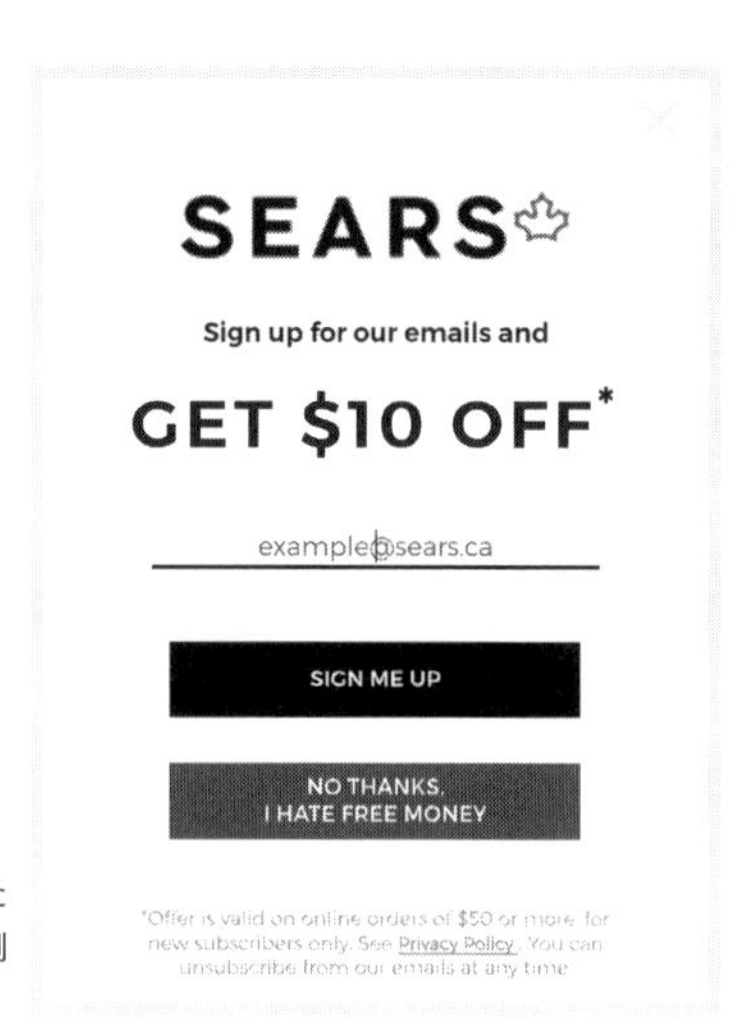

図3-17
シアーズのウェブサイトに見られたコンファームシェイミングの用例（2017年）

客の中には事故のトラウマを抱えていたり、危険な仕事をしている人もいるだろうことを考えると、ユーザーをかなりさいなむメッセージだ。[*42]

視覚的干渉タイプ

このディセプティブパターンは、ユーザーが合理的に想定するコンテンツを隠す手法である。これにはいくつか方法がある。

Trelloによる視覚的干渉の事例：ユーザーに高価格の「ビジネスクラス」のサブスクリプションを契約させる

2021年1月、Twitter（現：X）に匿名ユーザー（@ohhellohellohii）による、Trelloがサービスの登録過程にディセプティブパターンを用いているという内容の投稿があった[*43]（図3-19）[*44]。Trelloを知らない人向けに説明すると、「カード」で管理された情報をデジタルボード上でチームメンバーと共有できるタスク管理ツールで、クリエイティブに関わる部署で使用されるケースが多い。Trelloのボードを見れば、誰が何のタスクを持っているのかが一目でわかるようになっている。

Trelloには、そこそこのプロジェクト数とストレージ容量を貰える体験用の無料プランがあることで知られている。それこそがTrelloがここまで

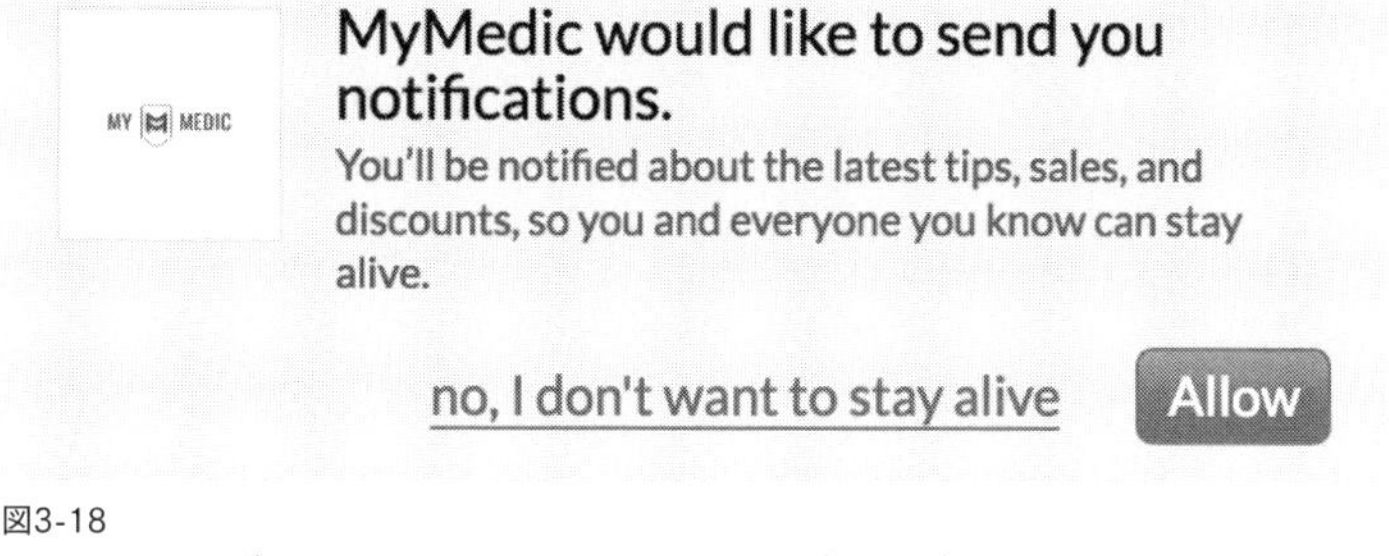

図3-18
MyMedicのウェブサイトに見られたコンファームシェイミングの用例（2021年8月）

の知名度を得た理由の1つでもある。ユーザーは無料で使い始め、愛用するようになり、そのうち有料プランへとアップグレードしていった。2017年に、Trelloは大手のテック企業、アトラシアンに4億2500万ドルで買収された。しかし2021年の1月のウェブサイトを見ると、「Trelloのプロダクトチームが登録過程に手を加え、有料プランへの切り替えを考えているユーザーに最も高い「ビジネスクラス」プランを契約させようとする意図が見える（図3－20）。

ごく普通の「登録する」ボタンをクリックすると、3つのプラン――「Free Team（無料）」、「Standard Team（スタンダード）」、「Business Class Team（ビジネスクラス）」――の比較表が表示される。しかしそれぞれのプランに対応する登録ボタンがあるわけではなく、「30日間の無料トライアルを開始する」と書かれた大きな緑色のボタンが1つあるだけだ。どこからどう見ても、他に選択肢がある

図3-19
ユーザー（@ohhellohellohii）がTwitterでTrelloの視覚的干渉に対する苦言を投稿している

ようには見えない。ところが、ページの最下部と思われるところからさらに下へスクロールしようとしてみると、なんと「Start without Business Class（ビジネスクラス以外で開始する）」と書かれたグレーのボタンが現れるのだ（画像最下部参照）[*45]。

ここではいくつもの仕掛けが組み合わされている。一つひとつ見ていこう。

まず、ページの白い枠の下（欄外）にボタンを隠している。もしユーザーの開いているウィンドウが小さければ、「ビジネスクラス以外で開始する」というボタンはそもそも全く見えないだろう。これはユーザーの想定を逆手に取っている。ユーザーはある程度想定通りの設計がされているだろうと信用しているため、要のボタンが、まさかそんな下のほうに隠されているとは思わないのだ。

Trelloは他にも視覚的なトリックを使っている。白い枠で区切られれば当然メインコンテンツが終わったと思うだろう。このような欄外には、本文

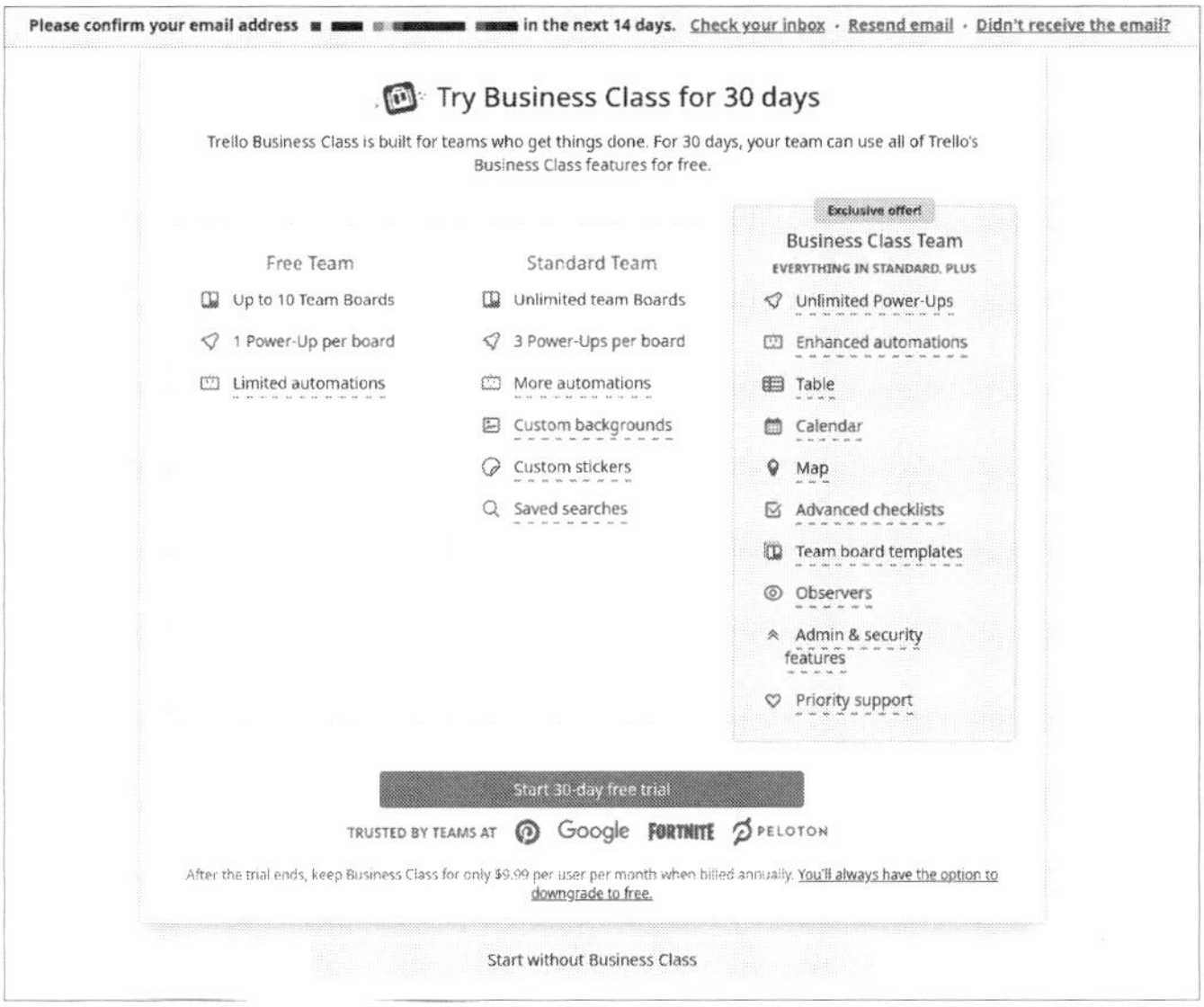

図3-20
ユーザー（@ohhellohellohii）がTwitterで投稿したTrelloのサイトのスクリーンショットの拡大版

に関係のない付属的なテキスト（著作権表記や法的な文言など）しか載せないのが通例だ。この例では、「ビジネスクラス以外で開始する」ボタンが視覚的にメインコンテンツの枠外にあり、これもまた、視覚的干渉によってユーザーの想定を逸脱する行為である。

最後に、ボタンの見た目自体にも差がある。「30日間の無料トライアルを開始する」ボタンがカラフルでハイコントラストなのに対し、「ビジネスクラス以外で開始する」ボタンのほうはローコントラストで色がない。そもそもボタンのようにも見えず、ユーザーにクリックしてほしいという意図は全く感じられない。

企業がこうして視覚を利用すると、視覚に障害があり小さいフォントやローコントラストのテキストが見づらい人たちが不利益を被ってしまう現実についても触れておこう。ただし、視覚に重大な障害がある人はたいていApple VoiceOverのような、画面の文字を合成音声に読み上げさせる補助テクノロジーを使用するため、視覚トリックに騙されることはないだろう。[*46]

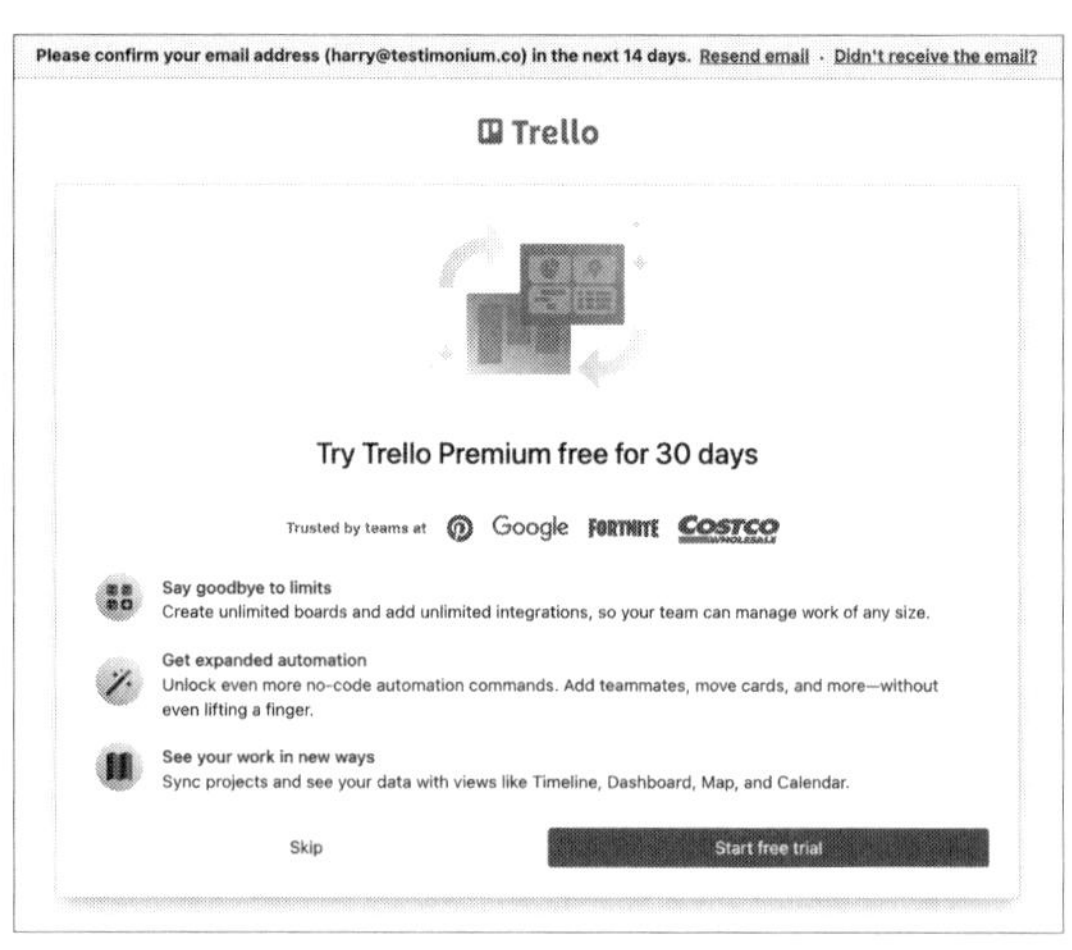

図3-21
以前よりも誠実なデザインになったTrelloの販促ページ。プレミアムトライアルを断るための「スキップ」ボタンが比較的わかりやすくなっている

どれくらいの期間、Trelloがこの不愉快なページデザインを採用していたかはわからない。もしかするとA／Bテストの一環で、一部のユーザーに限定的に見せられただけかもしれない。少なくとも今私がこれを書いている時点では、登録画面はもっと誠実なデザインになっている（図3－21）[*47]。

YouTubeによる視覚的干渉の事例：ほとんど見えない「閉じる」ボタン

「フリーミアム」とは、「フリー」と「プレミアム」を繋げて作られたかばん語——2つ以上の言葉を組み合わせて新しく作られた言葉だ（少し語呂が悪いこともある）。フリーミアムなサービスには、フリープランとプレミアムプランという金額の異なる2つのプランが用意されている。よくある戦略としては、ユーザーに契約なしで永続的に使える無料アカウントを提供し、そのうちそれらのユーザーに、もっと機能の充実したプレミアムプランにアップグレードするよう勧めるやり方だ。昨今のオンラインサービスではメジャーな戦略だ。結局、「無料」に惹かれない人などいないのだから。企業側としては、無料ユーザーを大量に抱えることで、あらゆる手を使ってさらに上のサービスを宣伝し、説得する相手を獲得できる。

2021年の1月、Twitter（現：X）でユーザー（@bigolslabomeat）は、YouTubeがディセプティブパターンを用いてユーザーにプレミアムの無料トライアルに登録させようとしていると糾弾した。[*48] このスクリーンショットを見るとわかるように、フリープランを続けるすべがわかりにくくなっている（図3－22）[*49]。ページの右上に非常にローコントラストで見えづらい×マークがあるのだが、これに気づき、そのうえで無料トライアルを拒否するにはこれをタップする必要があると推理しなければならない。古典的な視覚的干渉の手口である。

図3-22
視覚的干渉を用いるYouTubeの画面。画像に写っている人物の髪と重なって、閉じるための×マークが見えづらくなっている

テスラによる視覚的干渉の事例：アプリで誤って購入した商品の返金不可

２０１９年の終わりに、テスラは自社のモバイルアプリに新しい機能を追加した。簡単に言うと、テスラの自動車の所有者たちが、自分の車のアップグレードをアプリで購入できるようにしたのだ。完全自動運転（Full Self-Driving）を可能にするオートパイロット機能も、そんなアップグレードの１つである。[*50] ４０００ドル以上の重要な追加コンテンツが並ぶこととなった。

この機能が追加されたあと、テスラの自動車オーナーの中で、間違えて新機能を買ってしまったという人が多数おり、テスラが返金に応じなかった事実が判明した。ジャーナリストであるテッド・スタイン氏は、この状況を分析し、テスラが使用したテクニックについて詳しく説明している。[*51] アプリ内の購入画面には、「購入したアップグレードは返金できません」と、ユーザーの目に入りにくいように、黒い背景の上にグレーのローコントラストな小さい文字で記載されている[*52]（図3-23）。

テスラの顧客であり著名な作家でもあるナシム・ニコラス・タレブ氏は、2020年の1月にこの状況を経験し、返金を要求したが断られた。彼はそのときにテスラのカスタマーサポートから送られてきた回答をTwitter（現：X）に載せている。[*53] その回答には「ソフトウェアの購入に対して返金は受け付けておりません。これは、家の追加工事を頼んでおいて、好きでないからと返金を要求するのと同じようなものです」とあった。それに対しタレブ氏はこう返答している。

「購入は意図的なものではありませんでした。ポケットの中で、誤操作によって購入ボタンが押されてしまったことで起きた事故でした。そもそも4333ドルもの買い物を、何の確認もパスワード入力もなしに行えて

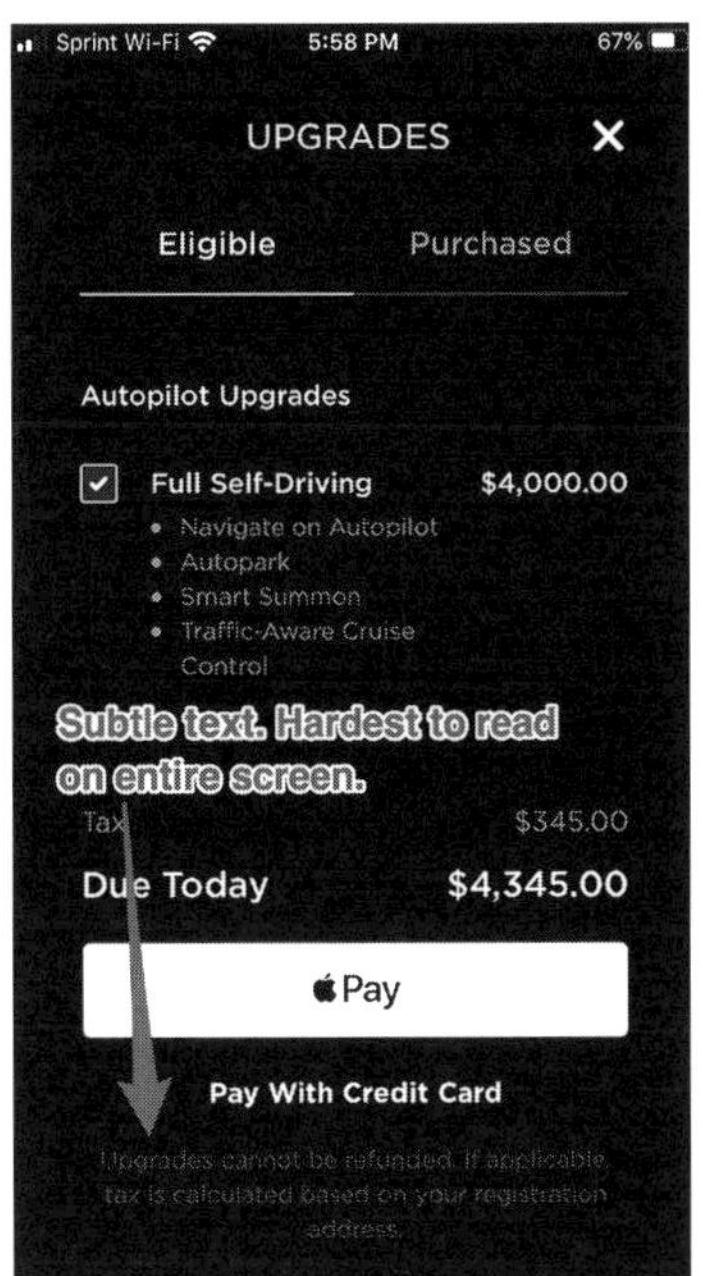

図3-23
テスラのモバイルアプリ画面。誤って購入した商品の返金を拒否する旨が目立たない文字で書かれている（スタイン、2020年）

しまうアプリなんて聞いたことがありません。［…］Amazonでさえ、6ドル99セントのKindle版書籍を買うのはもっと大変ですし、間違えて購入したものに対して返金してくれたことがあります。［…］私はあなた方の馬鹿げたソフトウェアを試してもいなければ、使ってもいません。［…］あなた方のアプリは欠陥品です」

タレブ氏のこのメールの内容がすべて事実なら、先ほど見せた画像で確認できる視覚的干渉以外にも、キャンセルしにくくする、「妨害型」の手口が使われていることになる。

この苦情が明るみに出たあとしばらくしてテスラは方針を変え、このタイプのアプリ内購入のキャンセルに対して48時間の猶予が与えられた。次のスクリーンショットにその旨が記載されているが、相変わらず黒い背景にダークグレーで書かれているため、読むにはルーペが必要かもしれない（図3-24[*54]）。

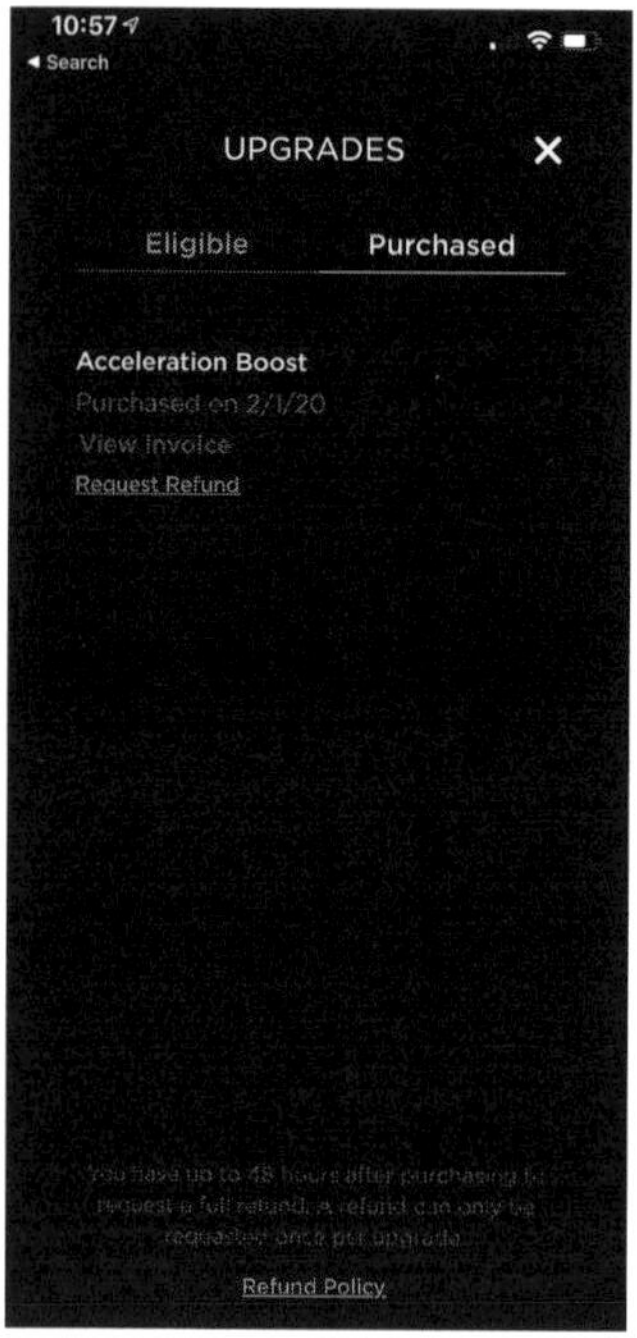

図3-24
タレブ氏の苦情のあとに記載された、テスラの返金ポリシー

言葉のトリックタイプ

言葉のトリックを用いたディセプティブパターンは、ユーザーを混乱させたりミスリードしたりして、状況をしっかり理解できていたらとらないような行動をとらせるものだ。

曖昧な表現や二重否定を用いたり、文章中やＵＩの中に情報を巧妙に紛れ込ませたりすることで、ユーザーの心理を操作しようとする。

―トランプ氏の大統領選挙活動における言葉のトリックの事例―

トランプ氏の選挙活動には多種多様なディセプティブパターンが使用され、言葉のトリックはその1つに過ぎない。２０２１年3月に、私のもとに『ニューヨークタイムズ』紙の記者、シェーン・ゴールドマチャー氏から連絡が来た。どうも、トランプ氏の選挙活動への寄付金の窓口に重大なディセプティブパターンを見つけたようだが、結論を公表する前に私の確認を取りたかったらしい。詳しくは彼の記事に書かれているが、ここでは要約を紹介しよう。[*55] ユーザーはたいていＥメールから、寄付の受付窓口へ誘導される。時が経つにつれ、トランプ氏の選挙活動は露骨にディセプティブパターンを使うようになっていった。最初は以下のように、寄付を定期的に繰り返すという設定をデフォルトの選択にするところから始まった（図３－25）。[*56]

このアプローチはデフォルト効果を利用しているが、これはこっそり型の一種と捉えられる。この手法が効果的な理由はいくつかある。まずは知覚の問題で、そもそもユーザーがこの枠に気づき、その中を読み、意味を理解する必要がある。これを行う時間と労力を惜しんだユーザーは、チェックマークが何を意味するのか全く知らずに見過ごしてしまうだろう。

もっとさりげない心理的効果もある。たとえば、チェックマークが最初から入れられていると、社会的なプレッシャーを感じる人もいるかもしれない。他の人たちは普通、チェックマークを入れたままにするのではないか、だから自分もそうするべきではないか、と思ってしまう可能性があるのだ（社会的証明の認知バイアス）。

何にせよ、トランプ陣営はこのようにあらかじめチェックマークを入れておく手法が有効だと気づき、数週間後、さらにもう1つチェックマーク入りの項目を増やした。ゴールドマチャー氏の調査で、彼らがこれを「マネー・ボム（募金爆弾）」と呼んでいたことがわかった。つまり彼らは、はっきりと意図してこの手法を使っていたのだ。項目を追加したバージョンも載せておく。最初の項目は前回と同じで、毎月自動で寄付を行わせるものだ。そして足された2つ目の項目は、追加の寄付をさせるものである。同じ金額を「トランプ氏の誕生日祝い」という名目で

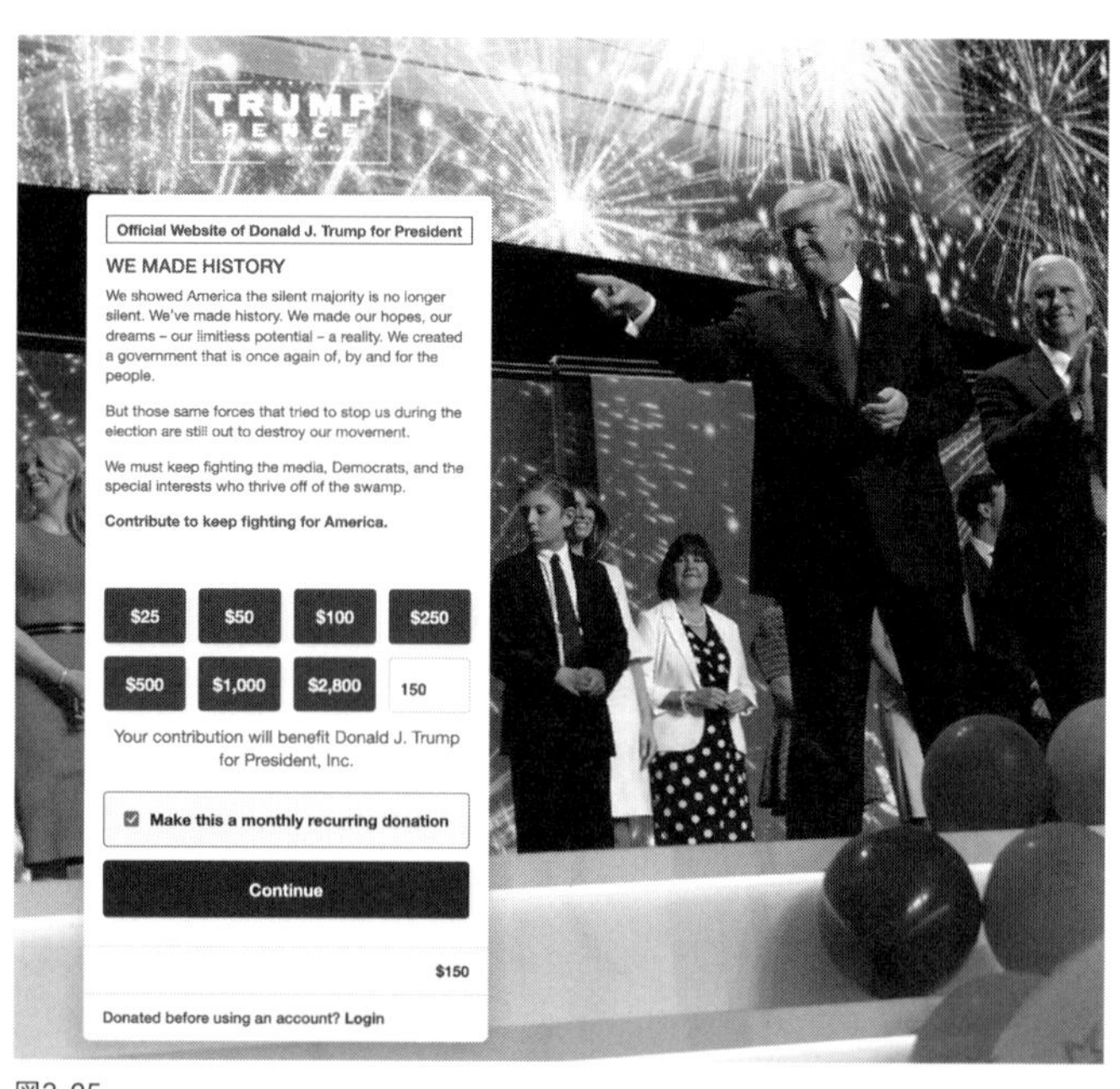

図3-25
トランプ氏の選挙活動に使われたディセプティブパターンその1。「この寄付を毎月繰り返す」にデフォルトでチェックが入っている（このケースでは、ユーザーは寄付額に150ドルと入力している）

支払わせようとしている（図3－26）。

　このデザインはかなり有効だったようで、その後彼らはさらに要求のレベルを上げた。1つ目の項目で「毎月」寄付をする設定だったのが、途中から「毎週」に変更されている（画像参照）。そして2つ目の項目では、追加で100ドル寄付する設定になっている（もとの寄付額が100ドル未満でもこの金額設定は変わらない）（図3－27）。

　驚いたことに、彼らはこのあともさらにレベルアップさせてきた。言葉のトリックと視覚的干渉を用いて、これらの項目の意図を不鮮明にしたのだ。見てわかる通り、太字のテキストは寄付金額について一切触れていない。肝心の寄付金額についての説明は、その下に細く目立たないフォントで記載されており、読み飛

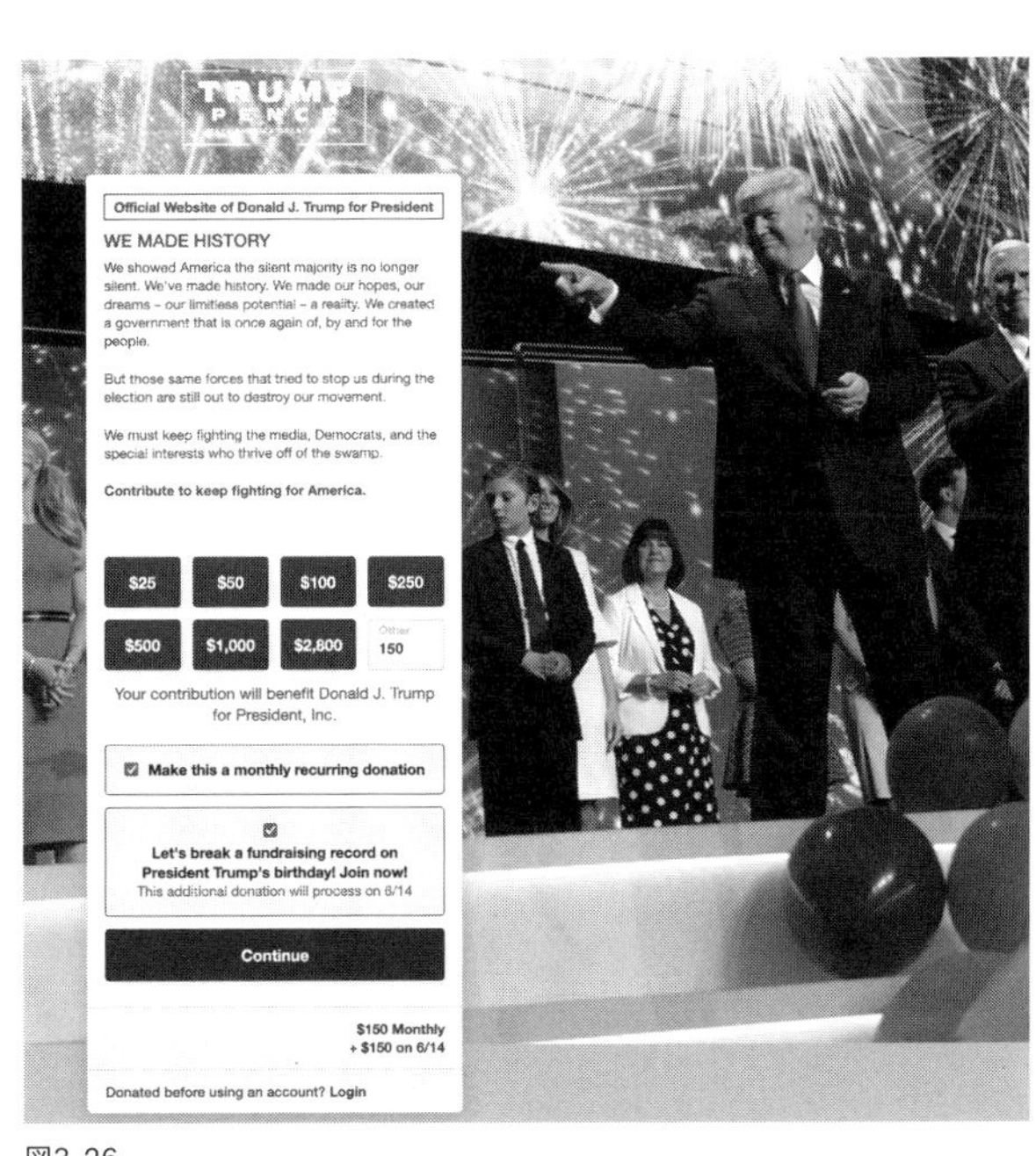

図3-26
トランプ氏の選挙活動に使われたディセプティブパターンその2。デフォルトで2つの項目にチェックマークが入っている

ばしやすくなっている（図3－28）。

ゴールドマチャー氏の調査で特筆すべきは、これらがどのような時系列で行われたかを特定したことだ。彼はこれらのディセプティブパターンが使われた時期と、バイデン氏のサポーターとトランプ氏のサポーターとの間における、寄付金の返金要求率の比較を示したグラフを作成した。全体で、トランプ氏のほうの返金は1億2200万ドルにも及び、バイデン氏のほうは2100万ドルに留まった（図3－29）。

この手口に引っ掛かった人たちのうち、そのことに気がついて行動を起こそうと決意し、実際に時間を費やして行動し、無事返金までこぎ着けた人はほんの一部だろう。ほとんどの人は、請求されるままに支払い、金銭的損失を受けたまま生

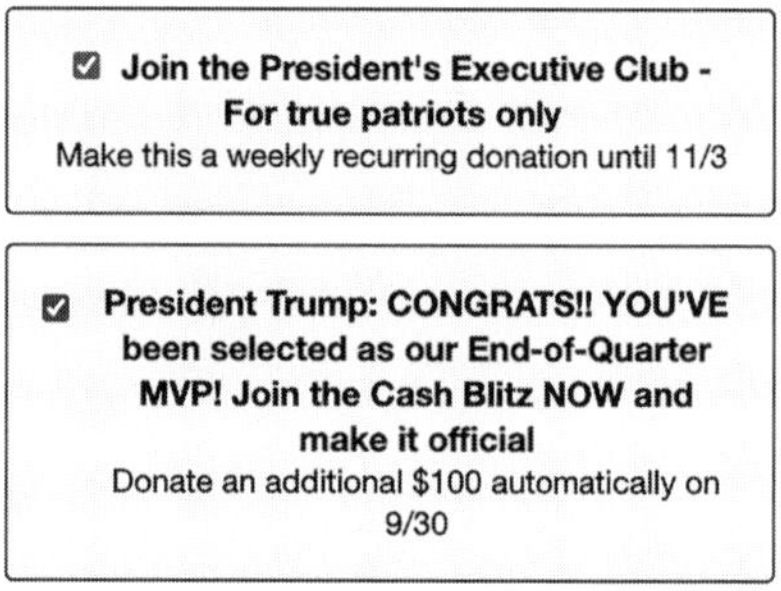

☑ Join the President's Executive Club - For true patriots only
Make this a weekly recurring donation until 11/3

☑ President Trump: CONGRATS!! YOU'VE been selected as our End-of-Quarter MVP! Join the Cash Blitz NOW and make it official
Donate an additional $100 automatically on 9/30

図3-27
トランプ氏の選挙活動に使われたディセプティブパターンその3。デフォルトで2つの項目にチェックマークが入っている

☑ This is the FINAL month until Election Day and we need EVERY Patriot stepping up if we're going to WIN FOUR MORE YEARS for President Trump. He's revitalizing our economy, restoring LAW & ORDER, and returning us to American Greatness, but he's not done yet. This is your chance - stand with President Trump & MAXIMIZE your impact NOW!
Make this a weekly recurring donation until 11/3

☑ President Trump: October 9th marks 25 days out from Election Day and we need your support. American Patriots like YOU inspired me to keep fighting this past week, and I'm not done yet. I'm asking you to join Operation MAGA and help me secure VICTORY in November. Join the movement NOW
Donate an additional $100 automatically on 10/09

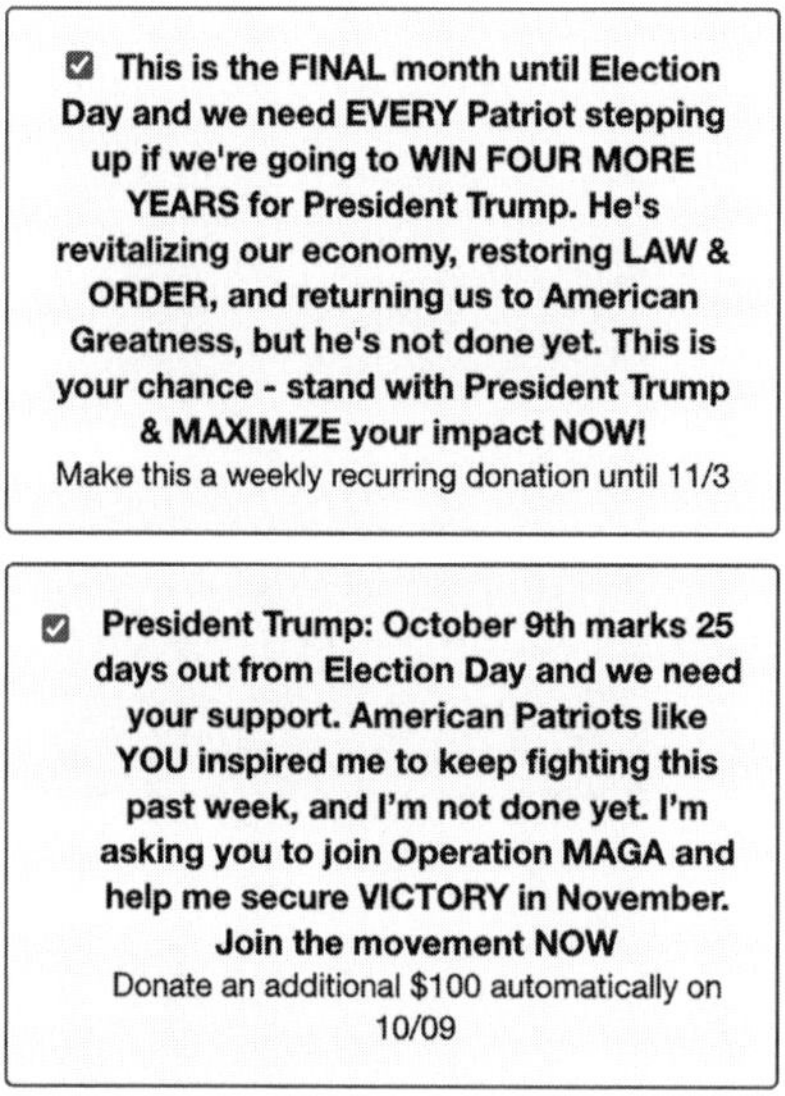

図3-28
トランプ氏の選挙活動に使われたディセプティブパターンその4。デフォルトで2つの項目にチェックマークが入っているうえに、視覚にひどく干渉している

活を続けているはずだ。ゴールドマチャー氏は、寄付者の1人であるビクター・アメリーノ氏（78歳、カリフォルニア在住）に取材した。彼はネット上で990ドルの寄付をしたが、気がつくとそれがさらに7回分も取られており、合計8000ドル近くも寄付していたと言う。「盗賊め！　私は退職しているんだ。こんな大金、払えるわけがない」と彼は話した。

ライアンエアーによる言葉のトリックの事例

アイルランドの格安航空会社ライアンエアーは、だいたい2010年から2013年の間に、言葉のトリックを含むいくつかのディセプティブパターンを組み合わせて利用していた。以下のスクリーンショットがすべてを物語っている*57（図3－30）。ここでは、航空券の購入に旅行保険への加入が必須であるように見えるが、実際は保険加入を拒否する方法が隠されているのだ。「住んでいる国を選択してください」というプルダウンを開くと、デンマーク（Denmark）

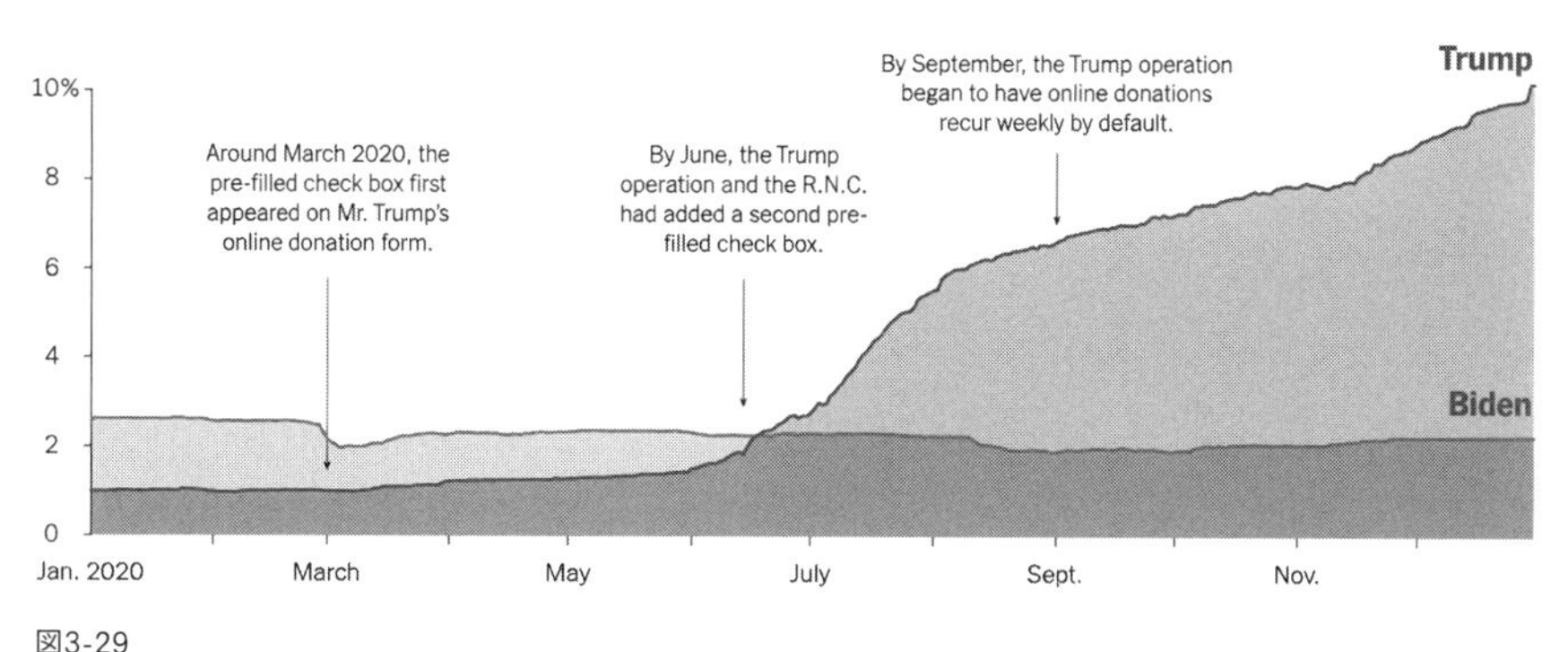

図3-29
エレノア・ルッツ氏とレイチェル・ショリー氏提供のグラフ。『ニューヨークタイムズ』紙の記事「How Trump Steered Supporters Into Unwitting Donations（トランプがサポーターに知らぬ間に寄付をさせた手口）」より

とフィンランド（Finland）の間に「保険なし（Don't Insure Me）」という選択肢がある。このような非常に珍しい拒否方法を想定できるユーザーはそうそういない。拒否する方法がわからずに、保険に加入してしまうユーザーは多いだろう。このケースでは、ページのレイアウトと入力フォームのスタイルが誘導型に貢献しているため、言葉のトリックだけでなく視覚的干渉も利用していると言っていいかもしれない。

　このディセプティブパターンを咎められ、ライアンエアーは2015年にイタリア競争局（AGCM）から85万ユーロの罰金を科された。[*58] しかしこの罰金に懲りなかったライアンエアーはその後もさまざまなディセプティブパターンを使い続け、2022年にはノルウェー消費者評議会からやめるよう要請する手紙を受け取っている。[*59]

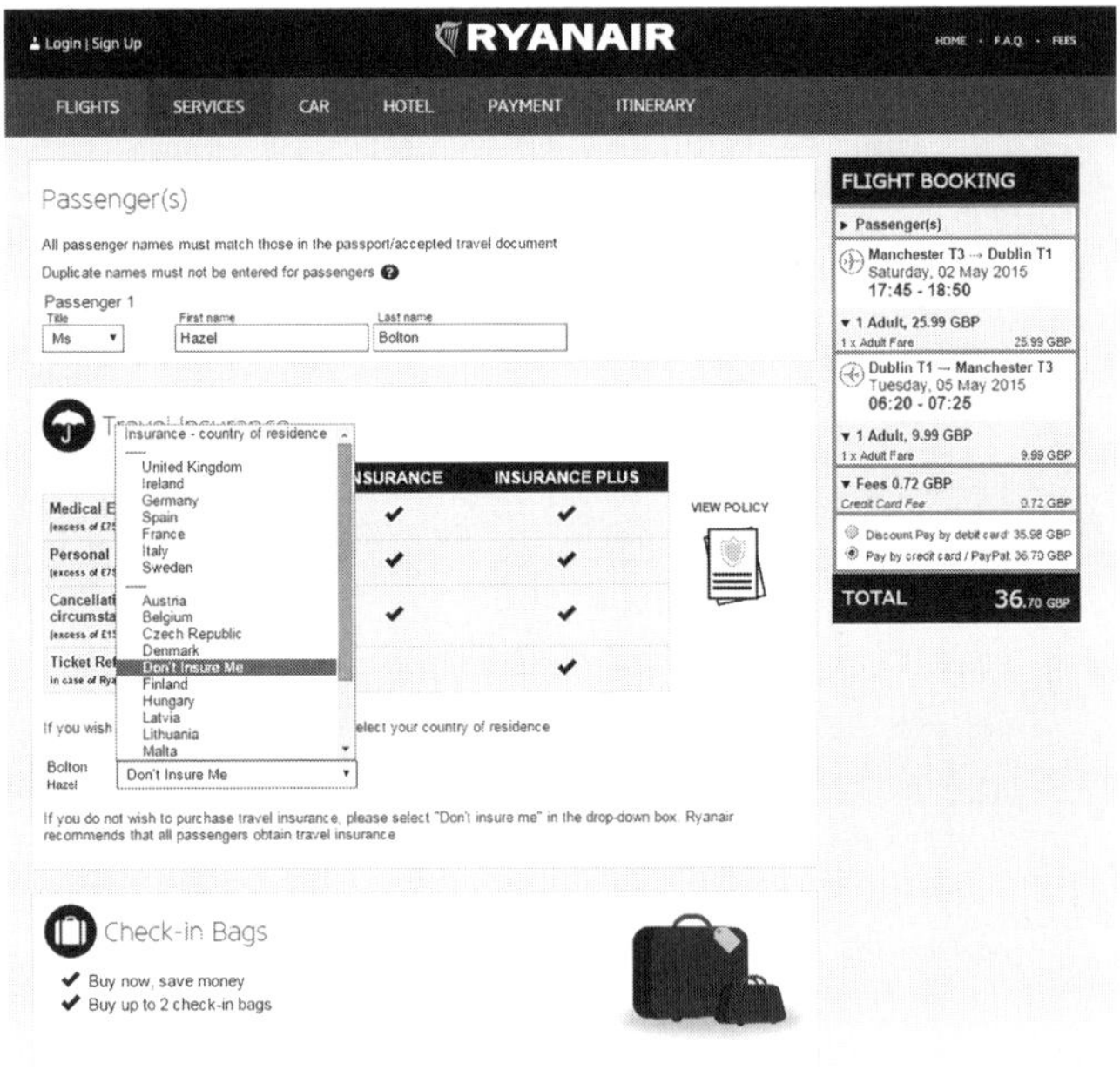

図3-30
ライアンエアーは言葉のトリックによって、保険への加入を拒否しづらくしている

み合わせることで、ユーザーに購入するようプレッシャーをかける。

押し売りタイプ

押し売りタイプは、希少性効果やアンカリング効果などの欺瞞的なトリックや認知バイアスを組み合わせることで、ユーザーに購入するようプレッシャーをかける。

Booking.comによる押し売りの事例

2010年代は、ホテル予約サイト界隈で多くの押し売り的な手法やディセプティブパターンが用いられ、業界全体があらゆる司法制度の精査を受ける事態になった。たとえば2017年にはイギリスの競争市場庁（CMA）がBooking.com、Hotels.com、Expedia、ebookers.com、Agoda、Trivagoなどをはじめとした予約サイトに対して調査を行った。[*60] 結果、既存の法制度に違反しないよう、厳しいガイドラインが新しく作成された。[*61] この事実から、実際の法律と企業側の解釈にややギャップがあるというのがわかって興味深い。新しいガイドラインは、そのギャップを効果的に埋め、何が許容され何が許容されないかを明確にする目的で作成された。

それでは、2017年頃にBooking.comが使っていた押し売り手法を見ていこう。このスクリーンショットは、ソフトウェア開発者のローマン・チェプリャカ氏が書いた記事、「How Booking.com manipulates you（Booking.comはどのようにあなたを操るか）」から拝借している[*62]（図3-31）。

これが、2017年のBooking.comのホテル予約ページだ。左上には、目覚まし時計のアイコンと共に、赤くハイライトされた文字で「Someone just booked this（たった今予約した人がいます）」と書かれている。チェプリャカ氏によると、これはアニメーションで、「リアルタイムの通知に見せかけるため、閲覧し始めてから1、2秒後に表示されるようになっており、さらに目覚まし時計のアイコンでその印象を強めている。断言するが、これはリアルタイムの通知ではなく、閲覧者を罠にかける以外に表示を遅らせる理由はない」。続いて、マウスカーソルでこのテキストにしばらく触れていると、別の「4時間前に予約されました」というメッセージが現れることも指摘している。つまり、「たった今」というのはかなりいい加減な事実の伝え方だ。

また、この文章についてよくよく考えてみると、本当は何を意味するのか疑問だ。「たった今予約した人がいます」というのは、たった今同じ日付で同じ部屋を予約した人がいるという意味だろうか？ それとも異なる日付に予約がされて、自分の予約には全く影響がないのだろうか？ 真相はわからないが、

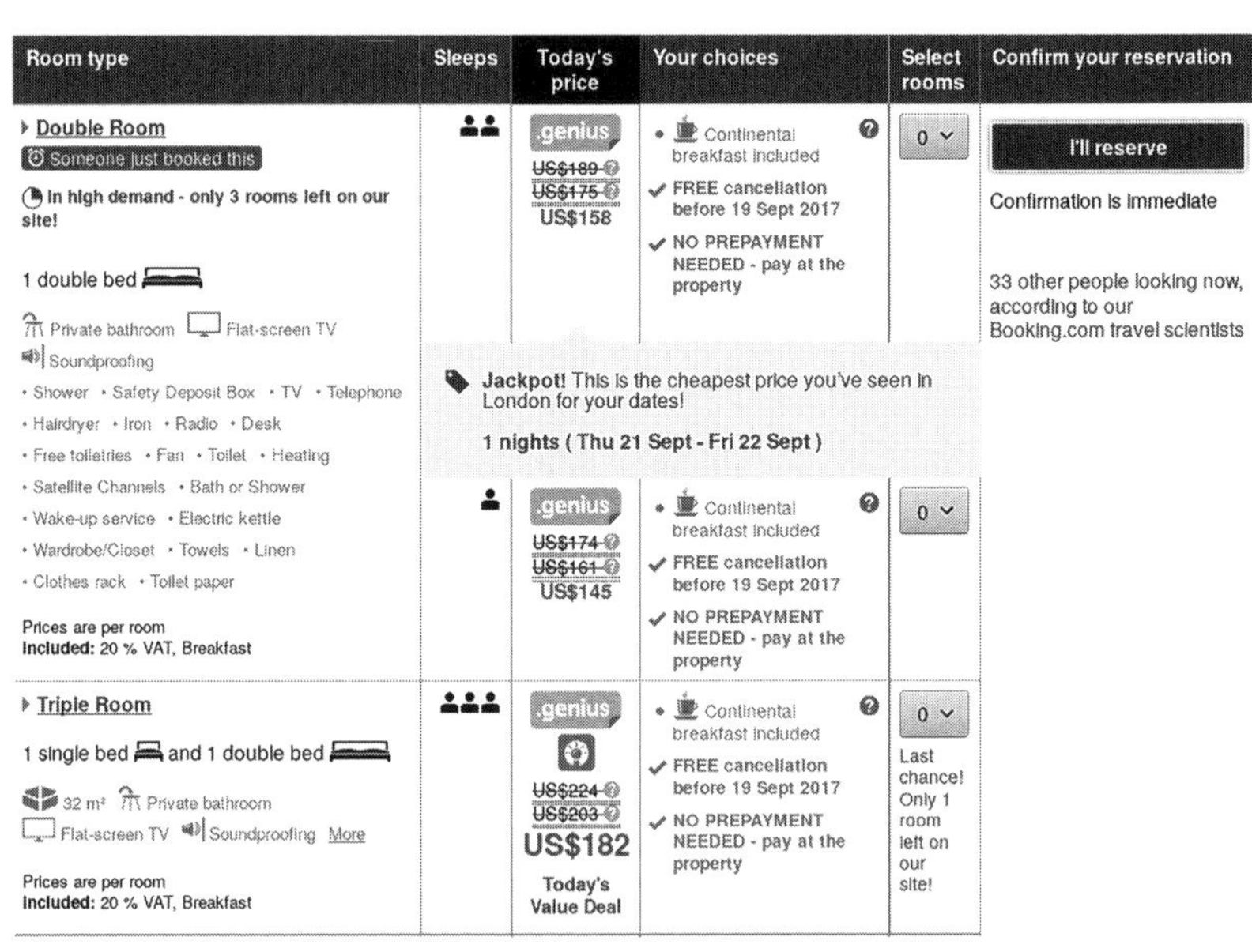

図3-31
2017年のBooking.comのスクリーンショット。あらゆる形の押し売り手法が見られる

CMAの調査ののち、Booking.comをはじめとするホテル予約サイトが以下のことに同意したと発表された。

「ホテルの空室状況や注目度について偽の印象を与えたり、不完全な情報に基づいて予約を急がせたりしない。**たとえば、他の客が同じ宿を閲覧している場合は、別の日付で検索している可能性を明確に示す**」[*63]（太字は著者による強調）

確信はないが、おそらく一連のホテル予約サイトはこのような行為について、CMAに現行犯で咎められたのだろう。そうでなければ、この新しい規則が作られる理由はない。このスクリーンショットには他にも、同じようなトリックを使っているメッセージがいくつかある。「人気上昇中――当サイトでは残り3部屋！」や「Booking.comの旅行科学者によると、他に33人が閲覧しています」や「ラストチャンスです！　当サイトでは残り1部屋！」などがそうだ。

次を見ていこう。少し右へ視線をずらすと、「Jackpot!［…］（大当たり！　ご希望の日付では、今までに見たロンドンの宿の中で一番安いプランです！）」と書かれている。だがチェプリャカ氏によると、これは当たり前なのだそうだ。なぜなら、これはユーザーが一番初めに閲覧したプランの値段であり、おそらくプランの指標と捉えられるからだ。この日付で最初に見たロンドンの宿だから、一番安いのは当然だ。同時に、一番高いプランでもある。

次に、取り消し線で消された値段を見てみよう。一見、すべての部屋が2回割引されているように見える。たとえば、一番上の部屋は189ドルから始まり、175ドルに値引きされ、今は158ドルになっている。だがチェプリャカ氏は、値段のところをマウスカーソルでしばらく触れているとこのようなテキストが表示されることに気がついた（図3－32）。

表示されるのはかなりまどろっこしい文章で、すべて読む気にならなくとも咎められないし、そもそも少しカーソルがずれただけで消えてしまう。要約すると、なんとここでも、ユーザーが指定した日付に基づいた割引率ではないという事実が説明されている。どうやら、希望の日付を含む前後15日間の値段に基づいているようだ。もしこのポップアップを見逃したら、愚かにも自分が特別な割引を受けられると誤解してしまうだろう。

ここには押し売り以外にも、言葉のトリックを用いたディセプティブパターンがある。ディセプティブパターンは往々にして、いくつも重なり合うものだ。まさに、言葉遊びやもったいぶった言葉で、願いを叶えてほしいとすがる者たちに恐ろしい結末をもたらす、おとぎ話の邪

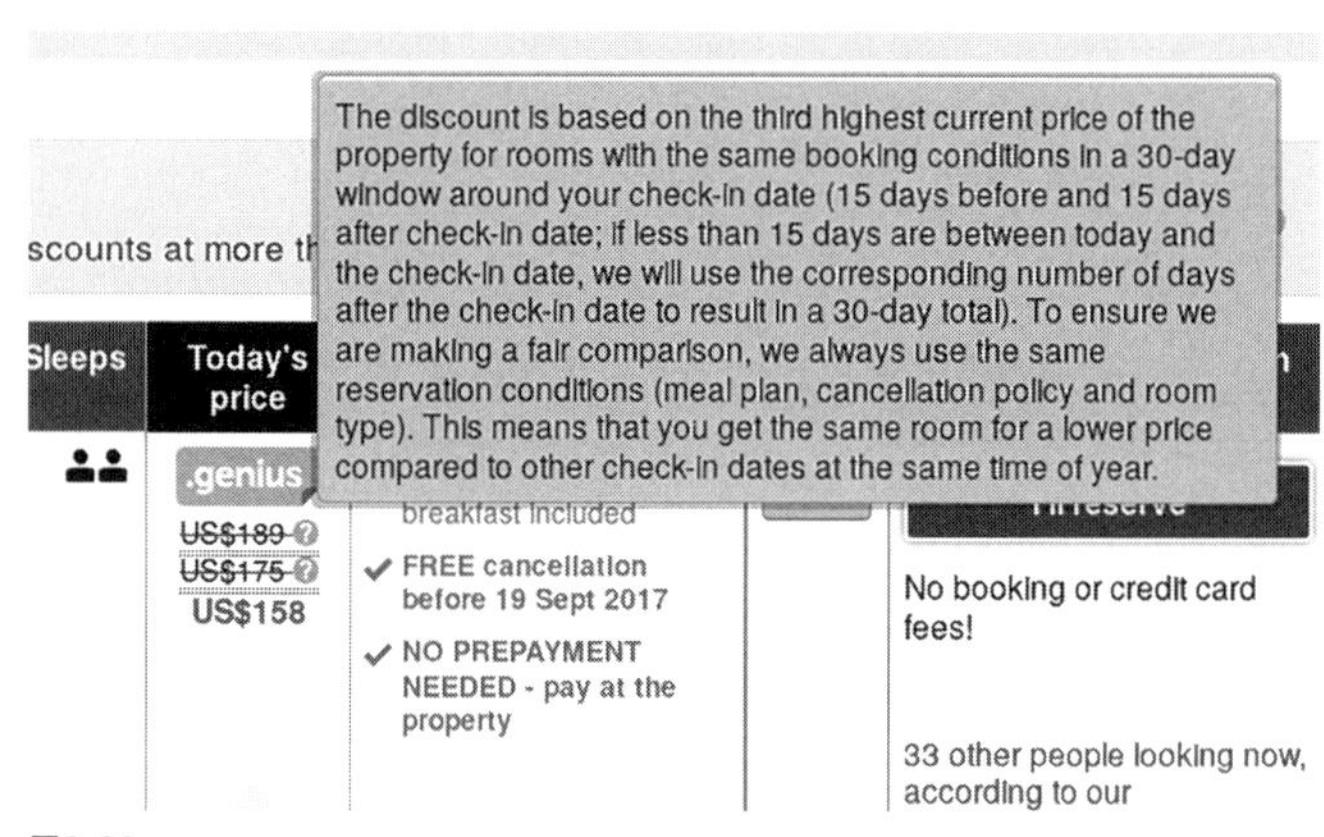

図3-32
2017年のBooking.comのスクリーンショット。重要な情報は初め隠されており、小さいテキストリンクの上にマウスカーソルをのせて初めて表示される

神や魔人を思い起こさせる。ギリシャ神話で、女神エオスが恋人のティトノスを不死身にしてほしいとゼウスに頼んだとき、ゼウスはその願いを叶えたが、永遠の若さを与えるのは頼まれていないと言った。ティトノスは永遠の命を手に入れたものの、年老いてしわだらけになった彼を結局エオスは捨てた。この話の教訓は、不死身になりたいとき、ゼウスを――そして人気のホテル予約サイトも――当てにするな、ということである。

5 社会的証明型（Social proof）

このカテゴリーのディセプティブパターンは、社会的証明――他人の行動に従って自分の行動を決めたがる認知バイアス――を利用する。社会的証明を利用したディセプティブパターンには主に2つのタイプがある。活動状況を通知するタイプと、口コミを利用するタイプだ。

活動状況の通知タイプ

活動状況の通知メッセージを受け取ったことのない人はいないだろう。ＥＣサイトがユーザーに買い物をさせようとして、何かしらの活動を知らせてくる通知メッセージのことだ。もちろん、メッセージが真実なら何の問題もない。今どんな商品が人気かを知らせてくれるのはなかなかに便利な機能だ。街中で店に行列ができていたり、レジに並んでいる買い物客たちが皆同じ商品を手にしていたりするのを見かけるのと同じことである。外の世界ではタダで入ってくる情報だが、ネット上ではそれを装って嘘の情報を流すのが非常に簡単だ。これから見せる例は、２０１７年にHenry Neves-Charge氏がTwitter（現：X）に投稿したものである（図３－33）[*64]。

偽の活動状況を通知するBeeketingのアプリの事例

自分でディセプティブパターンを作成するだけのスキルや時間がない人は、ウェブサイトにディセプティブパターンを簡単に追加できるプラグインを買うことができる。先述した通り、Shopifyのアプリストアにもいくつかそういったアプリが並んでいる場合がある。それらは真っ当な使い方も、ユーザーを騙す使い方もできるツールを提供することでストアに紛れ込む。Big-CommerceやWeeblyやWooCommerceなどの他のＥＣプラットフォームも、似たような問題を抱えている。

２０１９年にはShopifyのアプリストアから14個のアプリが削除されたが、その多くが、たった数クリッ

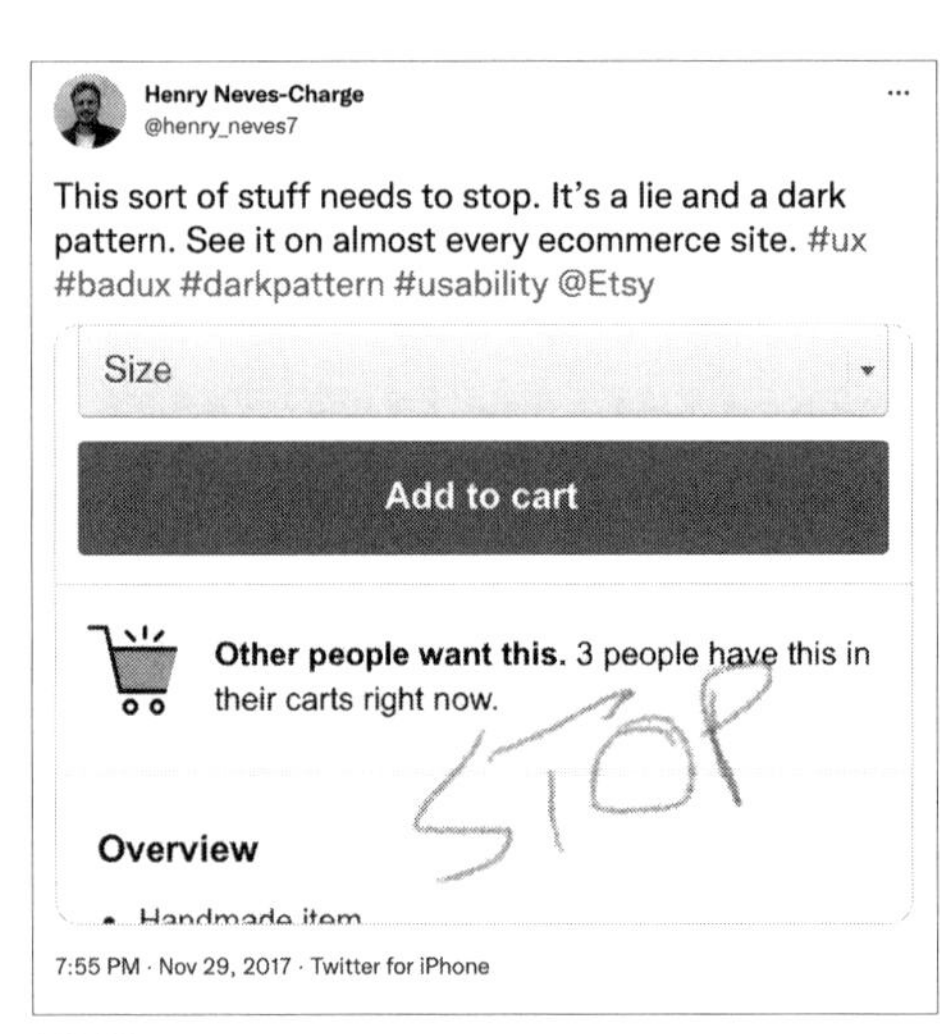

図3-33
Henry Neves-Charge氏はTwitter（現：X）で、EtsyというECサイトが活動状況通知タイプのディセプティブパターンを使っていると糾弾した

クでディセプティブパターンを追加できるようなアプリだった。[*65] そして削除された14個のアプリのうち、12個がBeeketing（EC用アプリを提供するマーケティング自動化プラットフォーム）のアプリであった。その1つがSales Popというアプリだ。このアプリは、たとえば「9人が商品Xを商品Yと一緒に購入しました」や「サンフランシスコのアリシアが4分前に商品Xを購入しました」といったメッセージを画面上に表示させることができる（図3－34）。[*66]

しかも、Beeketingはショップオーナーに対して、これを使って買い物客を騙す行為を推奨している。Sales Popのサポートの文面には、恥ずかしげもなく公然とこのような記載がある。[*67]

「このガイドは、Shopifyを除くすべてのサポート対象のプラットフォームに適用されます。Shopifyが含まれないのは、最近のShopifyのポリシー変更によるものです。これにより、カスタム通知を表示させることはできなくなりました。カスタム通知は、買い物客を急かしたり、商品の希少性をアピールしたりするのに非常に効果的でした。しかしながら、Shopifyは作り物のデータではなく本物のデータの使用を必須とした

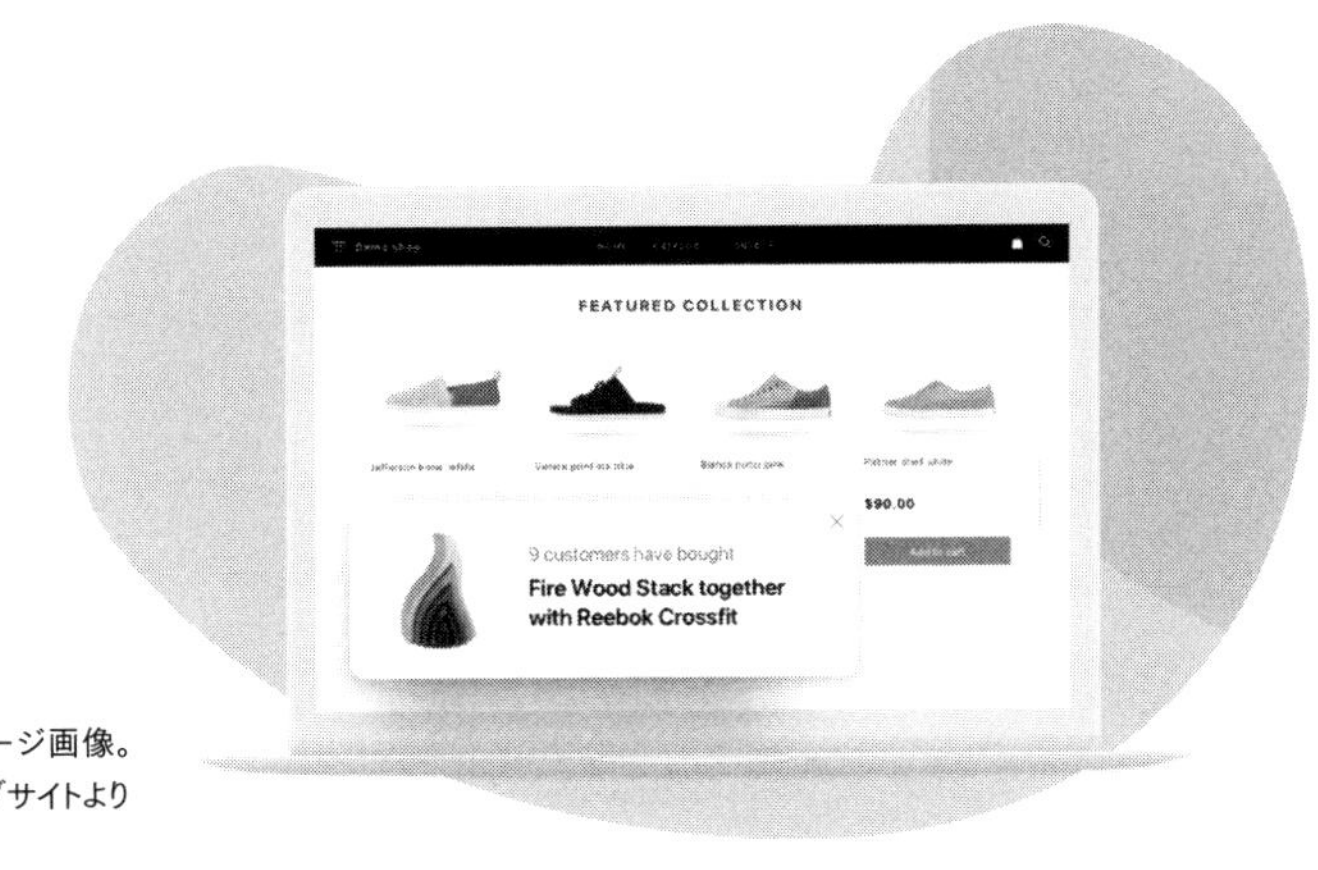

図3-34
Sales Popのイメージ画像。
Beeketingのウェブサイトより

ため、カスタム通知は除外されました」

――Beeketing（２０１９年）

BeeketingのSales Popを使えば、こんなにも簡単に偽のカスタム通知を作成できる。これを執筆している時点で、このアプリはBigCommerce、Weebly、WooCommerceで使用可能だ。

スクリーンショットを見るとわかる通り、通知メッセージに表示される場所について、ランダムか手動かを利用者が好きに選択し、設定できるようになっている（近所のパン屋が５０００キロも離れた町から注文を受けていたら明らかに怪しい。まともな人間なら、傷みやすい食料品をそんな遠くから取り寄せたりしないため、怪しまれないように手動で近所の地名を入力できるようになっている）（図３－35）[*68]。それから、その商品がどのくらい前に購入されたかを12時間以内でランダムに表示できる設定にチェックを入れれば、さらにリアルな通知が完成する。

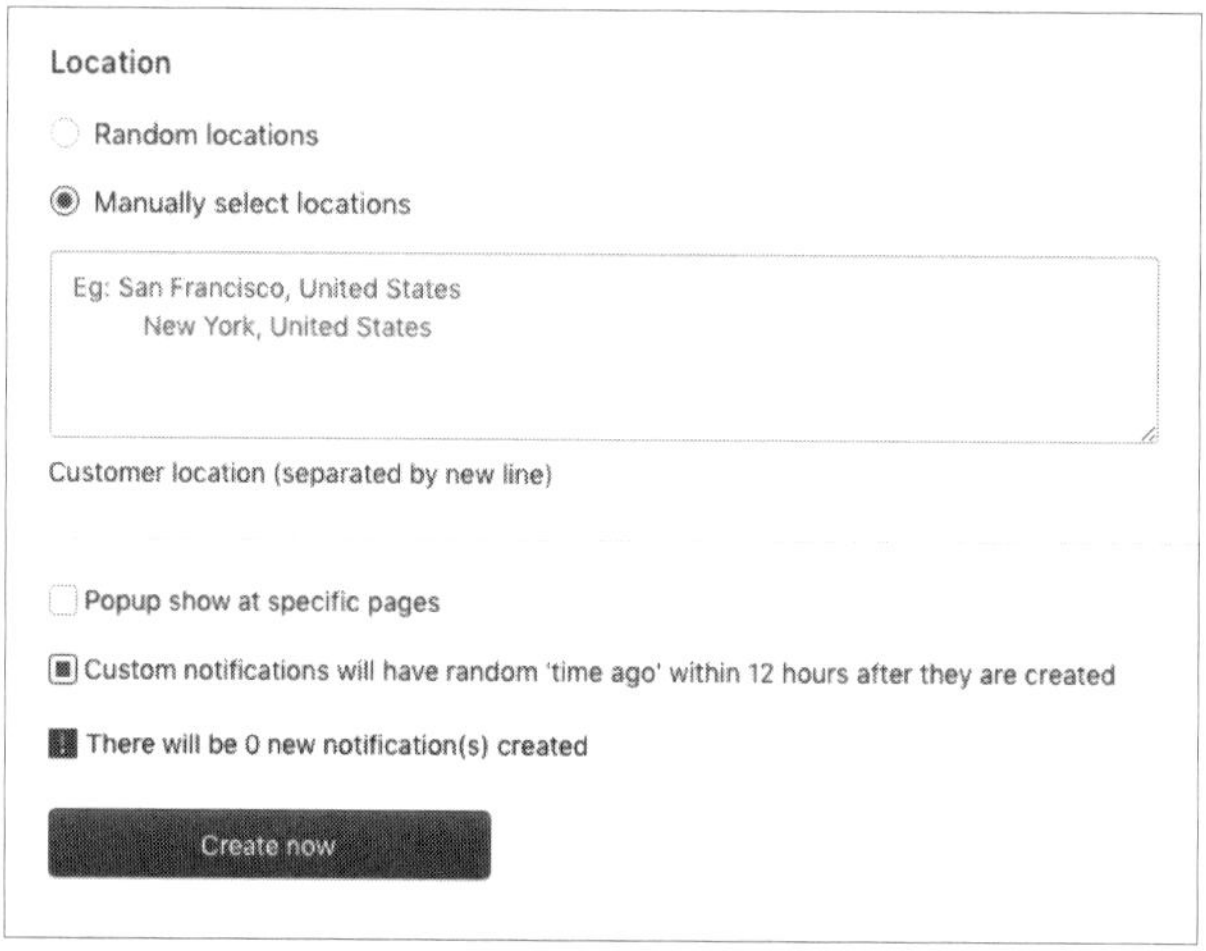

Location
Random locations
Manually select locations
Eg: San Francisco, United States
New York, United States
Customer location (separated by new line)
Popup show at specific pages
Custom notifications will have random 'time ago' within 12 hours after they are created
There will be 0 new notification(s) created
Create now

図3-35
Sales Popのカスタム通知設定ページの拡大画像。Beeketingのウェブサイトより

口コミタイプ

口コミを利用するタイプのディセプティブパターンは、不埒な企業にとって非常に扱いやすい。ただ単に、客を装って自社のプロダクトについてポジティブなコメントを書けばいいだけだからだ。たとえば、「ハリー・ブリヌルのディセプティブパターンについての本を読んだが、史上最高の書物だと思った。——エイブラハム・リンカーン、1861年」というように。

さて、これを見てこう思ったのではないだろうか。これはただの虚偽広告だろう、と。虚偽広告なんてもう何十年も前からそこらに転がっているし、規制も進んでいるじゃないか、と。確かにその通りだ。だが広く知られているわりに、まだよく使われている手なのも事実だ。そして、往々にして他のタイプのディセプティブパターンと一緒に組み合わせて使われ、ユーザーをプレッシャーと欺瞞の罠にかけようとしてくる。たとえば、最近のアメリカの連邦取引委員会（FTC）のスタッフレポート[*69]では、RagingBull〔オンライン株取引サイト〕に対する民事訴訟について、240万ドルの賠償で合意が成立した件が報告された。[*70]ここで特筆すべきは、複数の欺瞞的な行為が組み合わさって「複利効果」を生んでいたという点だ。

「Raging Bull事件にまつわる連邦取引委員会の主張では、オンライン株取引サイトのオペレーターが**偽りの口コミを利用して消費者を誘い込んだ**こと、スクロールしなければ見つけられない長い利用規約の中に免責事項を隠したこと、そしてサービスをサブスクリプションの形で販売したうえで、解約や定期請求の取りやめを難しくしたことが指摘されている。**これらのダー**

クパターンの組み合わせは複利効果を生み、一つひとつの影響を強め、消費者への被害を拡大した」（太字は著者による強調）

——連邦取引委員会・スタッフレポート（2022年）

6 希少性型（Scarcity）

このカテゴリーのディセプティブパターンは、プロダクトやサービスの在庫が残り少ないと嘘をつき、在庫がなくなる前に急いで購入させるのが目的だ。希少性を利用したディセプティブパターンは緊急型と似ているが、緊急型が残り時間を利用するのに対し、希少性型は残りの物品数を利用するのが特徴だ。

在庫残りわずかのメッセージタイプ

HeyMerchが提供するShopifyのアプリ、Hey!Scarcity Low Stock Counterは、欺瞞的な在庫残りわずかのメッセージのいい例だ。このアプリを使えば、このように、偽の在庫残りわずかのメッセージを簡単に作ることができる（図3－36）。[*71]

HeyMerchにしても、意図を隠そうともしない。このアプリ内の設定画面を見ると、設定項目に「在庫数を［3］から［5］の間で生成する」とある（図3－37）。アプリ側が、ランダム生成の嘘の数字を設定するよう推奨しているのだ。だが、Shopifyは明確に「マーチャントやお客様を騙すためにデータを偽造するアプリ」を禁じているため、今頃このアプリはもうすでにShopifyから削除されているかもしれない。[*72]

高需要のメッセージタイプ

高需要のメッセージを見せるタイプのディセプティブパターンは、在庫残りわずかのメッセージの手抜き版だ。画面上で、特定の商品が人気であることを主張するだけのテキストである。Effective Appsが提供するScarcity++ Low Stock Counterというアプリは、そんな高需要のメッセージをアニメーションにして、注目度を上げ

図3-36
HeyMerchのHey!Scarcity Low Stock Counterというアプリで生成された、「在庫数残りわずか」メッセージ（2022年）

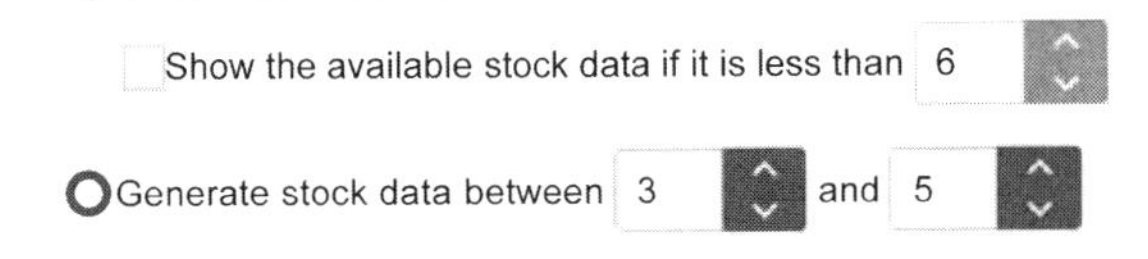

図3-37
設定画面の拡大画像。偽の「在庫残りわずか」メッセージを生成できるようになっている（2022年）

ている。[*73] 以下のスクリーンショットを見てわかる通り、アプリ側が在庫残りわずかのメッセージ表示を推奨しており、しかも在庫数が残りいくつになったタイミングでそのメッセージを表示させるかという設定では、「すべての商品に表示したい場合は、大きい数字（例：100000）を入れてください」と助言している（図3-38）。[*74]

当然、数十万単位の在庫を「残りわずか」と称するのは嘘でしかない。あなたがこれを読む頃には、このプロダクトはShopifyのアプリストアから削除されているか、仕様が変更されているかもしれない。

7 妨害型（Obstruction）

第2章で、意図的に使いづらくしたUIデザイン（スラッジ）でユーザーのリソースを消耗させる、搾取的な戦略について説明した。スラッジはユーザーを疲れさせて目的を諦めさせたり、より大きな罠に引っ掛けるための前段階として意識を鈍化させたりするために使われる。これこそが妨害型のディセプティブパターンである。

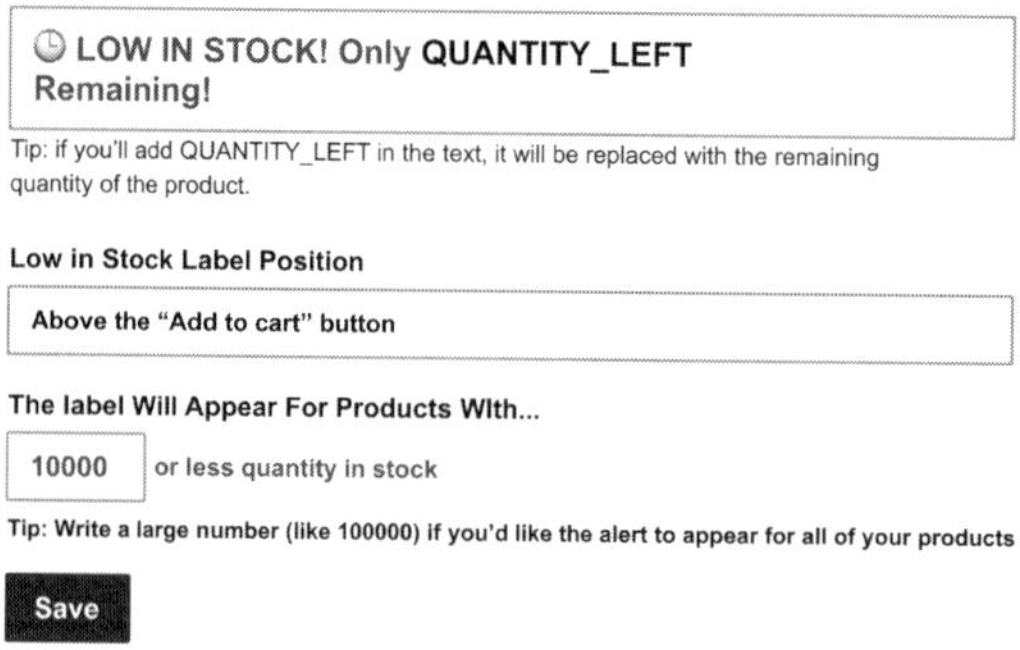

LOW IN STOCK! Only **QUANTITY_LEFT** Remaining!

Tip: if you'll add QUANTITY_LEFT in the text, it will be replaced with the remaining quantity of the product.

Low in Stock Label Position

Above the "Add to cart" button

The label Will Appear For Products With...

10000 or less quantity in stock

Tip: Write a large number (like 100000) if you'd like the alert to appear for all of your products

Save

図3-38
Scarcity++ Low Stock Counter アプリの設定画面

― FacebookとGoogleのプライバシー設定における妨害型の事例 ―

ＥＵで一般データ保護規則（ＧＤＰＲ）が施行されると、企業はユーザーの個人データの使用についてユーザーがはっきりと同意（もしくは拒否）できるように、自社のプライバシーオプションの設定方法を変えることを余儀なくされた。この同意は、「情報を開示されたうえで、自由に表明され、具体的で、曖昧でない」（第４条11項）[*75]必要がある。

ノルウェーの公的機関である消費者評議会（Forbrukerrådet）は、２０１８年に国民を代表してこの行いについて調査を行った。[*76]結果、FacebookとGoogleのＵＩに、「プライバシーを守る選択からユーザーを遠ざける」ディセプティブパターンが見つかり、そこには妨害型のディセプティブパターンが使われていた。プライバシーを侵害する設定を受け入れやすくかつ拒否しづらくしていたのだ。以下のスクリーンショットを見ると、それがよくわかる（図３－39）。[*77]「同意して続ける」はワンクリックで済むのに対し、「拒否して続ける」ボタンは見当たらない。代わりにあるのは曖昧な「データ設定を管理」というボタンで、ユーザーはこれをクリックしたうえで意図の曖昧なトグルを左にずらす必要がある。また、何のためのトグルなのかはっきりと記載されていないため、これで追跡型広告を無事に拒否できたのかどうかすら、よくわからない。

Googleのアプローチも似たようなものだった。Googleの場合、ユーザーはまずログインし、それから自らの意志でプライバシー設定を探す必要があった（図３－40）。[*78]そうしてようやく同意しないことを選択できるのだ。これもまた妨害型の一種であり、一般データ保護規則の要求の真逆である。

両者共に、ユーザーはデフォルトで自動的に同意したと見なされ、拒否するにはそれ以上の労力と注意力を注ぐことが求められる。ノルウェー消費者評議会はこれを、商業的な利益のためにデフォルト効果のバイアスを利用したディセプティブパターンであると断じた。

2018年にノルウェー消費者評議会はこの件について、Googleを正式に提訴した。それから5年経った今、いまだにアイルランドデータ保護委員会の最終判断を待っている状況だ。

2022年には欧州の10の消費者団体が、今度は位置情報とアカウント登録手続きに重きを置いて似たような手口を使ったとして、Googleを提訴した。[*79] これについて欧州消費者機構（BEUC）はこのように述べている。「巨大テック企業のGoogleは、アカウント登録時に、一般データ保護規則が規定するデザインとデフォルト設定によって消費者にプライバシーを与える代わりに、自社の監視システムのほうへ不当に誘っている」。

解約しづらいタイプ

解約しづらいタイプのディセプティブパターンとは、企業が、ユーザーにとってサブスクリプションを解約しづらくする、妨害型の一種である。しばしば、フリクションレス（摩擦のない）

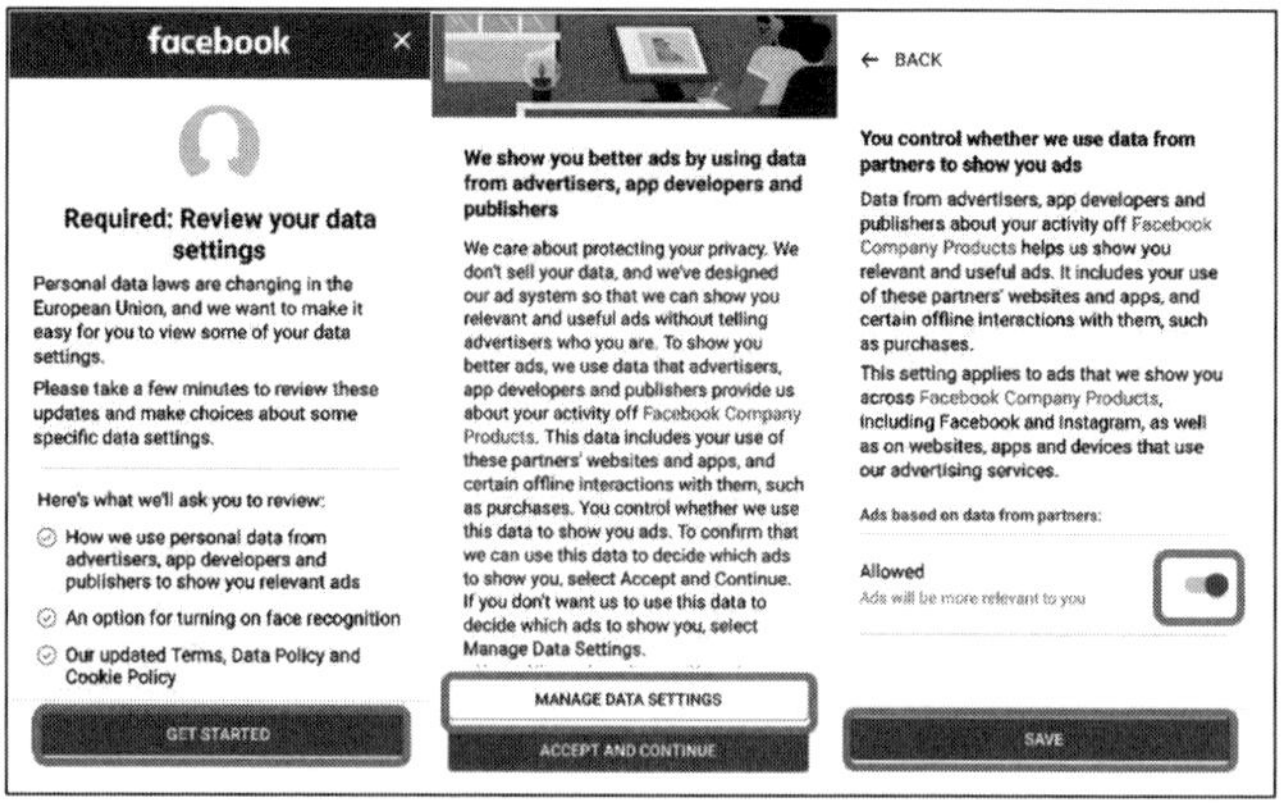

図3-39
Facebookのデータ設定（Forbrukerrådet、2018年）

で簡単に始められるサブスクリプション体験と組み合わされ、登録は簡単だが解約は難しい仕組みになっている。この組み合わせは時に、ゴキブリ捕獲器から取った「ゴキブリホイホイ」の名で呼ばれる。[*80]

『ニューヨークタイムズ』紙による解約しづらいサブスクリプションの事例

『ニューヨークタイムズ』紙はこれまで、ディセプティブパターンについての記事をいくつも掲載してきた実績があり、消費者の権利と規制について先進的な見解を持っている。しかし最近まで、自社のデジタルサービスにおける見解はそれとは一致せず、解約しづらいタイプのディセプティブパターンを自ら利用していることで有名だった。

　これについて@vanillataryというユーザーは、Twitter（現：X）でこのように簡潔に述べた。「これは法で取り締まるべき。［…］面倒で時間のかかる解約手続きのおかげで保持できている余分な契約は、解約の電話を受けるスタッフを雇うコストを差し引いてもずっと得になるらしい。解約手続きなんて、ソースコー

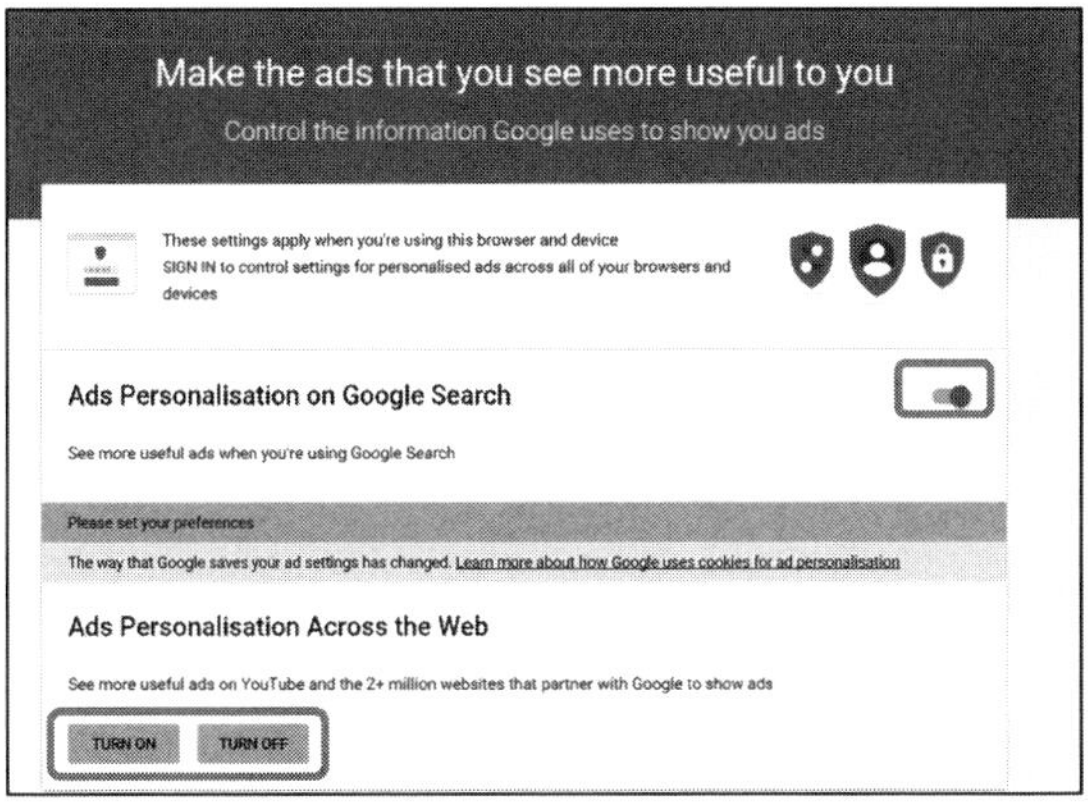

図3-40
Googleのデータ設定（Forbrukerrådet、2018年）

ドを数行いじれば100倍効率的にできるのに。[…]つまりニューヨークタイムズのビジネスモデルの数%は、もう自社のプロダクトに価値を見出していないもののお金を払い続けている人たちを当てにしているということだ」[*81]（図3-41）[*82]。

このスクリーンショットを見ると、定期購読の契約手続きはごく簡単である一方、解約手続きには妨害が多いことがわかる（図3-42）。クリックするだけで定期購読を解約できるボタンはなく、解約したいユーザーは『ニューヨークタイムズ』紙のカスタマーサービスに連絡するよう指示される。

2021年2月に、『ニューヨークタイムズ』紙の定期購読解約を巡る、カスタマーサービスとのチャットでのやり取りの全文を公開した人がいた。そのときは始めから終わりまで、全部で17分かかっている。[*83] 私自身も、2021年の11月13日にここイギリスから試してみたが、解

The New York Times

SPECIAL OFFER

Unlimited access to all the journalism we offer.

~~€2~~ €0.50/week

Billed as €0 €2 every 4 weeks for one year.

SUBSCRIBE NOW

Cancel or pause anytime.

図3-41
典型的な『ニューヨークタイムズ』紙の定期購読開始ページ（2021年11月）。Twitter（現：X）のユーザー、@vanillataryより提供

Cancel your subscription

There are several ways to unsubscribe from The Times. Once your subscription has been cancelled you will have limited access to The New York Times's content.

Speak with a Customer Care Advocate

Call us at 866-273-3612 if you are in the U.S. Our hours are 7 a.m. to 10 p.m. E.T. Monday to Friday, and 7 a.m. to 3 p.m. E.T. on weekends and holidays.

Please see our international contact information if you are outside of the U.S.

Chat with a Customer Care Advocate

Click the "Chat" button to the right or bottom of this page to chat with a Care Advocate. Chat is accessible 24 hours a day 7 days a week.

For more information about our cancellation policy, see our Terms of Sale.

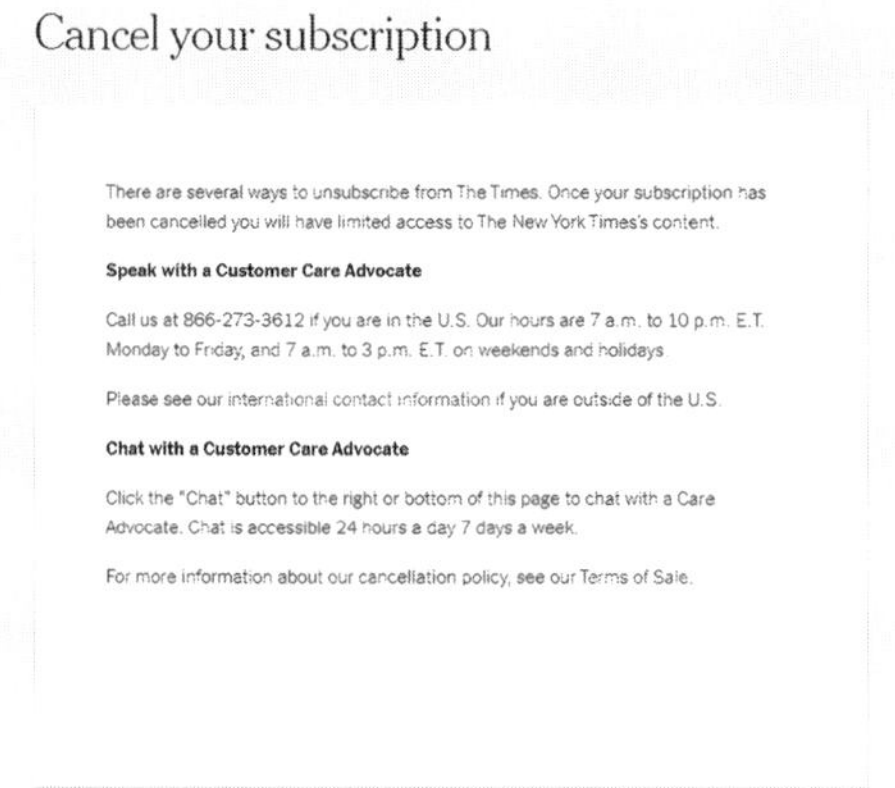

図3-42
『ニューヨークタイムズ』紙の定期購読解約ページ（2021年11月）。Twitter（現：X）のユーザー、@vanillataryより提供

約までに7分かかった。チャットの担当者は解約の理由を聞き、私が理由を伝えると、それを取っ掛かりに（おそらくマニュアルの指示通り）私の気を変えようと説得し始めた。

これを聞いて、7分はそこまで長くないのでは、と首を傾げる人もいるかもしれない。だが、もしウェブサイトに最初から解約ボタンがあったなら、この手続きは約500ミリ秒で済むはずだった。それに比べて、実際は800倍の時間がかかっているのだから、大きな違いと言わざるを得ない。

2021年9月に、『ニューヨークタイムズ』紙は契約の自動更新に関して集団訴訟を起こされた。主にカリフォルニア州の自動更新法に違反すると糾弾されたのだ。この法には次のような規制が含まれる。[*84]

「サービス契約の自動更新または継続について、オンラインで消費者の承諾を得られる企業は、サービス契約の自動更新または継続の終了手続きにおいても、消費者の、自動更新または継続を直ちに終了する能力を阻害もしくは遅延する余分なステップを入れずに、オンライン上のみで、消費者が希望するままに行えるようにするべきである」

この訴訟は、和解費用として『ニューヨークタイムズ』紙に500万ドル以上の支払いを命じた。[*85] それからしばらくの間、カリフォルニア州民に対してはオンライン上の解約手段が用意され、2023年の初め頃に、その対象は地域を問わずすべてのユーザーに広げられた。また、似たようなケースで、『ワシントン・ポスト』紙も同じようなディセプティブパターンを用いて、定期購読の解約を難しくしたとして集団訴訟を起こされた。[86]この件でも、企業側が和解費用の支払いを命じられ、その額は680万ドルにも上った。アメリカの連邦取引委員会もまた、オンライン教育プロバイダーのABCmouseを、「明らかに、サブスクリプションが自動的に更新されることを保護者に伝えておらず、さらに解約を非常に困難にしていた」として糾弾している。[87]ABCmouseは1000万ドルの賠償金を支払わされ、そしてありがたいことに、こういったディセプティブパターンを利用するのはやめるよう勧告された。

解約しづらいAmazonプライムの事例

2021年に、16のEUおよびアメリカの消費者団体がAmazonに対し、Amazonプライムのサブスクリプションの解約をしづらくするディセプティブパターンを使っているとして提訴した。ノルウェー消費者評議会は、「You can log out but you can never leave（ログアウトはできるが退会はできない）」というタイトルのレポートの中で、わかりにくい選択肢がいくつも入り組んだ解約のフローを説明した[88]（図3－43）。

多数の抗議を受けて欧州委員会は調査を行い、最終的にAmazonに対し、欧州のユーザーの解約手続きを変更するよう指示した。[89]欧州委員会は以下の通り、強い言葉で声明を出している。

「オンラインのサブスクリプション契約はしばしば簡単な手続きで済むため、消費者にとって手近なサービスとなり得るが、反対に解約手続きも同程度に簡単であるべきだ。消費者は、プラットフォームからいかなる圧力も受けずに、自らの権利を行使できる必要がある。1つ明確なのは、人を操るデザインや『ダークパターン』は禁止されるべきだということだ」

これとほぼ同時期に、7つのアメリカの消費者団体が連邦取引委員会（FTC）にこの件について要望を提出し、それに応える形で連邦取引委員会は調査を行った。[*90] 調査の中で、内部資料がビジネ

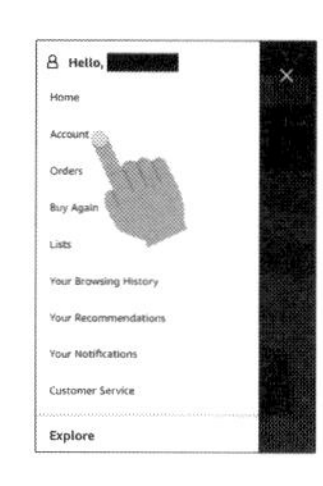
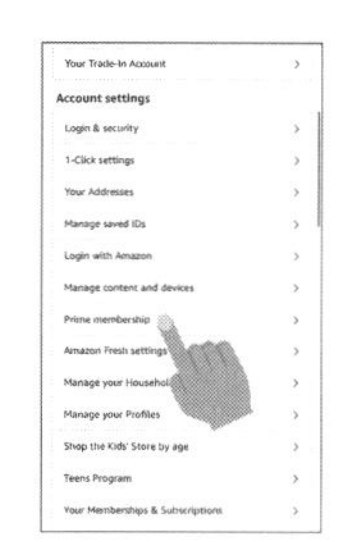

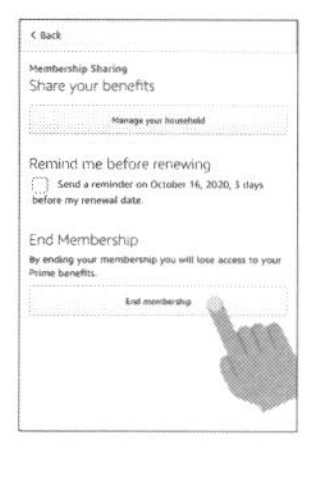

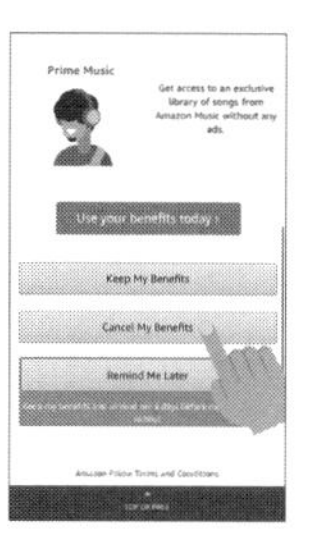

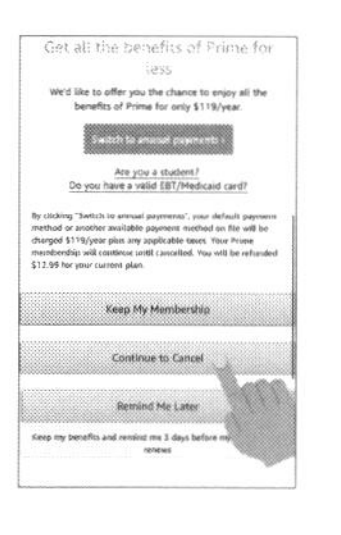
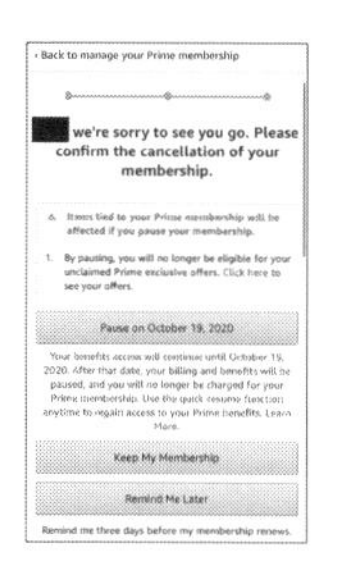
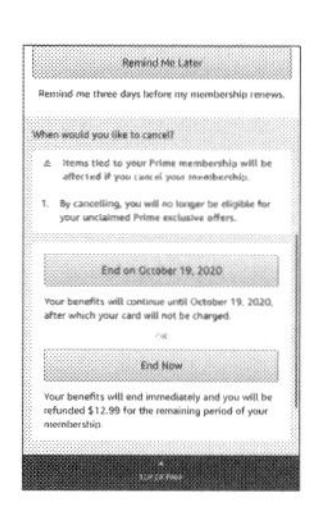
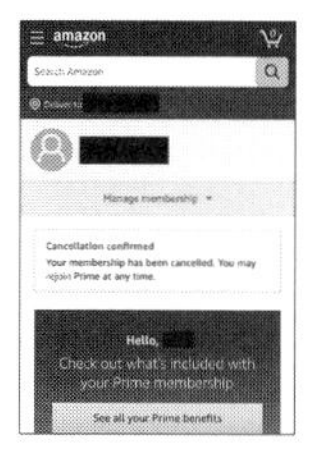

図3-43
Amazonプライムの解約手順1～12（ノルウェー消費者評議会、2021年）

スニュースサイト、Insider.comに流出し、それによってAmazonが顧客を逃さず保持するための戦略として、意図的にディセプティブパターンを使用した事実が暴露された。[*91] 流出した資料には、『無料翌日配送を継続する』というボタンは、メンバーシップ登録を示唆する内容としては不十分」や「意図せず登録させるのは消費者からの信用を損なう」や、「いずれにせよ、登録時の明確性を向上させる必要がある」といったことが書かれていた。さらに、2017年8月に流出したデータによると、Amazonプライムチームが対応した解約リクエストのうち67％は、「意図せず登録してしまったもの」に関する撤回リクエストだった。つまり、Amazonは自らの行いをはっきりと自覚したうえで、この行いを続けていたのである。

今これを書いている時点でも、連邦取引委員会によるAmazonの調査は続いているようだ。2023年3月、連邦取引委員会は解約しづらくするディセプティブパターンに対して新しい規則を提案した。委員長のリナ・M・カーン氏は「企業は、サブスクリプションの解約手続きを契約時と同程度に簡単にしなければならない」と述べた。[*92] これについてはバイデン大統領も支持しており、「これを正すべきだという@FTCの提案を支持する。サービスのサブスクリプション契約よりも解約のほうが難しいという状況は許容すべきでない」とTwitter（現：X）に投稿している。[*93]

しかし驚くべきことに、これだけ指摘されても、Amazonプライムの解約手続きはいまだに難しい部分がある。Amazonが大きなリスクを負いながら法的な対処にこれほどコストをかけているのを見るに、この行為で得られる儲けの大きさが伺える。

8　強制型（Forced action）

このカテゴリーのディセプティブパターンは、企業がユーザーに望むものを提供し、その見返りとして何かを強制する。このとき、強制される行動がユーザーの合理的な想定や、法や規定に反すると問題だ。

よく知られているタイプに「プライバシー・ザッカーリング」と愉快な名称で呼ばれるものがあるが、これはもちろん、マーク・ザッカーバーグ氏の名前から取られている。[*94] ユーザーはサービスやプロダクトを見せびらかされて、それを得ようとする過程で騙されて個人情報を明け渡すように仕向けられる。そのうえ、その騙し取られたデータを企業の利益のために使う――売ったり共有したり、ターゲティング広告のために利用したりなど――許可を与えてしまうのだ。

データをそのようにして使うこと自体は、必ずしも責められる行為ではない。正しい手段をとりさえすれば、真っ当なビジネスモデルだ。問題は、それらを行うのにユーザーの同意をきちんと得ていないことである。ユーザーを欺いたり強制したりして得た同意は、同意とは言えない。ＥＵ一般データ保護規則にはっきりと、同意は「情報を開示されたうえで、自由に表明され、具体的で、曖昧でない」必要があると記されている。

セキュリティの研究者である、ブライアン・クレブス氏が観測した強制型の事例を紹介しよう。[*95]

iPadにSkypeをインストールするには、長いログイン手順を完了する必要がある。その過程でユーザーは、iPadに登録されている個人のアドレス帳をSkype（Microsoft提供）にアップロードさせられる。このスクリーンショットを見てわかる通り、この時点ではこれを拒否する選択肢は示されておらず、次のステップでiOSの同意ポップアップが表示されて拒否できるという事実も、拒否してもSkypeの使用に何の影響もないという事実も説明されていない（図3－44）[*96]。

次のステップの同意画面を見ると、適切な同意画面を作ろうと思えば作れるのだということがわかる（図3－45）[*97]。「はい、提供します」と「いいえ、提供しません」は同じ重要度でユーザーに示され、明確かつわかりやすい表現になっている。これを見ると余計に、先ほどの「Find Contacts Easily（連絡先を簡単に検索）」画面に見られた強制的な表現が際立って見えるだろう。

図3-44
iPadのSkypeアプリに使用されている強制型のディセプティブパターン（2022年）

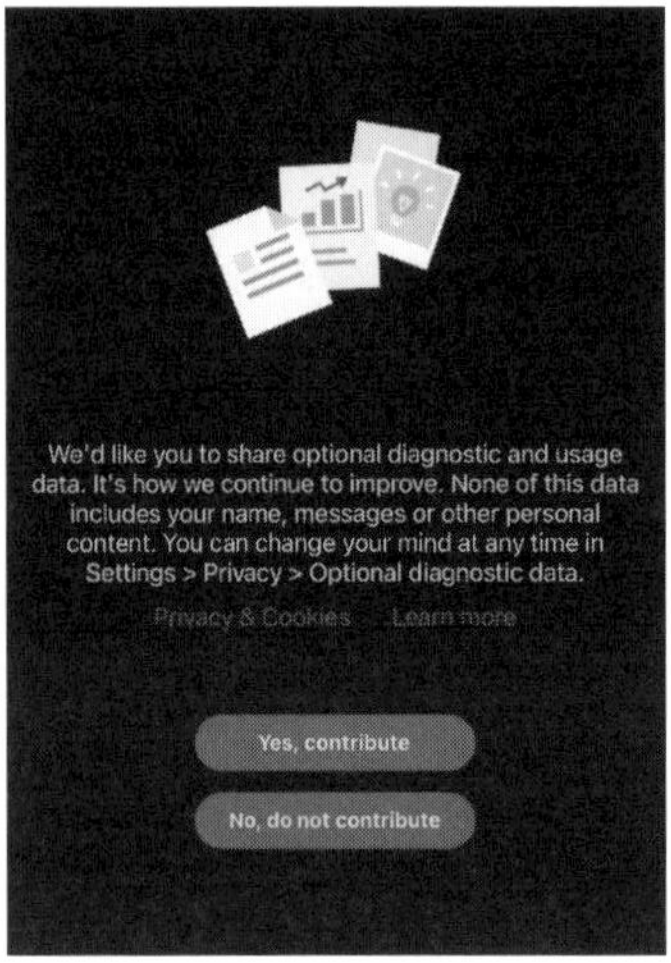

図3-45
iPadのSkypeアプリの一画面。ユーザーが拒否しやすい表現が使われている（2022年）

ところで、連絡先の共有を嫌がるユーザーがいるのはなぜだろうか。これは本質的には、プライバシーの権利に関わる問題だ。２０１８年に出版されたウッドロウ・ハーツォグ氏の著書『Privacy's Blueprint』（仮題：プライバシーのブループリント）でも触れられている。[*98] 著書の中でハーツォグ氏はディセプティブパターンとプライバシーが重なる部分を分析し、それを「抽出された同意の問題」と呼んでいる。「コンセント・ウォッシング」（同意の問題に配慮しているふりをして、実際には取り組んでいないこと）とも呼ばれるものだ（ワイリー、２０１９年）。[*99]

リスクにさらされているのがユーザーのプライバシーに限らないのも問題だ。アドレス帳に載っている人たち全員のプライバシーが関わっている。たとえユーザー自身が同意しても、彼らは同意しないいかもしれない。自分の連絡先がそのユーザーのアドレス帳に載っている事実すら機密事項かもしれないし（弁護士やジャーナリストならあり得る話だ）、アドレス帳への登録名が秘密かもしれないし（たとえば「秘密の恋人・アレックス」）、グラフデータ（アドレス帳の持ち主と登録連絡先との繋がり）も機密情報かもしれない。さらに、アップロードされたデータをMicrosoftが何に使うのかも問題だ。画面には「連絡先を簡単に検索」とあり一見便利そうだが、「プライバシーとCookie」と「詳細情報」のページには膨大な情報が記載されている。このプロセスによってアドレス帳がどんな使われ方をするのか、一ユーザーが正確に把握するのは骨が折れるだろう。このような不安は、何も根拠のない被害妄想というわけではない。実際、２０１９年にMicrosoftは、今はもう存在しない「知り合いかも」機能で、ユーザーの連絡先情報を世間一般に露出させたとして批判を受けた。[*100]

強制登録タイプ

強制登録タイプとは、ウェブサイトやアプリでユーザーがやりたいことを成し遂げるために、アカウント登録を強制されるパターンのことだ。サービスを利用するためにそもそもアカウント登録が必要な場合もある。たとえば、Facebookで友達の情報や興味のあるページを見るためには、Facebookに対してあなたが何者かを先に知らせる必要があり、そのためにアカウント登録が必要だ。しかし、アカウント登録が必要でないサービスもないわけではない。中にはゲストとして買い物ができるネット通販サイトもあるが、これはまれである。なぜなら、アカウント登録を強制すれば必然的に顧客の連絡先と支払い情報が手に入り、そのユーザーがリピーターになってくれる可能性も跳ね上がるからだ。

また、アカウント登録を強制することで、ユーザーが必ず通らなければならない道ができ、そこは企業側に利をもたらすビジネス上の要衝となる。他のディセプティブパターンをそこに集約すれば、大きな効力を発揮するからだ。たとえば、企業側はアカウント登録をさせた際にユーザーから同意を引き出し、マーケティングやリターゲティング広告に活用する目的で彼らの個人データをサードパーティーに共有できる。さらに、Google[*101]やFacebook[*102]などのように、入手したユーザー情報をマーケティングツールで分析して「類似オーディエンス」を探し、現時点ではまだ顧客ではないが既存の顧客と似ている消費者を発掘することができる。

LinkedInによる強制登録の事例

今回取り上げるLinkedInによる強制登録の事例では、異なる種類のディセプティブパターンが組み合わされていた。LinkedInはパーソナライズされたサービスを提供する。個人情報を保管している世の他のＳＮＳやプラットフォーム同様、LinkedInも利用にはアカウント登録とサインインが必要だ。そうでなければ成立しないサービスである。したがって、アカウント登録の強制自体は責められる行為ではない。しかしながら、LinkedInのサービスが開始したばかりの頃は、アカウント登録手続きを通してさまざまな行為をユーザーに強制していた過去がある。

２０１５年の集団訴訟で、LinkedInがディセプティブパターンを利用していた事実が明るみになった。簡単に言うと、LinkedInはディセプティブパターンでユーザーを騙して連絡先をアップロードさせ、そうして入手したメールアドレス宛にLinkedInの勧誘メールを何通も送信することに同意させたのである。それらの勧誘メールは時に、ユーザー自身から送られてきたかのように装われることもあった。

カリフォルニア州法によりこの行為は違法と判断され、LinkedInは１３００万ドルの支払いを命じられた。[*103] この事件で使用されたディセプティブパターンについては、ダン・シュロッサー氏が２０１５年に「LinkedIn Dark Patterns（LinkedInのダークパターン）」という記事で解説している。[*104] その中でも、アカウント登録手続きの２つ目のステップに、特筆すべきディセプティブパターンが使われていた（図３－46）。

このとき、ユーザーは自身のメールアドレス入力するように指示される。これ自体はほとんどのオンラインサービスにおいてごく普通の要求であるため、よくよく精査するユーザーはほとんどいないだろう。我々は常日頃からこういった入力欄にメールアドレスを入力しているせいで、この行為を疑問にすら思わない。しかし、ダン・シュロッサー氏はこう述べている。「これは嘘だ。このページは『自身のメールアドレスを追加する』ためではなく、アドレス帳を同期させるためのページである」。ユーザーが「このステップをスキップする」という小さくて目立たないリンクをクリックせず、素直にメールアドレスを入力してこのステップを完了させたなら、LinkedInはOAuth認証を通して、たちまちユーザーのアドレス帳にアクセスできるようになるのだ。

アドレス帳のすべてのメールアドレスを引き出したあと、LinkedInはそれらの連絡先に何通ものメールを送信し、勧誘した。結局のところ、LinkedInの強制アカウント登録は「フレンドスパム」の一種と考えられる。フレンドスパムとは、同じサービスを利用中の知り合いを探すためといった善意を装って、ユーザーのSNSやメールアドレスなどの情報を引き出し、その

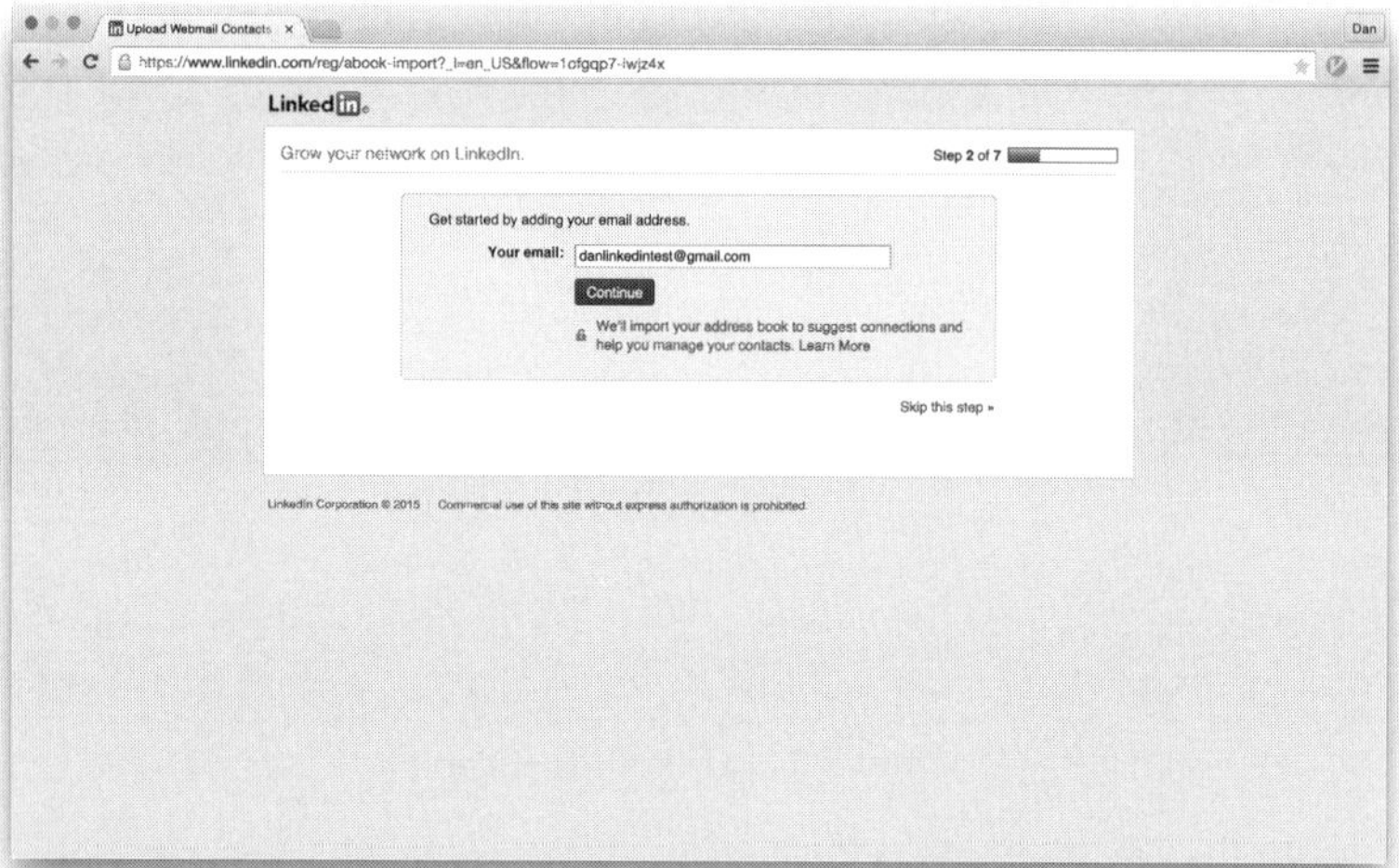

図3-46
LinkedInの強制的なアカウント登録手続きの中で、連絡先をインポートさせようとするディセプティブパターン（シュロッサー、2015年）

ユーザーのアカウントを使って（成りすますことが多い）何かを公開したり、大量のメッセージを送信したりする行為である。[*105]

9　相乗効果でさらに凶悪になるディセプティブパターン

シカゴ大学の法学教授であるリオール・ストラヒレヴィッツ氏と、実験社会心理学博士のジェイミー・ルグーリ氏は、2021年にディセプティブパターンの定量的影響度を調べるいい方法を思いついた。2人はオンラインでアンケート調査を行い、その最後のセクションにディセプティブパターンを潜り込ませたのだ。アンケートの大部分はプライバシーに関する質問で構成されていたが、それらはすべて囮で、最後のほうに現れるディセプティブパターンの前座に過ぎなかった。

2人はアンケートにいくつものバージョン──ディセプティブパターンを一切含まない、この実験におけるコントロールとなるバージョンをはじめ、「マイルドな」ダークパターンを含むバージョン、かなり攻めている「強気な」ディセプティブパターンを含むバージョンなど──を用意した。ここに、コントロールとマイルドなバージョンの質問の一例をそれぞれ載せたので見比べてほしい。強気なバージョンは長すぎるためここには載せていない。興味がある人は、彼らの2021年の論文

「Shining a Light on Dark Patterns（ダークパターンに光を当てる）」[*106]を参照するといいだろう。

この調査のコントロールバージョンは、ユーザーに対して「データ保護とクレジットカード使用履歴の監視」を行うサービスを契約したいかどうか尋ねた（図3-47）。無料トライアル期間のあとは、月額8ドル99セントのサービスだ。ユーザーは何の問題もなく、契約を承諾することも拒否することもできる。ここにディセプティブパターンは介入していない。

ところがマイルドなディセプティブパターンが含まれるバージョンは、もう少し話が複雑だ。以下の画像を見てほしい（図3-48）。

要約すると、マイルドなバージョンでも最初はコントロールと全く同じ文面を読まされるが、そのあとの選択肢の表現が異なっている。コントロールバージョンでは単に「同意する」と「拒否する」だった選択肢が、マイルドバージョンでは太字の「同意して続ける（推奨）」と普通のフォントの「その他のオプション」の2択に変わっている。ここで「その他のオプション」を選ぶと次のステップに進み、さらに2つ選択肢、「私は自分のデータとクレジットカードの履歴を保護したくありません」と「オプションを見直した結果、私

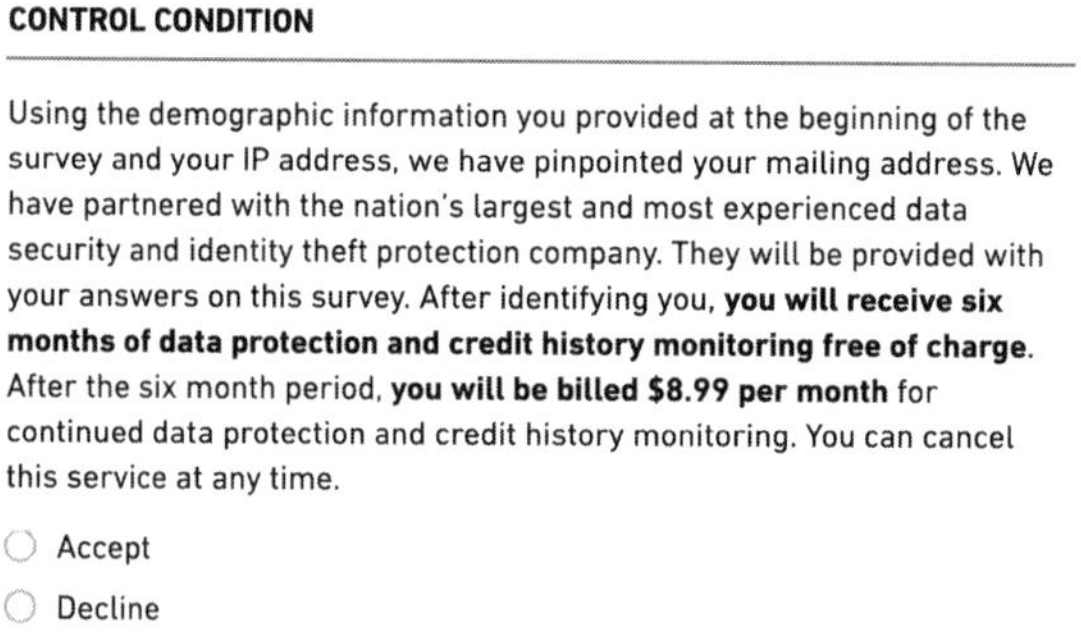

CONTROL CONDITION

Using the demographic information you provided at the beginning of the survey and your IP address, we have pinpointed your mailing address. We have partnered with the nation's largest and most experienced data security and identity theft protection company. They will be provided with your answers on this survey. After identifying you, **you will receive six months of data protection and credit history monitoring free of charge**. After the six month period, **you will be billed $8.99 per month** for continued data protection and credit history monitoring. You can cancel this service at any time.

◯ Accept

◯ Decline

図3-47
ルグーリ氏とストラヒレヴィッツ氏の調査で使用された、コントロールバージョンの質問の一例（2021年）

は自分のプライバシーを守るため、データの保護とクレジットカード履歴の監視を希望します」が登場する。ここでもサービスを拒否すると、またしても続きがあり、さらに多くの選択肢が並べ立てられることになる。このデザインには、視覚的干渉や言葉のトリック

図3-48

"MILD DARK PATTERN" CONDITION

Using the demographic information you provided at the beginning of the survey and your IP address, we have pinpointed your mailing address. We have partnered with the nation's largest and most experienced data security and identity theft protection company. They will be provided with your answers on this survey. After identifying you, **you will receive six months of data protection and credit history monitoring free of charge**. After the six month period, **you will be billed $8.99 per month** for continued data protection and credit history monitoring. You can cancel this service at any time.

- ◯ **Accept and continue (recommended)**
- ◯ Other options

マイルドバージョン、1/3（ルグーリとストラヒレヴィッツ、2021年）

SHOWN IF USER SELECTS "OTHER OPTIONS":

Other options:

- ◯ I do not want to protect my data or credit history
- ◯ After reviewing my options, I would like to protect my privacy and receive data protection and credit history monitoring

マイルドバージョン、2/3（ルグーリとストラヒレヴィッツ、2021年）

SHOWN IF USER SELECTS "I DO NOT WANT TO PROTECT":

Please tell us why you decided to decline this valuable protection.

- ◯ My credit rating is already bad
- ◯ Even though 16.7 million Americans were victimized by identity theft last year, I do not believe it could happen to me or my family
- ◯ I'm already paying for identity theft and credit monitoring service
- ◯ I've got nothing to hide so if hackers gain access to my data I won't be harmed
- ◯ Other (minimum 40 characters):
- ◯ On second thought, please sign me up for 6 months of free credit history monitoring and data protection services

マイルドバージョン、3/3（ルグーリとストラヒレヴィッツ、2021年）

や妨害型など、あらゆるタイプのディセプティブパターンが使われている。強気なバージョンも似たような手口を使っているが、これよりさらに多くのステップがあり、強い圧力をかけてくる。しかも一定の時間が過ぎないと次へ進めない仕組みが何ページも続くため、適当に読み飛ばすわけにもいかない。

2人は1963人を対象にこの調査を行ったが、ディセプティブパターンの影響は結果に大きく表れた。[*107]

「コントロールバージョンを渡されたグループと比較して、**マイルドなダークパターンにさらされたグループは2倍以上**のユーザーが疑わしいサービスに登録し、**強気なダークパターンのバージョンを受け取ったグループは、4倍近く**のユーザーが登録した」

——ルグーリとストラヒレヴィッツ（2021年）

ストラヒレヴィッツ氏は調査結果を受けて、「マイルドなダークパターンが最も油断ならない」と結論づけている。なぜなら「消費者から忌避されたり、大勢にログオフされたりするリスクを冒さずに、メリットが疑わしいプログラムを受け入れてくれるユーザーを劇的に増やすことに成功した」からである。[*108]

これは非常に重要なポイントだ。ディセプティブパターンを使う企業は自らの行いに、ユーザーや消費者団体、規制や法整備を行う人たちなど、とにかく誰からの注目も集めたくないのである。

第4章

ディセプティブパターンの弊害

ディセプティブパターンは世の中にあふれ返っている。2022年に欧州委員会が実施した調査では、調査対象のウェブサイトやアプリのうち、実に97％が何かしらのディセプティブパターンを含んでいるという結果になった。2021年にチリの国家消費者庁であるSERNACが行った研究プロジェクトでは、調査対象のECサイトのうち64％がディセプティブパターンを含んでいた。[*1]アメリカでは2019年にモーザー氏とその一派が調査を実施し、75％のECサイトで衝動買いを促すような要素が最低でも16個見つかった。[*2]2020年にはソー氏とその一派が、デンマーク、ノルウェー、スウェーデン、イギリス、アメリカの300個のニュース・雑誌サイトのCookieの同意ポップアップを調べ、99％がディセプティブパターンを使っていると結論づけた。[*3]2023年にECネットワークとCPC（消費者保護協力）ネットワークは、399のオンラインストアと102のアプリについての調査を発表したが、それによると148のオンラインストア（37％）と27のアプリ（26％）にディセプティブパターンが含まれていた。[*4]ディセプティブパターンの普及を示す証拠はいくらでもあるが、もっと知りたい場合は、経済協力開発機構（OECD）の報告書『ダーク・コマーシャル・パターン』別紙Cの表が広範囲を詳しくカバーしているため、参照してみるといい。[*5]

ディセプティブパターンが世の中に広く普及していることはわかったが、実際にどのような弊害を引き起こしているのだろうか。個人の観点から考えてみると、まず思いつくのは鬱陶しさや苛立ちといった感情へのインパクトだ。ディセプティブパターンに対してそのような反応が現れるのももっともだが、それ以上に重大な被害が出る可能性が高いことを忘れずにおくべきだろう。個人への被害や、社会的な集団への被害、そして市場への被害など、ディセプティブパターンによってもたらされる被害はさまざまな観点で考えられる。[*6]

1 個人への被害

金銭的損失

ディセプティブパターンによる金銭的被害は、あらゆるケースが考えられる。騙されて予想外の買い物をさせられたり（こっそり型）、サブスクリプションの解約に手間取って、想定よりも長く料金を支払わされたり（解約しづらい）するかもしれない。あるいは、支払いの直前に想定外の追加費用が発生するケースもある（隠れコスト）。イギリスの擁護団体シチズンズ・アドバイスが国内で２０００人以上の大人を対象にアンケートを取ったところ、回答者たちが望まないサブスクリプションのせいで年間50〜１００ポンド失っていることが判明した。[*7]

金銭的な損失の考え方として、訴訟事件の賠償金額を見る方法もある。罰金や和解金の額は通常、消費者にもたらした金銭的損失の大きさに比例しているからだ。deceptive.designのウェブサイトに、罰金や和解金の発生した訴訟事件が現時点で50件ほどリストアップされており、中には何千万ドルという賠償金が生じた事件もある。[*8]

時間的損失

誰にとっても時間は有限で、ディセプティブパターンはしばしば、我々から貴重な時間を不当に奪う。目的の達成を難しくしたり（解約しづらい）、故意にユーザーの時間を消耗させて疲れさせたり（リソースの消耗）、あるいはディセプティブパターンで負った損失を取り返す（たとえば返金請求）ために複雑なステップを踏ませたりなどが考えられる。

米国連邦取引委員会は、時間的損失を深刻に考えている。２０２２年には、クレジットカードサービス会社Credit Karmaが消費者にクレジットカードの審査基準を満たしていると嘘を伝えた件で、「多くの消費者にクレジットカード申請の時間を浪費させた」と提訴した。結果的に、消費者の救済として３００万ドルの賠償と、今後消費者を騙すような行為をやめ、将来の調査のためにデザインと研究記録を保全することが命じられた。

意図しない契約

ユーザーが仮に契約の特記事項などの細部を把握せずに企業と契約を結んでしまうと（こっそり型）、企業がそれを持ち出したときに驚かされることになる。[*9] たとえば、強制仲裁合意の項目が含まれていると、ユーザーが企業を相手取って訴訟する権利を失う可能性がある。

プライバシーの喪失

自分の個人情報が許可なく使われている事実を知らない人は多い。実際に使われていることを目にする機会がないからだ。したがって、企業相手に戦うときは擁護団体や、知見のあるその他の団体に頼ることになる。[*10] 2022年に、SERNACは7万人を対象に調査を行い、ディセプティブパターンが重度のプライバシー侵害に繋がる可能性を発表した。デフォルトの選択をいじるだけで、ユーザーがプライバシーを侵害される確率が94ポイントも上昇する。[*11]

精神的被害

ディセプティブパターンはしばしば、ユーザーの感情を揺さぶるような心理テクニックを使う（コンファームシェイミングや押し売り）。2019年に、イギリスを拠点にする研究者、サイモン・ショー氏は2102人のイギリス人を対象に調査を行った。被験者たちに押し売り要素（希少性と社会的証明の演出）のあるホテル予約サイトのページを見せたところ、34％の被験者が、軽蔑や嫌悪といったネガティブな感情を覚えた。[*12] 2002年にオーストラリアの消費者政策研究センター（CPRC）が2000人にアンケートを取ったところ、40％の回答者がディセプティブパターンを含むウェブサイトやアプリにうんざりしていると答え、28％の回答者が、それらを見たときに操られているような気持ちになったと答えている。また、2022年の欧州委員会の調査でも、ディセプティブパターンを見た人に心拍数の上昇やマウスの誤操作などが認められ、ディセプティブパターンには不安を煽る効果があると考えられる。[*13]

思考の自由の喪失

人権派弁護士のスージー・アレグレ氏は、思考の自由が失われる問題について、自身の著書『Freedom to Think』（仮題：思考の自由）の中で説明している。その説明の根底には、人の政治的な思想を操るためにＳＮＳ上で個人をマイクロターゲティングした事例――２０１７年のケンブリッジ・アナリティカ事件がある。[*14] この事件にもディセプティブパターンは関わっていた。ＳＮＳの運営企業が個人情報を引き出すために、ユーザーを騙して同意をもぎ取ったり、中毒性の原理を利用して自社のＳＮＳサービスに依存させ、ユーザーの目に入るニュースや世界の情勢をコントロールしたりするのに一役買っていたのだ。アレグレ氏はこれを、プライバシーとデータ保護の問題に留まらず、自由の観念の根幹を脅かす問題だと指摘した。彼女はこのように述べている。[*15]

「思考、道徳観、宗教、信条の自由、そして自らの意見を持つ自由は、国際法で守られる絶対的な権利である。思考・意見の自由を失えば人間性も民主主義も失われる。これらの権利を現実にするためには、以下の３つの条件が満たされなければならない。（１）自分の思考を明かさなくてよい、（２）思考を操られない自由がある、（３）思考の内容のみで罰せられることはない」

ディセプティブパターンは思考を操る行為に直接関与しているため、思考の自由という人権のための闘いにおいて、当然、中心となる問題である。ディセプティブパターンはもはや、個人だけでなく社会全体をも害する存在なのだ。[*16]

2　社会的集団への被害

視野を拡大して社会レベルで見ると、ディセプティブパターンが社会的集団の中でも特定の集団に特に大きな被害をもたらしている点を看過すべきでない。その集団とは、社会的弱者である。最も大変な思いをして暮らしている人たちは、被害を被っても声を上げることすら困難でなかなか明るみに出ないため、特に由々しき問題である。しかも弱者と一口に言ってもさまざまなタイプの弱者がおり、それぞれが受ける影響も異なるため、平等性の問題にも発展しかねない。これは彼らがすでに日常で直面している問題をさらに悪化させてしまうだろう。

一般的には、人間の認知の限界につけ込む系統のディセプティブパターンが多い。したがって、認知に弱点を抱える人は、そうでない人に比べてディセプティブパターンに引っ掛かりやすいのだ。そういった、ディセプティブパターンに影響を受けやすいタイプの例をいくつか挙げよう。

時間的貧困に苦しむ人々

何かをじっくりと読んだり、批判的に思考したりするための時間が十分に取れない人は、ディセプティブパターンに引っ掛かる可能性が高くなる。そのうえ、実際にディセプティブパターンに引っ掛かったら、今度は抗議や返品・返金要求、あるいはその他の解決方法に時間を割かなければならない。扶養家族のいない、週休3日の裕福な人と、3つの仕事を掛け持ちしながら、3人の子どもと年老いた病気の親の面倒を見る低所得者とを比べてみてほしい。ディセプティブパターンに騙されたと気づいたとき、前者のほうが簡単に時間を割いて問題を解決できるのは自明の理だ。後者は全く時間を割けずに、損失を甘んじて受け入れる他ないかもしれない。

教育レベルの低い人々

ディセプティブパターンは、人間の知覚、理解力、そして判断力を標的にする。複雑な文章や数字に弱い人はウェブサイトやアプリを信頼する他なく、そのせいで操られやすくなってしまう。2021年にルグーリ氏とストラヒレヴィッツ氏が3932人を対象に実験を行い、教育を満足に受けていない人々のほうが、十分に教育を受けた人々に比べてマイルドなディセプティブパターンに騙されやすいことがわかった。[*17]

低所得の人々

連邦取引委員会（FTC）の2022年のスタッフレポートでは、低所得の人々がインターネットにアクセスするための主な手段はスマートフォンなどのモバイル機器であるとされている。[*18] そういったデバイスは画面が小さいため、情報が隠れてしまいスクロールが多く必要になり、結果的にユーザーがディセプティブパターンに引っ掛かりやすくなるという。スタッフレポートではこのように報告されている。「そのようなダークパターンは、インターネットへの主なアクセス手段としてモバイル機器に頼りがちな低所得の消費者やその他の弱者に対して、特異な影響を及ぼす可能性がある」。

外国語圏で生きる人々

母国を離れて別の国に移住すると、時間をかけて新しい国の言語を習得する必要があり、中にはなかなか熟達しない人もいる。世界中のほとんどの国では、複数の言語が話されている。しかしメジャーでない言語は企業や政府に支持されないことも多い。自分の母国語が今生活している土地であまり一般的でなく、かつその土地の言語が堪能でない人は、孤立して弱みにつけ込まれやすい。

認知能力に障害のある人々

認知能力に障害のある人は、複雑な推論や意思決定が困難なため、自分の身の回りの問題を信頼の置ける協力者に頼るしかない。しかし、このような助けを得られない場合は弱みにつけ込まれやすい。

子どもと老人

認知能力が成熟し切っていない子どもや、認知能力が衰えてきている老人は、人を欺いたり操ったりしようとする手口の標的になりやすい。たとえば2011年に全米退職者協会（AARP）が実施した詐欺被害に関する調査によると、投資詐欺被害者の平均年齢が69歳、宝くじ詐欺被害者の平均年齢が72歳だ。[*19] こういった人々を保護するための法制度もあるにはあるものの、ディセプティブパターンを回避するには十分でないこともある。

つけ込まれやすい状況

厳密には社会的集団とは言えないが、そのときの状況によって引っ掛かりやすくなるケースがある。たとえば、睡眠を十分取ったあとのほうがテストに集中できて高得点が取れるだろう。これと同じ原理で、コンテンツに集中できない状況ではつけ込まれやすくなる。現実ではさまざまなことに意識を取られてしまいがちだ。片腕に赤ちゃんを抱えながら、あるいは14時間労働のあとにバスにガタガタ揺られながら何かをするときは、気が散ったり疲れていたりするため、普段より認知能力が低下し、つけ込まれやすくなるのだ。

3　市場への被害

健全な市場では、競合する幅広いサービスやプロダクトの中から、消費者が自分のニーズに合ったものを自由に選べるようになっている。そんな市場には以下の要素が成立している。

- **競争**：似たような商品やサービスを提供する企業が複数存在すると競争が発生し、企業は消費者をより惹きつけようと、よいプロダクトを作ったり、価格を下げたり、改革を行ったりする。

競争がないと、少数の企業が市場を支配し、よいプロダクトの開発・価格の低下・改革を進める動機が生まれない。

・**情報の対称性**：消費者は、市場に出回っているサービス・プロダクトについて情報を得たうえで初めて、それらを買うか否か根拠のある判断ができる。1970年に経済学者ジョージ・アカロフ氏が唱えたように、情報を持っている買い手は良品（ピーチ）と不良品（レモン）を正しく区別できるようになり、レモンを欲しがる買い手はいないため、結果的に市場ではレモンの供給が減るだろう。

・**消費者の自主性**：消費者は市場で得た情報をもとに自由に行動し、何にも邪魔されずに自らの好みやニーズや資金をもとに判断できる必要がある。

ディセプティブパターンはこのすべてに干渉し、特定の企業の独占を許すような不健全な市場が生まれる元凶になり得る。簡単に言うと、ディセプティブパターンを使う企業は、使わない企業よりも有利な立場に立てるのだ。

・**プロダクトの比較を妨害する**：たとえば隠れコストや言葉のトリックなどを利用して、企業が自社のプロダクトと価格を他社のものと比較しにくくする場合がある。そうなると消費者はどの事業者のプロダクトを選ぶべきか判断できず、求めている条件にそぐわないプロダクトを購入させられてしまう可能性がある。

- **既存のサービスに囲い込む**：消費者がサービスから抜けにくくなるように設計されているケースだ。たとえば、データの形式がその企業のサービス特有のものであるため、消費者はそのサービスで作成したデータを持って他のサービスに移行できない。あるいは、ハードウェアの形式が競合他社のものと互換性がないため、別のサービスに移行するにはハードウェアごと買い換えてまた一から始めなければならないとしたら、金銭的に賄えない消費者は同じプロダクトを使い続ける他ない。

- **解約しづらいサブスクリプション**：消費者がサブスクリプションを解約したいと思っても、そのやり方がわかりづらければ、企業は消費者の意に反して彼らを効果的に捕らえ続けることが可能だ。これは別の企業のサービスへの乗り換えを阻害するため、競合他社を効果的に苦しめることに繋がる。

第5章

ディセプティブパターンを撲滅するために

ディセプティブパターンがまだ世の中に蔓延っており、近年減少する傾向も見られないという事実を鑑みるに、我々の試みは大して功を奏していないとわかる。ディセプティブパターンの抑制に成功した国や法規定があれば詳しく考察したかったところだが、残念ながら世界中どこも状況はそう変わらない。

私が2010年に初めてディセプティブパターンについての本を出したときは、ディセプティブパターンに対する認識不足がこの問題の主な原因だろうと、甘い考えを持っていた。ディセプティブパターンについて教育し、倫理規定を整え、企業を名指しして非難し、自主的に規制させれば、それで解決するものだと思っていたのだ。だがディセプティブパターンがかつてないほど広まっている現状を見れば、これらのアプローチには全く効き目がないと認めざるを得ない。

1 失敗した試み

倫理規定

ACM[*1]やAIGA[*2]、APA[*3]、UXPA[*4]をはじめとした各業界の団体は皆、ディセプティブパターンを直接的あるいは間接的に規制する倫理規定を定めている。これらの倫理規定は各業界において企業が目指すべきスタンダードとして存在するが、現実に皆がそれを順守できているとは到底言えない。我々の努力を嘲笑うかのように、テック業界の倫理規定は無視されてばかりいる。

欧州の不公正取引方法指令（UCPD）の第5条には、消費者の行動を歪めるような行為は不公正であり、「業務上の勤勉さに必要とされるものに反する」と書かれている。[*5] UCPDガイダンスでは、「業務上の勤勉さ」について、「国内的および国際的なスタンダードおよび倫理規定の原則を含む場合がある」と説明されている。[*6] これはつまり、倫理規定がEU内のディセプティブパターンを防止するための強力な道具になり得るという意味である。しかし、実際に効力を発揮した事例はまだないため、この先どのような効果を見せるかは未知数である。いつか裁判で、このUCPDの第5条を引き合いに出して倫理規定を「業務上の勤勉さ」の必要条件と解釈する判決が下された日には、ディセプティブパターンに対する戦いの中で倫理規定の重要度が著しく増し、一気に形勢が変わるだろう。

今はまだ、倫理規定は企業にとって「倫理ウォッシング」（倫理問題に配慮するふりをして、実際には取り組んでいないこと）でしかない。UI上で「お客様のプライバシーに配慮しています」といったメッセージを目にする機会は多いものの、ユーザーを欺いてトラッキングしたり、個人情報を売り払ったりする際の前置きに成り下がってしまっている。

教育

教育は、ディセプティブパターンの存在を認識させ、実際にそれを使われたときにその事実に気づき、抵抗するための知識を授けるうえで非常に重要な役割を担っている。たとえば、デザインとヒューマン・コンピューター・インタラクション（ＨＣＩ）の高度な教育には、ユーザー中心のデザインや説得力のあるデザイン、デザイン倫理などの内容が含まれる。これらはデザイン科の高等教育の中でも、昔からあるごく一般的な選択科目だ。近年のディセプティブパターンの蔓延を鑑みると、これらの教育がディセプティブパターンに歯止めをかけるには至らないことがわかる。それだけ企業にとって、経済的な利益をもたらすディセプティブパターンは誘惑が強すぎるのだ。つまり、教育は必要ではあるが、それだけでは足りない。もちろん教育は欠かせないとしても、ディセプティブパターンの問題を解決するには、それ以上の何かが必要なのだ。

ブライトパターン

ディセプティブパターンへの対抗策として、ブライトパターン[*7]もしくはフェアパターン[*8]（ユーザーにとって公正なデザインパターン）を推奨する声も多い。ディセプティブパターンの反対を行くデザインを作り、それらを推奨デザインとしてできるだけ世に広めるという対抗策だ。

しかし残念なことに、テック系のデザイナーや企業家に、ユーザーの目的達成に役立つ、便利で使いやすいユーザー中心の人道的なデザインの作り方を教える教材はすでに、いくらでも存在するのだ。ブライトパターンのコンセプトは、何百という大学の講義や研修プログラムや教科書で取り上げられている。このテーマについてのＩＳＯ規格すら存在するくらいだ。[*9]だが実際にブライトパターンを心がけるか否かはデザイナーの倫理観に委ねられており、現状、ブライトパターンの存在は教育的教材の域を出ない。

そう聞くと、やはりブライトパターンを義務化するべきでは、と思うかもしれない。だが、デザインの可能性はほぼ無限にあると言っていい。デザイナーたちは、言葉、画像、レイアウト、ボタン、インタラクティブな要素のあらゆる組み合わせ方を考える。そしてそのデザインで達成しなければならないあらゆる目的も考える。彼らにはビジネス上の目的があり、何人もの内部関係者（ステークホルダー）からの注文がある。そのうえで当然、エンドユーザーのために便利で使いやすくて魅力的なものを作らなければ、採用されないし使ってもらえない。そしていざプロダクトが世に出たら、改良を重ねていく。リサーチとアナリティクスでデータが集められ、よりよいプロダクトにするためのヒントになる。デザインは進化するのだ。改良され、追加され、調整され、削られる。デジタルの時代において、デザインが真に完成することはない。革新とは常に前に進み続けることだ。

そんなテック業界でブライトパターンを義務づけたら、これらのプロセスすべてが失われてしまうだろう。一夜にして、革新と改良を葬り去ることになる。だからこそ、法規制によるブライトパターンの義務化は、ユーザーを害するリスクが非常に高い、ごく限られたシチュエーションでのみ行使されるべきなのだ。実は、ブライトパターンの義務化というアイデア自体は以前からあった。一番最近見た金融商品（たとえば投資やローンや抵当権など）を思い出してほしいのだが、おそらくそのとき、規定を順守して規格化された文書を目にしたはずだ。そうは見えないかもしれないが、それらはブライトパターンの一例だ。そのような商品を取り扱う際、消費者があの手この手で騙されて、意に反して契約書にサインしてしまわないように、企業は法的にブライトパターンの使用を義務づけられているのである。

それを踏まえると、ブライトパターンは最初に感じたほど世に変革をもたらすような解決策でないことが理解できただろう。確かに教育的ツールとしては役に立つし、すでに限定的なシチュエーションでは義務化されているが、ディセプティブパターンを止めるには、それらがビジネスのどのような経緯や行為の中で作られるのか、もっと深く、そしてもっと詳しく見ていく必要がある。

ネーミングとシェイミング

名指しして（ネーミング）さらし上げる（シェイミング）行為は、法的な場に相手を引きずり出せる可能性があるという点で有効だ。たとえば、何百人というユーザーがサービス事業者に対する不満を声高に唱えれば、消費者団体や行政や法律事務所の注意を引き、何かしらの規制が働いたり集団訴訟に発展したりする場合がある。

ネーミングとシェイミングで残念なのは、そこまでやる人があまりいないせいで、表面化する不満の数が、実際に損害を被った人たちよりも圧倒的に少なくなりがちだと言う点である。普通のディセプティブパターンは、さりげなく紛れ込んでいるものだ。そのせいで、自分が被害を受けた（たとえば欲しくもないおまけに数ドル支払う羽目になったなど）と気づいていない人たちも多く、彼らは不満を抱くべきだという自覚すらない。つまり、慎重に作られたディセプティブパターンは、巧妙に隠されているせいで誰にも指摘されず、非難されない可能性があるのだ。あるいは、内気で引っ込み思案な性格で、公然と不満を言いたくないという人たちもいる。騙されたことを「自分が馬鹿だったせい」だと自責の念に駆られ、恥ずかしいと感じるかもしれない。だがひっそりと個人的に企業に抗議するだけでは、問題は公にはならない（裁判によって事実の公表を強いられでもしない限りは）。あるいは、名指しでさらし上げたいと思っても、時間がない人もいるだろう。受けた損害がたった数ドル程度で軽微だった場合は、たとえ騙されたことに気がついてイラつきはしても、そこからさらに労力を割いて抗議しようとまでは思えないかもしれない。

したがって、名指しとさらし上げは目に留まりやすいディセプティブパターンに対してのみ効果があるようだ。実際のところ、多くのディセプティブパターンが公の場で抗議されないまま済まされているのだろう。まとめると、名指しとさらし上げは有効な対抗策ではあるものの、これだけではまだ不十分なのだ。我々にはもっと強力な手段が必要だ。

業界の自主規制

業界の自主規制を支持する人たちはよく、行政の規制に比べて自主規制のほうが対応が素早く柔軟で、現代の業界のノウハウを活かして行政の負担を緩和すると言う。政府の煩雑な手続きの洗礼を受けたことのある人は、悪い規則というものを肌で感じただろうから、なかなか的を射た主張である。ただし、表面的にはいかにもコンプライアンスに取り組んでいるかのように取り繕いつつ、裏では利益優先の行為を続けるのが容易なため、自主規制は業界のロビイストの支持を集めているアイデアでもある。

欧州双方向広告業界団体（IAB Europe）が２０１７年に開発した透明性と同意のフレームワーク

（ＴＣＦ）がこれを良く表している。[10] 欧州双方向広告業界団体は、ユーザーのトラッキングで利益を得てターゲティング広告を利用する数百の登録企業や広告系のベンダー、同意管理プラットフォーム（ＣＭＰ）などで構成された団体だ。当時、広告業界は新しく施行されたｅプライバシー指令と一般データ保護規則（ＧＤＰＲ）とどのように折り合いをつけていくかという大きな課題に直面していた。簡単に言うと、これらの法律はトラッキングに対してユーザーの積極的な同意を求めたため、この業界の利益回収にマイナスの影響を及ぼすのは必至だったのだ。[11]

これらの法律への対応として、欧州双方向広告業界団体は透明性と同意のフレームワーク（ＴＣＦ）を作り出した。ＴＣＦとは、ユーザーの同意を含むあらゆる広告テクノロジーのための自主的な業界スタンダードである。多数の同意管理プラットフォームがＴＣＦの必要条件を「コンセント・アズ・ア・サービス（同意のサービス化）」としてＵＩに取り入れている。この解決策は、法的なコンプライアンスを求める何千ものウェブサイトやアプリで採用された。

では、世の同意管理プラットフォーム（ＣＭＰ）はどのようにＴＣＦに則ってユーザーのトラッキングへの同意を取りつけたのか。答えは簡単だ。ディセプティブパターンを応用したのである。２０２１年にクリスティアナ・サントス氏の一派が発表したＣＭＰに関する論文で、ユーザーの同意の獲得に対する広告業界の意欲が解説されている。[12]

「ＣＭＰが提供する主要なサービスは、法的なコンプライアンスの保証である。[…] しかし同時に、広告業界には同意率を最大化する動機もある。[…] たとえば、Quantcastは自社のツールを『データ保護法のコンプライアンスを支持しつつ、広告の収益を守り、最大化する』と説明している。

［…］OneTrustは、自社のＣＭＰが『コンプライアンスを保証しながら同意率を最適化する』、そして『Ａ／Ｂテストを利用してユーザーの滞在時間、同意数、収益を最大化する』と宣伝している」。

ソー氏とその一派が２０２０年に発表した論文「Circumvention by design（デザインによる回避）」[*13]に載せた以下のスクリーンショットを見ると、ユーザーの同意を得る一連のステップでディセプティブパターンがどのように活用されているかがわかる（図５－１）。この例は、ＴＣＦのｖ1.0（最初のバージョン）に則ってデザインされた、典型的なCookieの同意ポップアップのＵＩである。「I agree（同意する）」ボタンは、どのステップにおいても例のごとくワンクリックで完了する仕様になっている。一方で同意したくないユーザーは、最初のステップで「Learn More（詳しい説明）」をクリックしてから、次のステップで「Manage partners（パートナーを管理）」をクリックし、そしてさらに次のステップで、ずらりとリストアップされた関連企業一つひとつをクリックして隠れているテキストを表示させ、現れたそれぞれのトグルをオフにする必要がある。

これに対して、悪質極まりないと憤りを感じる人は多い。結局ベルギーのデータ保護機関が、ＥＵ一般データ保護規則（ＧＤＰＲ）に抵触するとして糾弾し、欧州双方向広告業界団体は25万ユーロの罰金を科され、違法に収集されたデータをすべて削除する羽目になった。[*14] 消費者権利団体のＮＯＹＢ（ノイブ）は、ＴＣＦおよび同じようなデザインについて、７００件以上提訴している。

その対応として、欧州双方向広告業界団体はよりコンプライアンスを満たすべく、ＴＣＦをバージョン2に更新した。だが今に至っても、プライバシー研究者の調査の結果、バージョン2をもとに作られたＣＭＰのＵＩに時折ディセプティブパターンが見つかっている。[*15] Braveブラウザ（トラッキングをブロックしてネット上のプライバシーを保護するブラウザ」のデータ保護役員のパット・ウォルシュ氏曰く、「IABに広告のスタンダード、つまりTCFを管理させるのは、全国血液バンクの管理をドラキュラに任せるようなものだ」[*16]。

図5-1

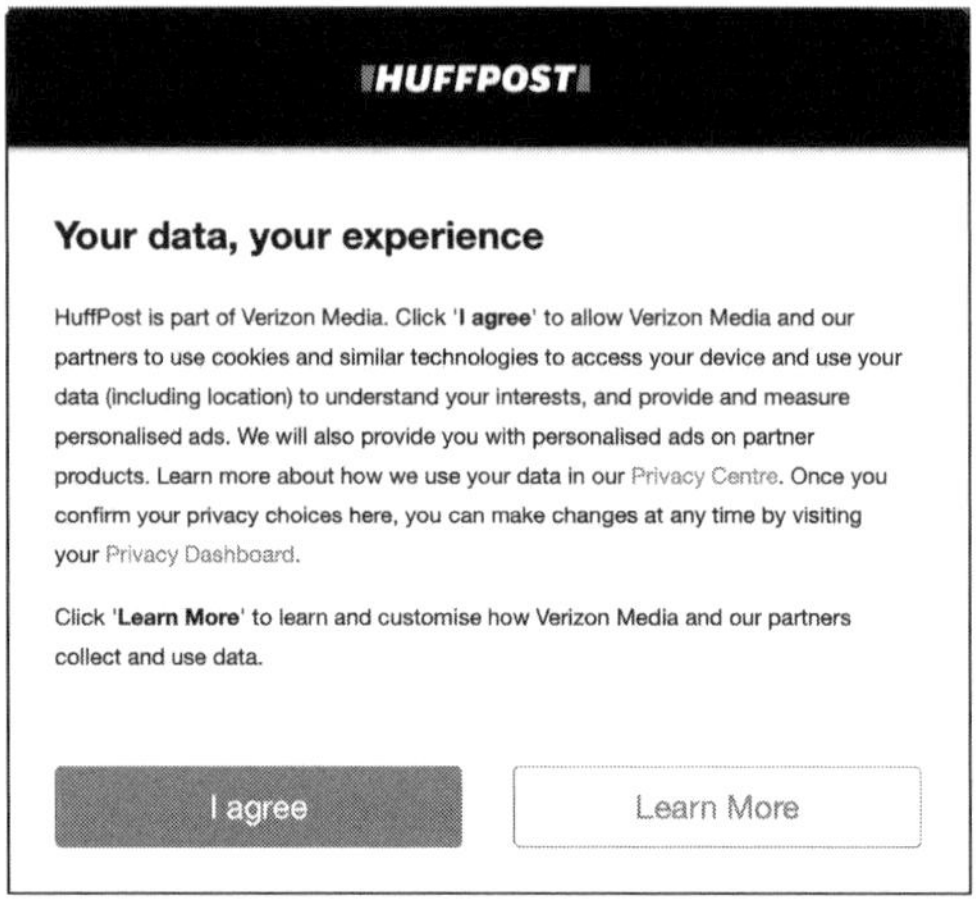

ステップ1の画面。YahooのCMP提供の、huffpost.comのCookie同意UI。IAB EuropeのTCF v1.0のスタンダードに則りつつも、あらゆるディセプティブパターンが使われている（ソー他、2020年）

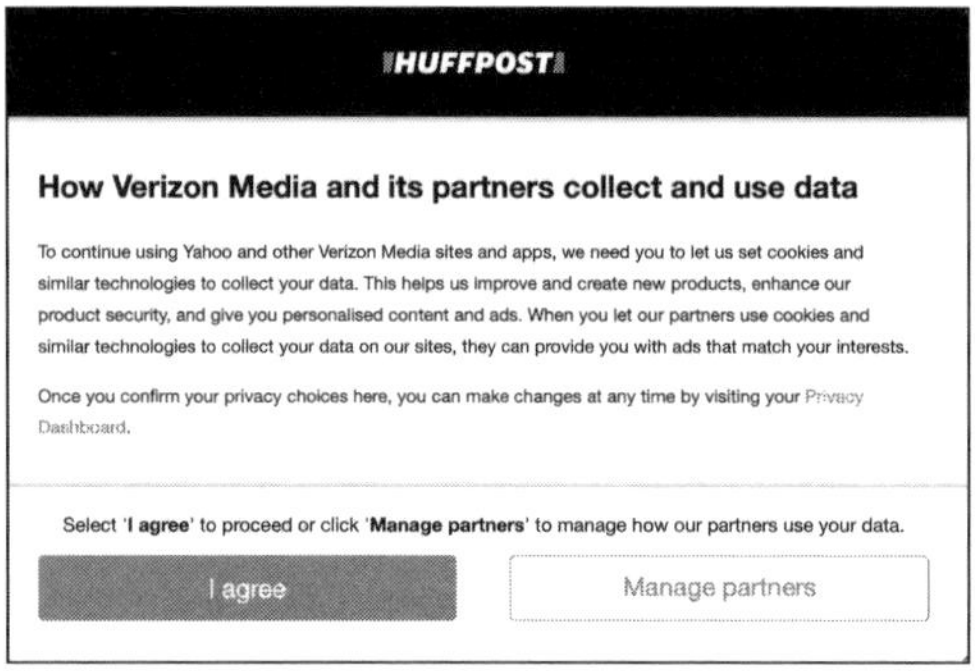

ステップ2の画面。前の画面で「Learn More（詳しい説明）」をクリックしても即拒否したことにはならないが、目立つ緑色の「I agree（同意する）」ボタンはワンクリックで同意でしたことになる（ソー他、2020年）

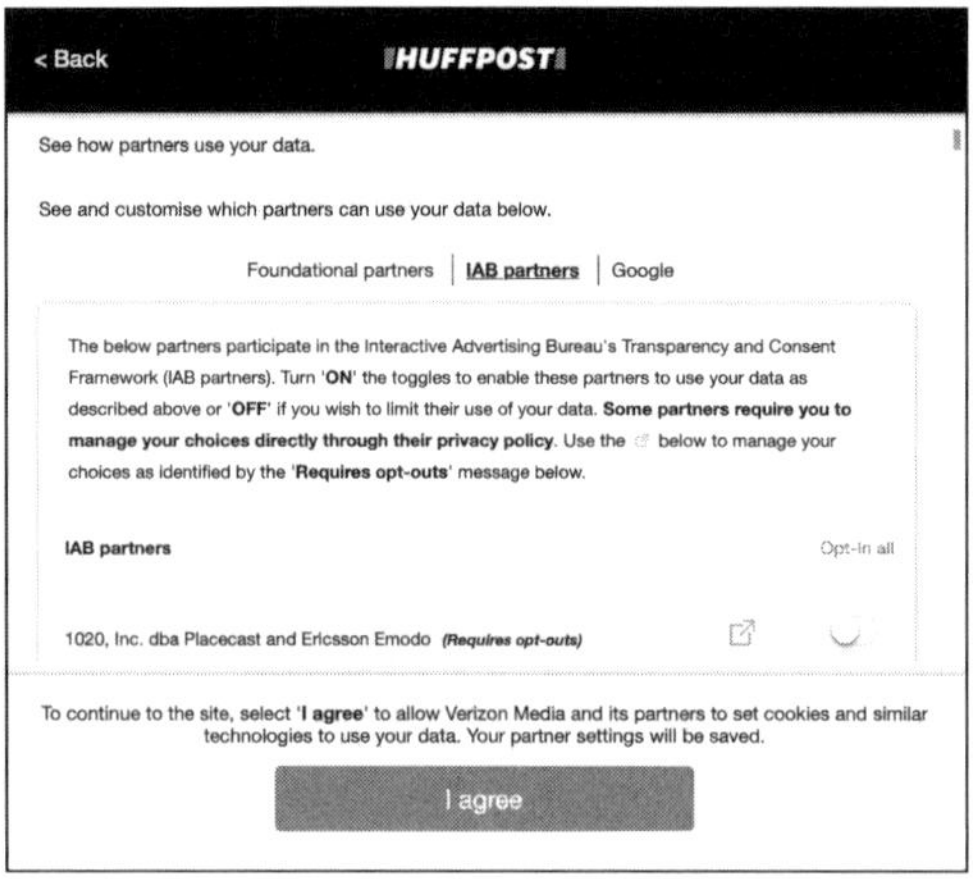

ステップ3の画面。Cookieを拒否するには、何百という関連企業のリストをスクロールし、一つひとつをクリックして、現れたトグルをオフにする必要がある。この苦行でユーザーの気が変わったらすぐにでも、真下の目立つ緑色の「同意する」ボタンをクリックして、この面倒なプロセスを飛ばせるようになっている（ソー他、2020年）

2023年1月、抗議に対する反応として欧州データ保護委員会が作成した決定案は、大部分で抗議内容に同意するもので、それはプライバシーに関わるディセプティブパターンとの戦いに明るい兆しが見えた瞬間だった。NOYBのデータ保護専門の弁護士、アラ・クリニスキテ氏はこう述べている。「悪質なバナーから身を守るための最低限度に、当局の同意が得られたことを喜ばしく思います。今のCookieのバナーは、GDPRの侵害を象徴する広告塔です。当局には即刻、対抗措置をとり、欧州のプライバシー法に対する市民の信用を獲得してもらう必要があります*17」。

まとめると、この事例は、自主的に決めたスタンダードや自主規制にあまり効果が見込めない理由をよく示している。単純に、それらを順守するだけの動機がないのだ。自主規制は業界にとって、新しいルールに従っていると見せかけてその実、利益優先でこれまで通りの行いを続けるための隠れ蓑になってしまっている。

2　規制の重要性

言うまでもなく教育と倫理規定は必要だが、それらだけで問題を解決できるほど万能ではない。ディセプティブパターンがローリスク・ハイリターンである限り、この世から消し去ることはできないだろう。

規制の重要性を理解するには、企業家の目線で考える必要がある。テック企業のＣＥＯたちは何も突然、「会社にディセプティブパターンを使わせたい」と思いつくわけではない。彼らの頭にあるのは会社の成長と利益であり、ディセプティブパターンはその過程で生まれる副産物に過ぎない。規制の厳しくない市場において、ディセプティブパターンを使うのはむしろ合理的とすら言える。ＵＩデザインを少し工夫するだけで利益を増やせて、罰則を受ける可能性が低いなら、手を出さない理由はないだろう。

普段、我々市民を縛る法律は、盗みを働いてはいけないとか、人を殺してはいけないとか、幼い頃から刷り込まれてきたシンプルなルールや信条をもとに作られているため、理解に難くない。だが商業における法律や規制は違う。非常に複雑で、難解な言い回しのものも多い。

したがって、ルールに則しているかどうか曖昧ではっきりしないときは、企業内弁護士も商法を分析し、雇い主の決断をサポートしなければならない。これを「リーガル・リスク・マネジメント（法的リスク管理）」という。企業はあらゆる方法やツールを用いてリスク管理を行うが、最も基本的かつ一般的なのは、このリスクマトリックスである（表５－１）。

このようなリスクマトリックスを用いて、企業内弁護士はディセプティブパターンの使用によるリスクの発生確率（問題視される可能性）と、それによるダメージの深刻度（罰金額）を導き出す。リスクレベルが非常に高い場合はその情報を雇い主に報告し、報告を受けた雇い主はそのようなリスクの高い行為からは手を引くだろう。中には無論、このようなリスクマトリックスを使わない企業もある。金融やヘルスケア、エネルギーなどのコンプライアンスが重要視される業界ではよく使われているが、ＥＣビジネスのような業界ではそこまで浸透していない。しかし、法的リスクを無視する企業は、いずれ十分な規制が敷かれるようになれば、痛い目を見るだろう。

法整備について、１つ重要な点が見えてきた。規制を作るだけでは抑止力として不十分ということだ。きちんと法や規制を施行し、破った企業に罰則を受けさせて見せしめにしてこそ意味があるのだ。そうして初めて、ディセプティブパターンの使用はローリスクのグリーンゾーン〔Low〕から、ハイリスクのオレンジ・レッドゾーン〔High, Very high〕に格上げされるのである。

3　ＥＵにおける規制

不公正取引行為指令

不公正取引行為指令（ＵＣＰＤ）は２００５年に公布されたが、そ

		深刻度				
		ほぼなし	軽微	並	重篤	破滅的
発生確率	確実	Medium	High	Very High	Very High	Very High
	可能性が高い	Medium	High	High	Very High	Very High
	可能性がある	Low	Medium	High	High	Very High
	可能性が低い	Low	Low	Medium	High	High
	滅多にない	Low	Low	Low	Medium	Medium

表5-1　典型的なリスクマトリックス。リスクの発生確率と深刻度を共に評価する分析方法

の効力に反してあまり話題に上らない。喩えるなら武道系のアクション映画に登場する、一見取るに足らない一般人に見えて、その実離れ業を繰り出す武道の達人という、白髪の老人のような存在だ。

UCPDはEUおよびイギリスにおけるすべての事業・商業に適用される。[*18] そしてデジタルサービスであろうと実店舗であろうと、消費者の下す決定に対してほぼ例外なく効力を持つ。これは取引の前後・最中を含む。要は、マーケティング、宣伝、パーソナライゼーション、選択アーキテクチャ、ディセプティブパターン（ただしディセプティブパターンは明確に定義されてはいない）のすべてに対して効力を持つということだ。またUCPDは、故意であるか否かを問わない――つまり、デザインが不公正だと認められれば、それで十分なのだ。デザイナーや企業のオーナーが、それを故意に作成したことを証明する必要はないのである。

UCPDはいくつもの原則を有している。

- **不公正な取引行為全般の禁止**：UCPDは、業務上の勤勉さに必要とされるものに反する、もしくは平均的な消費者の経済的行動を歪めそうなあらゆる取引行為を禁ずる。
- **紛らわしい行為**：UCPDは、虚偽の情報を提供したり、平均的な消費者が騙される、もしくは騙されそうな方法で情報を提供したりするなどの、紛らわしい行為や情報の省略を禁ずる。これには、誤解を生むような広告や、プロダクトおよびサービスに関する虚偽の主張や、その他の消費者を欺く戦略全般が含まれる。

・**攻撃的な行為**：ＵＣＰＤは、嫌がらせや強要、不当な影響によって、平均的な消費者の選択および行動の自由を著しく損なうような、攻撃的な取引行為を禁ずる。これには、強いプレッシャーをかける戦略や、望まれていない執拗な勧誘、消費者の弱みや恐怖につけ込む行為などが含まれる。

注目すべきは、「業務上の勤勉さ」である。この言葉があることで、広く使われている業務上の行動ガイドラインを無視した組織は、これに違反したと見なされる可能性がある。ＡＣＭの倫理規定ならびに職務行動規範[*19]のように、こういったガイドラインにはたいてい、直接的にしろ間接的にしろ、ディセプティブパターンについての条項が含まれている。ＵＣＰＤにはさらに、禁止行為のリストも含まれている（「別紙1：あらゆる状況において不公正と考えられる取引行為」）。これこそが、その使い勝手の良さゆえに、ＵＣＰＤの持つ最も強力な武器と言えるだろう。これさえあれば、消費者が実際に騙されたかどうかを証明するための詳しい分析は必要ないのである。明らかにすべきは、企業が定められた禁止行為をしたかどうか、それだけだ。リストには、全部で31の禁止行為が載っている。中でも重要なものをピックアップして要点をまとめた。

・（2）**虚偽のトラストマーク**：虚偽のトラストマーク、または品質保証マークの類を表示させること。

- （4）**虚偽の承認**：取引者もしくはプロダクトが、公的もしくは私的機関によって公認、推薦、認可されているという虚偽の主張をすること。
- （5）**おとり広告**：プロダクトを提供できない価格、もしくはごく少数しか提供できない価格を、そうと知りながら宣伝すること。
- （6）**ベイト・アンド・スイッチ**：特定の価格でプロダクトを宣伝しながら、提供を拒否し、意図的に別の商品を勧めること。
- （7）**虚偽の緊急性**：プロダクトや条件がもうすぐ終了するという嘘を伝えてユーザーを急かし、情報を吟味して選択する余地を奪うこと。
- （11）**ステルスマーケティング**：報酬のやり取りがあった広告であることを明かさずに宣伝すること。
- （20）**虚偽の無料オファー**：無料でないものを無料と説明すること。

・(21) **架空請求**：支払い責任のないユーザーに対して虚偽の請求をすること。

結論としては、UCPDの原則と禁止行為を合わせると、かなり広範囲のディセプティブパターンが取り締まりの対象となっている。これ自体は喜ばしいことだ。しかし、UCPDの強みは同時に、弱みでもある。適用範囲があまりに広範囲であるために、弊害もあるのだ。たとえば企業の行いが、禁止行為として挙げられている項目にぴったり当てはまらない場合、裁判でその行いがどのようにUCPDの原則に違反するのか（「平均的な消費者」に対して不公正なのか、紛らわしいのか、それとも攻撃的なのか）、詳しい説明が求められる。消費者保護の訴訟は当然、かなり時間がかかる。広範囲をカバーするUCPDでは、このプロセスを速めることはできない。

一般データ保護規則

一般データ保護規則（GDPR）は、個人のデータを保護するためのものであり、データとプライバシーの領域に入り込む特定のディセプティブパターンを禁止する。

・**デザインとデフォルト設定によるデータ保護**：GDPRの第25条により、デザイナーは「デザインとデフォルト設定によるデータ保護」の原則が、ディセプティブパターンの影響を確実に受けないようにデザインしなければならない。たとえば、UI上でデータを侵害するようなオプションをデフォルトに設定してはならず、視覚的干渉や言葉のトリックなどのミスディレクションを用いて、設定をわかりづらくしてはならない。第25条はさらに、執拗な要求（ナギング）や嫌がらせでユーザーを操り、データ保護の権利を明け渡させてはならないとしている。

・**同意の明示**：GDPRには、個人データの処理に関する禁止事項が含まれている。企業が行う場合は、規則に従わなければならず、まずは、個人データを処理するための法的根拠もしくは基準を得なければならない。個人データの処理が許されるための根拠は6つしかなく、そのうちの1つは承諾を得ることだ。また、企業は公正さやデータの最小化（目的を明示し、そのために必要なデータのみを収集すること）、正確性、透明性などといった、データ保護の原則に従う必要がある。ユーザーの同意は昔から一番手っ取り早く得られるため、多くの注目を集めてきた。しかしGDPRは「情報を開示されたうえで、自由に表明され、具体的で、曖昧でない」ことを同意の条件とし、同意のハードルを上げている。ディセプティブパターンは、同意を明示するために必要な透明性の原則と法的基準を損なうものだ。

・**透明性の原則**：GDPRの第5条1項の（a）により、企業は「透明な方法で」データを処理しなければならないとされている。つまり、ユーザーに対してわかりやすく明瞭な言葉で、データ処理について伝えなければならない。これを損ねるようなディセプティブパターンは禁じられている。

まとめると、企業がＥＵもしくはイギリスの国民の個人データの扱いに関わるところでディセプティブパターンを使用したならば、その行為はＧＤＰＲに違反している可能性が高い。驚くほど厳しい罰金が科されるケースもあり、最大で２０００万ユーロもしくは国内外の年間売上高の４％（どちらか大きいほうの額）にも上るため、企業家たちは抵触しないように特に注意を払っている。

消費者権利指令

消費者権利指令（ＣＲＤ）は、２０１４年に消費者保護に関わるルールを総括し、ＥＵ全土で消費者の手厚い保護を保証するために導入された。ＣＲＤははっきりとディセプティブパターンについて明記しているわけではないが、それらについて言及する条項はいくつも含まれている。いくつか例を挙げよう。

・**必須の情報**（第5条および6条）：ＣＲＤは、企業（ＣＲＤでは「トレーダー」という言葉が使われている）が消費者に対し、プロダクトやサービスの主な特徴、価格および追加料金についてわかりやすく明瞭な情報を提供しなければならないとしている。これにより、重要な情報を隠したりわかりにくくしたりして消費者の判断を妨げるディセプティブパターンを規制できるだろう。

・**撤回の権利**（第9条）：ＣＲＤは遠距離契約もしくは店舗外契約について、消費者に14日間、撤回の猶予を与える。これは、ディセプティブパターンによって内容をよく理解しないまま取引するよう仕向けられた消費者を救うセーフティーネットになるだろう。

- **あらかじめ選択された選択肢**（第22条）：CRDは、追加料金の発生するオプションをあらかじめ選択済みにする行為（買い物かごにこっそり入れるスニーキング行為）を明確に禁止する。追加のプロダクトやサービスを消費者の明確な承諾なしに買わせる手口は、売り上げを上げるためによく使われる。追加料金が発生する場合、企業側は消費者の積極的な同意を得る必要がある。
- **押しつけ販売の禁止**（第27条）：CRDは、消費者の要望なしに商品やサービスを送りつけ、代金を請求する行為を禁止する。つまり、企業は勝手に消費者に物を送りつけて支払いを求めることができないのだ。消費者は、そのような支払いにも返品にも応じる必要はない。
- **契約の条件**（第3条）：CRDは、契約の条件を消費者に対してわかりやすい率直な言葉で伝えることを定めている。この条項は、複雑でわかりにくい言葉でユーザーを欺いたり操ったりしてユーザーに不利な契約を結ばせるディセプティブパターンを取り締まるのに役立つだろう。
- **追加費用および追加請求**（第19条）：CRDは、トレーダーは追加費用や追加請求について、消費者に契約を結ばせる前に、明確かつ目立つように伝えなければならないと定めている。この条項は、ユーザーの知らないところで同意なしに隠れコストを忍ばせるディセプティブパターンを規制するのに役立つだろう。

ＣＲＤの中でも、これらの条項は特に消費者に公正で透明な市場を提供することを目的としている。ＣＲＤはディセプティブパターンを標的にすると明言はしていないものの、消費者保護に尽力する過程でディセプティブパターンの取り締まりに大いに利用できることは間違いない。

ＥＵのその他の法律

一般的に、法的な義務から逃れたり消費者を欺いたりするために、ディセプティブパターンを使って既存の法律や規制を侵害した場合は、違法行為と見なされることが多い。つまり、ディセプティブパターンを間接的に取り締まる法律や規制は多数存在するのである。いくつか例を挙げよう。

- **不公正契約条項指令（ＵＣＴＤ）**（１９９３年）：ＵＣＴＤは、企業とユーザーの間で取り交わされるすべての契約に対し、公正で理に適っていることを定める。加えて、透明性を要求する条項もあり（第５条）、すべての契約は率直でわかりやすい言葉で書かれている必要があると定めている。
- **視聴覚メディアサービス指令（ＡＶＭＳＤ）**（２０１８年）：ＡＶＭＳＤには、視聴者を保護するための条項がいくつも含まれている。その中には、広告やスポンサーシップ、プロダクト・プレイスメント（映像などのコンテンツの中に商品を配置する広告手法）における透明性や、未成年の保護に関わる条項などがある。

・**電子商取引指令**（2000年）：この指令には、ECサイトの利用者を保護するための多数の条項が含まれる。たとえば、サービス事業者は自分の身元を明らかにし、連絡先（第5条）や特典などのオファーの条件（第6条）をはっきりと記す必要があり、さらに広告はそうとわかるように明示しなければならないと定められている。

・**eプライバシー指令**（2002年）：この指令は、電子通信におけるユーザーのプライバシーおよび機密を保護する目的で公布された。より新しく広範囲をカバーするGDPRと重なる部分も多い。eプライバシー指令には、ユーザーをディセプティブパターンから間接的に守るための条項がいくつか含まれる。たとえば、ECサイトはCookieや類似のトラッキング技術の使用について、ユーザーに明確かつわかりやすい情報を提供する必要があり、ユーザーにそれらを拒否する機会を与えなければならない（第5条3項）。また、スパムを禁止し、ユーザーのはっきりとした同意を得ない限り、宣伝目的のメッセージを送ることもできない。これらの禁止事項を回避するために、ディセプティブパターンを使用することも禁じられている。

これらのEUの法律は、さまざまな規制機関や団体によって、国家的に施行される場合が多い。

業界によっては、消費者の保護とディセプティブパターンの使用状況を改善するために、規制機関がさらに規定を追加する。たとえば、複合的なサービスや情報の非対称性が見られる業界や、（金融サービスや電気通信サービスのように）過去に市場の失敗を経験している業界などがその対象になる。これらの追加規定はガイドラインや推奨といった形を取る場合もあれば、国家レベルで具体的な規定を定める場合もある。

さらに、EUの企業に対しては、個人や集団で訴訟を起こすことも可能だ。ただし集団訴訟（クラスアクション）は、訴訟の仕組みの違いや慣習、経済的な要因などから、アメリカのほうが格段に浸透している。

4　アメリカにおける規制

EUと同様、アメリカにもディセプティブパターンを取り締まる法律は多数ある。連邦取引委員会は2022年のスタッフレポートで、ディセプティブパターンを用いてFTC法、ROSCA、TSR、TILA、CAN-SPAM、COPPA、ECOAをはじめとする法律を侵害する企業に対して、対抗措置をとると宣言している。[20] これらはFTCがディセプティブパターンに関連すると見なす主だった連邦法である。

米国連邦取引委員会法（FTC法）

FTC法はディセプティブパターンについて一切言及しないが、それもそのはず、この法律は百年以上も前の1914年に施行されたものだからだ。だとしても、商取引における不公正な行いや相手を騙す行いを禁ずる、現代でも有効な条項が多く含まれており、間接的にディセプティブパターンを取り締まるのに役に立ちそうだ。また、この法律によって、連邦取引委員会はこの法律に効力を持たせる機関としての責任を負ったという背景がある。連邦取引委員会の仕事の多くは、不公正で人を騙すような行為を防ぐ目的のFTC法第5条をもとに遂行されている。行為が不公正かどうかは、次の3つの要素をもとに判断される。

- **著しい損害**：消費者に害をもたらす、もしくはもたらしそうな行為。
- **当たり前に回避可能でない**：当たり前のように回避可能な損害でない。
- **損害を利益が上回らない**：消費者もしくは競合相手にとって損害より利益のほうが上回らない。

連邦取引委員会の元委員長、レベッカ・スローター氏は、2022年に開催されたコンピューター、プライバシーおよびデータ保護会議でこのように述べている。[*21]「それは複雑なテストです……だからこそ我々は、より簡単に条件を満たせる、詐欺に対する［条項］をもっと活用したのです」。詐欺行為かどうかを識別するテストはよりシンプルで、スローター氏は嬉々としてこう締めくくった。「データやその他のものの取り扱いについて、嘘をつかないでください。でないと我々が訴えます」。詐欺の識別テストは、以下の3つの要素を判断材料として作られている。

・**表現、省略、行為**：消費者をミスリードする表現や情報の省略、もしくは行為がある。
・**理性的な消費者**：表現、情報の省略、行為については、一定の状況下で、理性的な消費者の目で精査されなければならない。
・**実質性**：ミスリードする表現、情報の省略、行為は、実質的、つまりプロダクトやサービスについて消費者の判断に影響を及ぼす可能性が十分にあると見なされなければならない。

要は、詐欺的な行為や不公正に対するテストを行うことで、連邦取引委員会は消費者に誤解や損害を与えるディセプティブパターンを使う企業を調査し、法的な措置をとることができる。そうして消費者を守り、公正な競争を推進するのである。

その他のアメリカ連邦法

他にも、ディセプティブパターンに間接的に関連する多くの連邦法が存在する。

- **信用機会均等法（ECOA）**（1974年）：ECOAは、貸主が借主を人種、肌の色、国籍、宗教、性別、婚姻状況、年齢、公的援助の受給によって差別することを禁ずる連邦法だ。ディセプティブパターンへの直接的な言及はないが、ローンやクレジットカードの申請フォームに潜む誘導型や隠れコストなどのディセプティブパターンを摘発するのに利用できる可能性がある。
- **児童オンラインプライバシー保護法（COPPA）**（1998年）：COPPAは、ウェブサイトやその他のオンラインサービスが13歳以下の児童の個人情報を収集する場合は、事前に保護者の同意を得る必要があると定める連邦法だ。ディセプティブパターンへの直接的な言及はないが、誘導型で不正に保護者の同意を得るなど、児童のプライバシーを危険にさらすような罠やトリックに対しては、この法で取り締まることができるだろう。
- **オンライン購入者信頼回復法（ROSCA）**（2010年）：ROSCAは、オンラインの商売に対し、商品やサービスを有料で提供する際は事前に消費者のインフォームドコンセント（説明に基づく同意）を得ることを義務づける連邦法だ。解約しづらいディセプティブパターン（ROSCAではサブスクリプションにおける欺瞞的もしくは不公正な「ネガティブ・オプション」（契約者が積極的に継続を辞退しない限り商品を発送し続ける送りつけ商法）と説明されている）については、2つの条項で言及されている。1つは、消費者の請求先情報を取得する前に、サブスクリプションの諸条件（契約更新の頻度と価格を含む）を消費者にわかりやすく明示する必要があるという内容だ（つまり、こっそりとサブスクリプションの契約を結ばせることはできない）。もう1つは、ネガティブ・オプション式のサブスクリプションの解約方法をシンプルな仕組みにしなければならないと定めている。

- **未承諾のポルノグラフィーおよびマーケティング攻撃に対する規制法（CAN-SPAM法）**（2003年）：CAN-SPAM法は詐欺的にメールを送りつけるマーケティングを禁止する連邦法だ。企業がユーザーに宣伝メールを送る際は、事前にユーザーの同意を得なければならない。また、ユーザーに紛らわしいメールを送ることを禁止すると共に、今後の宣伝メールを拒否する方法を提示し、ユーザーの選択を速やかに受け入れることも義務づけられている。ディセプティブパターンへの直接的な言及はないが、ディセプティブパターンを用いてこれらのルールを侵害した場合には、この法律をもとに取り締まりの対象となるだろう。
- **テレマーケティング販売規則（TSR）**（1994年）：TSRはテレマーケティング活動を規制する連邦法だ。詐欺的なテレマーケティング行為を禁じ、企業が顧客に電話でコンタクトを取る際のスタンダードを定めている。ディセプティブパターンへの直接的な言及はないが、ディセプティブパターンを用いてこれらのルールを侵害した場合には、この法律をもとに取り締まりの対象となるだろう。

・**貸付真実法（TILA）**（1968年）：TILAは貸主に対して、借主にローンの諸条件に関わる重要な情報の開示を義務づける連邦法だ。その情報には、利率、手数料、ローンの総額、そして返済総額などが含まれる。ディセプティブパターンを用いて消費者を欺いたり誤認させたりすると、この法律を侵害したと見なされる。

アメリカのその他の法律

アメリカには州法も存在するが、連邦法と矛盾する場合には連邦法が優先される。ほとんどの州に消費者保護に関わる法律があり、法廷でディセプティブパターンが俎上に上がった際はそれらも参照できる可能性がある。ここにいくつか例を挙げる。

・**カリフォルニア州プライバシー権法（CPRA）**：CPRAは、カリフォルニア州消費者プライバシー法（CCPA）の改正法で、「ダークパターン」について具体的に言及する条項が含まれている。消費者の個人情報の収集、利用、共有について、企業は消費者に選択肢をわかりやすく明示しなければならない。また、個人情報の売買や共有を拒否する消費者の選択を大いに歪めたり覆したりするような「ダークパターン」の使用は、はっきりと禁じられている。加えてCPRAは、この法律の適用に関し責任を負うカリフォルニア州プライバシー保護局を設立した。

・**コロラド州プライバシー法（CPA）（上院法案21－190）**：CPAは、企業が収集し処理した個人データに対して、個人の権利が強く及ぶようにすることで消費者のプライバシー保護を推進した。この法律は「ダークパターン」を定義し規制するが、言及されているのは、個人データの処理に関する同意を得るために使用される「ダークパターン」のみである。消費者が「同意しない」を選択した際の反応として、企業がダークパターンを使うのを禁じているのだ。

・**ニューヨーク州一般事業法**：ニューヨーク州の一般事業法は、第22条のA「欺瞞的な行為および慣行からの消費者保護」のもと、消費者を欺瞞的な行為・慣行から守っている。特に349節はいかなる事業、取引、商売、サービスの供給においても欺瞞的な行為・慣行を禁じている。具体的にディセプティブパターンについて言及はしていないものの、広範囲をカバーしているため、人を操るデザインや紛らわしいデザインが用いられたケースにも適用される可能性がある。この法律の執行に関しては、ニューヨーク州検事総長事務局が責任を負う。

・**マサチューセッツ州消費者保護法**（MGL C93A）：「消費者のための事業行為規制」とも呼ばれるこの法律は、取引や商売において、不公正もしくは欺瞞的な行為から消費者を守るためにある。幅広い事業活動および行為に適用され、汎用的な言い回しゆえにディセプティブパターンが使われたケースにも適用される可能性がある。また、法廷では非常に強力な効力を発揮し、場合によっては損害の2～3倍の賠償が命じられ、弁護士費用も帳消しになるほどだ（9a～

9cを参照）。この法律の執行に関してはマサチューセッツ州検事総長事務局が責任を負い、個人が企業相手に賠償を求めて民事訴訟を起こすことも可能だ。

- **ワシントン州消費者保護法**（RCW 19.86）：この法律は19.86.020条のもと、商売における不公正もしくは欺瞞的な行為を禁じる。広告や販売、サービスなどにおけるあらゆる欺瞞的な行為から消費者を守ることを目的として、広範囲に適用される法律だ。具体的にディセプティブパターンについて言及はしないものの、ディセプティブパターンが使われたケースに適用される可能性がある。ワシントン州検事総長事務局がこの法律の執行に関して責任を負っている。

5　取り締まりの障害となるもの

今日のディセプティブパターンの蔓延を考えると、今の法律や規制が有効でないかのように感じるかもしれないが、厳密にはそうではない。**全く有効でないわけではない**のだ。今は言うなれば、少しだけ開けた蛇口から水が詰まりながらごぼごぼと流れ出るかのように、苛立ちを抱えながら今か今かと噴き出すのを待っている状態だ。我々は、ディセプティブパターンを知らずに作られた古い法律と、まだ定着していない新しい法律が入り乱れた過渡期にいる。

消費者に関する法律には、訴訟がスムーズに運んだとしてもそれなりに時間がかかり、費用もかさむという問題点がある。ディセプティブパターンはたいてい複雑でさりげなく、裁判でディセプティブパターンが使われたと証明するのは難しい。消費者保護法も複雑で、そもそも法律の条文は往々にして曖昧な言い回しになっているため、解釈でもめることも多々ある。さらに言えば、国と地域によっても変わってくるだろう。ＥＵに関しては、同じ加盟国と言えど法律の施行戦略が異なるかもしれないし、アメリカに至っては州ごとに法律が違う。これによって複雑さが増しているのだ。だがまずは、訴訟の進展が遅々としている理由を詳しく見ていこう。

限られたリソース

既存の法律を効果的に監視し、実際のケースに適用させるためには、技術を持った専門家と効率的なシステム、十分な人員が必要である。それには当然お金が必要だ。予算の割り当ては政治家が行うが、税金をどこにどれくらい割り当てるかは常に厳しい取捨選択である。組織が十分な働きをするための資金を得られない場合もあるのだ。

意欲の欠如

規制の施行・執行を妨げる要因として、それを受け持つ組織の意欲の欠如も挙げられる。たとえば一般データ保護規則（GDPR）の施行に関し、アイルランドデータ保護委員会の対応が遅いという批判もある。2019年のPolitico〔政治系ニュースメディア〕の記事「How one country blocks the world on data privacy（世界のデータプライバシー保護の歩みを妨げる1つの国）」では、ニコラス・ヴィノカー氏がこうコメントしている。「アイルランドは歴史的に長いこと、本来監視対象であるはずの企業の言いなりになっており、シリコンバレーのトップ企業をエメラルド島に誘致するために、低い税金、政府高官への自由なアクセス、予算の確保への助力、輝かしい新拠点の建設を約束している」[*22]。

これに対しアイルランドデータ保護委員会は近年歩みを速め、2023年1月にはMetaに3億9000万ユーロの罰金を科し[*23]、そのたった数カ月後、5月に今度は12億ユーロの罰金を科した[*24]。それでも、規制を進める組織に予算が足りないのは政治的な要因も考えられる。国際的な企業を誘致するために、企業にとって魅力的な環境を用意したいと考えるのは自然なことだ。

原則という縛り

消費者保護の法律は一般的に原則主義である。これは諸刃の剣だ。禁止事項の原理・原則のみを定めるため、今後登場する新しい手口にも適用できるという柔軟性がある一方、実際に適用するには時間がかかってしまう。一つひとつのケースに対し、法律が適用されるか綿密に精査する必要があり、そのプロセスに時間を取られている間に企業は抜け穴を使い続けるだろう。

禁止行為と罰則

ＥＵでは、不公正取引行為指令（ＵＣＰＤ）に禁止行為のブラックリストが追加され、特定のディセプティブパターンが明確に禁じられた。これは有用ではあるが、２００５年に作られてからこれまで1度しか更新されておらず、罰則について具体的なことは書かれていない。[*25] 禁止行為のリストの更新頻度を高め、禁止行為に対する罰則を厳しくする（たとえば罰金を高くする）などの改善策を講じたほうが、効力を高められるのではないかと推察される。

専門家証人として見た訴訟

専門家証人として、アメリカでディセプティブパターンを取り巻くさまざま訴訟に関わった経験を掻い摘んで説明しよう。

初めに、法律事務所から連絡を受ける。最初のやり取りはなかなか秘密めいていることもある。彼らは、言い回しを吟味していない即席の説明に対してあとで揚げ足を取られないために、この時点でのやり取りを文章として残したがらない。そういうわけで、その後信頼関係が構築されてから、ようやく訴訟の内容を詳しく教えてもらえるのだ。

こういった法律事務所は、企業価値の高いテック企業の法の鎧を切り崩すために時間をかけて弱点を探し、報酬に繋がるような——そして個々の原告のリターンは比較的小さめな——案件に絶えず目を光らせている。これは、ハリウッド映画で見かけるような、被害に遭った人たちを助けようと立ち上がる勇敢な弁護士の集団訴訟のストーリーのイメージとはかけ離れているかもしれない。ただ、集団訴訟にも欠点はあるものの、弁護の報酬がよければそれだけ意欲と能力のある法律事務所がユーザーの力になってくれるという利点があり、さらに訴訟のリスクが、企業の違法行為に対する抑止力になるだろう。

法律事務所からの最初の連絡では、ユーザージャーニー（ユーザーが商品・サービスの認知から購入・契約まで辿るプロセス）のスクリーンショットをいくつか見せられて、意見を求められることが多い。たとえば、この中にディセプティブパターンはあるか、と尋ねられる。私の答えが「ノー」なら、そこで会話は終わり、彼らは別の専門家に連絡するか別の案件探しに戻る。答えが「イエス」もしくは「可能性はある」なら、その事務所に雇われることになる。私がこれまで携わった案件は必ず、まず予備的な分析から始めている。ユーザージャーニーのスクリーンショットを広範囲にわたって撮影し、専門家の評価方法で一つひとつのプロセスを詳しく見ていくのだ。

私がよく使うのは、特定の特徴と目的を設定したユーザー像を作って覆面調査をする方法だ。たとえば、スポーツの観戦チケットのネット販売サイトなら、ユーザーの目的と特徴はスポーツ系イベント関連に設定する。それからユーザーが辿りそうなプロセスを整理して記録し、各ステップのスクリーンショットを撮影する。ヒューマン・コンピューター・インタラクション（ＨＣＩ）の学術的な用語で言うなら、ライトユーザーのペルソナ（典型的なユーザー像）ベース[*26]で行う「認知的ウォークスルー[*27]」の一種だ。ただし、通常の認知的ウォークスルーとは違い、ユーザビリティのテストではなく、ディセプティブパターンの有無、その仕組み、そしてそれによって理性的なユーザーがどのような被害を受ける可能性があるかを調査するのが目的だ。

私の場合は、ページ全体のスクリーンショットを高解像度で撮影し（Firefoxにその機能が備わっている[*28]）、画面の録画も行い（ステップからステップへの移行を動画で確認する必要がある場合）、すべてを視覚化データベースツール（NocoDB[*29]やBaserow[*30]、Airtable[*31]など、代替はいくらでもある）に入れる。そうすることでスクリーンショットと共に、日付やシーケンス、ユーザージャーニー、デバイスなどのメタデータも一緒に記録し保管できるのだ。訴訟は何カ月にも、場合によっては数年にも及ぶため、こうして潔癖なくらい細かい記録を残しておくことが非常に重要になる（実際に携わっている案件で、２０１９年に開始し２０２３年現在まだ訴訟が続いているケースもある）。私の仕事は数日間かけて行うが、その後数週間もしくは数カ月事務所から音沙汰がなかったと思いきや、突然連絡を受けてまた仕事が発生する。時には収集した資料を前とは別の枠組みで分析する必要があり、そのときに検索およびフィルタリングしやすいデータベースがなければ、こなすのは難しい。

これはなかなか骨の折れる作業になる場合もある。ウェブサイトやアプリは頻繁に変わるため、ディセプティブパターンの改変や削除、差し替えが起こるのは珍しくない。そのせいで、すでになくなった古いバージョンを探して特定しなければならず、まるで遺跡の発掘作業のようだ。消費者がブログやＳＮＳに載せたスクリーンショットを手掛かりに辿るときもあれば、Internet Archiveの運営するデジタルアーカイブ、Wayback Machine（ウェイバックマシン）で証拠探しをすることもあるが、後者はウェブ上の誰にでも公開されている部分しか残っていないのが惜しい。ユーザー登録、ログイン、支払いなどの認証をしないと辿り着けないページはブロックされてアーカイブされないのだ。また、iOSかAndroidかデスクトップ専用アプリかでユーザージャーニーが異なる場合もある。ＣＳＳ

とJavaScriptによるページレイアウトのルールのおかげで、表示領域のサイズによっても表示の仕方が変わってくる。そんなとき、Browserstack Liveのようなツールを使えば、あらゆるデバイスやブラウザを遠隔で利用し、スクリーンショットを撮影できる。[*32] 同じユーザーのユーザージャーニーを、今度は別の時期に異なるデバイスの異なる表示領域で確認しなければならないときは、非常に有効な手段だ。

それから、ユーザージャーニーそのものにも、分岐ロジックとビジネスロジック〔アプリケーションなどのデータを処理する部分〕がある。たとえば私が携わったいくつかの案件に、ユーザーが質問や選択肢を提示され、答えによって別のプロダクトやサービスに誘導されるケースがあった。そんなときはユーザージャーニーを何度も繰り返し体験し、挙動を逐一記録してシステムの仕組みをリバースエンジニアリング〔製品を分析して構造や仕様を明らかにすること〕する必要がある。パーソナライゼーションや推薦システムのような入り組んだアルゴリズムが関わるケースでは、そういったソフトウェアの開発に詳しい専門家の手を借りることが多い。

専門家は裁判中、たとえば証拠開示手続きの際、被告にどんな書類の提出を要請するか意見できる。私の経験では、機能の証拠資料、アナリティクスの報告書、A／Bテストの記録資料、定量的ユーザー調査報告書などを請求するのがいい。場合によっては、被告組織の中でも誰に供述させるべきか、専門家の意見を伝える機会がある。そのときは組織図を見て、裁判で宣誓のうえ尋問された際に有益な情報をもたらしてくれそうな人物を提案する。弁護士は必ずしも、テック企業においてどのように方針決定が為されるか把握しているわけではない。一見すると、興味深いデータを扱っているデータアナリストを尋問すればいいように思えるが、実際には、彼らは戦略的な方針決定の場からは遠く離れた場所にいることが多い。たいていはプロダクトマネージャーのほうが、方針決定に深く関わるポジションにおり、なおかつプロダクトの詳細も十分把握しているため、供述を取る相手として妥当な選択だ。

専門家証人としての経験から言うと、被告企業は法的に要求されている範囲で協力はしてくれるものの、それ以上のことはしない。たとえば、以前私がとある企業に、特定のページから別のページへのトラフィックに関する分析データを求めたところ、数値が1つ記載されただけのスプレッドシートが送られてきた経験がある。また別の案件では、ウェブサイトの特定の範囲を対象に一定期間実施されたA／Bテストの情報を尋ねたところ、数メガバイト分のJSON〔JavaScriptのオブジェクト表記方法をもとにしたデータ変換形式〕のメタデータを渡された。人間が読むための言語ではなく、A／Bテストの対象だったUIデザインの画像も説明も提供されなかったため、全く無意味な資料だ。もちろんこうした問題は話し合いで解決できるものの、その分裁判に余計に時間もお金もかかることになる。

最初の分析を文書にまとめて担当弁護士に共有したあと、専門家証人として宣誓書にサインするのが通常の流れだ。そのあとは、法廷での証言を求められる場合もある。提出した分析はそこで被告側の弁護人によってあらためて精査される。

まとめると、この分野の専門家証人の仕事は非常に重労働だ。ディセプティブパターンに関わる法整備においては、世界中で同じことが言えるだろう。この手の訴訟には、大勢の人間が多大な労力と時間をかける必要があるのだ。

ツールとしてのテクノロジー

調査と分析にかかる労力については、いずれテクノロジーに頼って部分的に自動化もしくは能率化できるのではないかと期待されている。EnfTech（エンフテック）――Enforcement（執行）とTechnologyのかばん語――と呼ばれる新しい分野だ。今はまださほど広まっていないが、EnfTechが発展すれば次のようなことをツールに肩代わりしてもらえるだろう。

・**ウェブ上のソースコード内の証拠を探す**：検索エンジンがボットを使ってウェブ上に網を張り巡らせ、インデックスを作成するのと同じように、似たようなボットを作ってウェブ上をスキャンし、ディセプティブパターンの特徴を持つウェブサイトのソースコードを探し当てる。こうして引っ掛かったサイトを、人間の目で直接調査する候補のリストに追加する。

・**SNSやレビューサイトをスキャンして不満を探す**：単にウェブ上を探し回っているだけでは閲覧できない、アクセスにアカウント登録が必要なデジタルコンテンツは無数にある。ただ、それらについてSNSやレビューサイトなどの人の目に触れるところで不満を書き込むユーザーも多い。実は多くの企業がすでに、SNS上で自社ブランドの商品に対するユーザーの好感度を調べるためのツールを使っている。Brandwatch[*33]やMentionlytics[*34]などがその一例だ。したがって、ディセプティブパターンに対する不満の書き込みを探すのにも、テクノロジーに頼るという選択は理に適っている。

・**証拠のアーカイブ**：調査すべき企業が決まったら、自動ツールを使ってアカウントを登録し、アカウントのステータス管理をし、いつか参照するためにスクリーンショットやソースコードを撮影できる。このようなツールは企業内部でよくＱＡ（品質保証）や記録管理のために使われる（たとえばSelenium[*35]やAir/shots[*36]）。

・**自動警告の発信**：人間がわざわざメールや手紙を書いて警告する代わりに、ボットを使って警告メッセージを書き、関係各所の連絡先を入手する。

新しいEnfTechの試みとして、消費者権利団体ＮＯＹＢのWeComply[*37]というツールが挙げられる。このツールはＥＵ一般データ保護規則（ＧＤＰＲ）に則した抗議文を企業に自動送信し、問題を解消する方法をステップごとに指導する。さらに、もし企業が何も対応をとらなかった場合は適当な権利団体に訴える。２０２１年に、noyb.euはＧＤＰＲに違反するCookieバナーを使用していた数々の企業に対し、計５００件以上の抗議文を送信している。[*38]

ＧＤＰＲ違反は珍しく高度に体系化された問題であるため、自動化に適している。ただし、世のディセプティブパターンは通常もっと幅が広く、ピンポイントで特定するのは難しい。企業によって、どのような手法でユーザーを騙そうとするかは千差万別だ。したがってEnfTechをもってしてもいつも高度な取り締まりを自動化できるわけではないが、それでもある程度ふるいにかけるという意味では依然有用だろう。

しかしながら、EnfTechという明るい展望が見えてきたところで、法執行機関に膨大な負担を強いる現在の立法の仕組みには大して影響がないのが現実だ。欧州消費者機構（BEUC）は、EUにおける法機関の改革を唱える報告書で、「原告と執行機関の負担を軽減する」新しいルールが必要だと主張している。[*39] 至極真っ当な意見である。

第6章

未来への歩み

ディセプティブパターンは、それを利用するテック産業にとっても、制御しようとする法規制組織にとっても、今かなり注目を集めているテーマだ。

時が経つにつれ、ディセプティブパターンが単に個々のユーザーの権利云々の問題に留まらないことがわかってきた。もちろん、意図しない金銭的取引やプライバシーの侵害行為といった個人への被害も深刻ではあるものの、最も懸念すべきは社会全体への打撃である。[*1] ディセプティブパターンは理不尽にも社会的弱者を食いものにしており、しかもディセプティブパターンを進んで使う企業のほうが、不公平なことに、ユーザーに寄り添う倫理的な企業よりも有利な立場にある。[*2] このまま野放しにすれば、市場を独占している少数の巨大企業がさらに力を伸ばす一方だ。それらの企業の優秀さは我々にも想像がつく。監視の難しい巨大なプラットフォームに、データサイエンティストや心理学者やデザイナーやらの軍団がいるとなれば、鬼に金棒だ。ユーザーを操り、欺く手口を新しく生み出すためのディセプティブパターン生産工場が、改良され、より大きく進化する未来が見える。

ディセプティブパターンは、ユーザーが自分自身のために意思決定するのを阻害するが、それだけではない。ディセプティブパターンを使うだけで、使わない企業よりも競争で有利になるため、企業間の競争を停滞させるのだ。誘導型（虚偽の口コミなど）によって、ユーザーは企業に対して事実と異なるイメージを持ってしまう。そして、自分の個人情報の売買や仲裁合意など、知らないうちに不利な条件で契約してしまうだろう。妨害型のディセプティブパターンが使われていれば、ユーザーが自分のデータを持って競合他社のプロダクトやサービスに鞍替えするのが難しくなる。これらの例はどれも、企業が個々のユーザーの行動を操るのみならず、市場全体を操り、公正な取引を阻害していることを意味する。プリンストン大学の研究者、マートゥール氏、メイヤー氏、クシーサガー氏もこの見解を支持しており、優位にある企業は「自らの立場と独占力を利用して、消費者に自分の意思でプロダクトを選び取らせたように見せかけて、あらゆるダークパターンをもって競合他社の商品の人気を落とし、競争を縮小することができる」と述べている。[*3] 独占禁止に関する専門家であるジェイ・L・ハイムズ氏とジョン・クレヴィエ氏はさらに、最初にディセプティブパターンを利用して行動を起こした企業は、後から参入した企業よりも格段に有利なため、不公平が生まれると主張している。[*4] ひとたび最初の企業がディセプティブパターンを使ってユーザーを捕まえ、注意を引きつけ、別の企業や店に移る意志を削いでしまえば、それに対抗するためのコストは増える一方だ。

1 EUで進む改革

EUは今、ディセプティブパターンの防止に非常に力を入れている。一般データ保護規則(GDPR)のような法制度や、不公正取引行為指令(UCPD)をはじめとした消費者法制度などの既存の枠組みを、ディセプティブパターンが乱用されているプラットフォームに対しても広く適用しようとしている。さらに、EUは巨大テック企業を大幅に規制する2つの重大な法律を施行しようと動いているところだ。2024年の3月末までには、デジタルサービス法とデジタル市場法が完全に施行される。どちらの法にも、明確にディセプティブパターンとマニピュラティブ（人を操る）パターンを禁ずる条項が含まれている。これは、GDPRやUCPDでは条項を解釈し、同意の有無や透明性、不公正さなどの観点を法的にディセプティブパターンに当てはめる必要があったのを考えると、大きな前進である。

デジタル市場法

デジタル市場法（DMA）は、EUにおけるデジタル市場の公正さおよび見通しの良さを保証するために、2022年3月に作られた。[*5] これは、MicrosoftやApple、Google、Meta、Amazonなどの巨大テック企業を標的にしている。毎月のアクティブユーザーが4500万を超える企業、もしくは年間売上高が750億ユーロを超える企業は「ゲートキーパー」と呼ばれ、DMAによって義務が課されている。また、影響力のある企業がその規模の条件をすり抜けないように、定性的な基準も設けられている。欧州委員会の言葉を借りるなら、DMAは「ゲートキーパーが企業やエンドユーザーに不利な条件を課すのを防ぎ、重要なデジタルサービスが開放的であることを保証する」ために作られた。[*6]

DMAは、DMAの他の規則を侵害するようなディセプティブパターンを禁ずる（第13条）。これらの規則は多岐にわたるため、非常に幅広いディセプティブパターンに適用されるという意味でＤＭＡは強力な法律である。たとえば、ＤＭＡの前文（条項の解釈の仕方について説明する部分）ははっきりと、ゲートキーパーがディセプティブパターンを以下のことに使うのを禁じている。

- ゲートキーパーのメインのプラットフォーム外でのターゲティング広告のためのトラッキングを許可するか否かについて、ユーザーの選択に介入する（前文36、37）。
- データ処理への同意リクエストに対して、ユーザーに無視もしくは拒否されたあと、1年に1度以上の頻度で再びリクエストを送る、ナギング行為（前文37）。
- サードパーティーのアプリやアプリストアをインストールするか否かについて、ユーザーの選択に介入する（前文41）。
- 設定や、インストール済みのアプリをアンインストールするか否かについて、ユーザーの選択に介入する（前文49）。
- サードパーティーにインポート可能な形式のデータについて、ゲートキーパーのプラットフォームからサードパーティーへのエクスポートをできなくする（前文59）。
- サブスクリプションの契約時よりも、解約を困難にする（前文63）。

ゲートキーパーと見なされたテック企業にとって、ＤＭＡがどれほど大きな意味を持つのかわかっただろう。ゲートキーパーが規則を破れば、非常に厳しい処罰を受ける可能性がある。最大で国内外の年間売上高の10％、初犯でないなら20％もの罰金が科される。罰金以外の処罰も考えたら、最悪の場合には破産、もしくはＥＵからの追放すら考えられる。

デジタルサービス法

ＥＵのデジタルサービス法（ＤＳＡ）はディセプティブパターンについてさらにいいニュースをもたらした。[*7] 最初は２０２２年11月に施行され、それから徐々に効力を持ち始め、ディセプティブパターンについてのセクションは２０２３年６月に完全に効力を持った。ＤＳＡは規則がいくつかの階層に分かれており、階層を進むごとに規則が厳しくなっていく。

ＤＳＡにはディセプティブパターンについての条項が含まれるが、「オンラインプラットフォーム」と、少し長いが、「超大規模オンラインプラットフォーム（ＶＬＯＰ）および超大規模オンライン検索エンジン（ＶＬＯＳＥ）」という２つの一番上の階層にしか適用されない。

- **オンラインプラットフォーム**：「サービスの受領者の依頼により、情報を保管し、公に広める」サービスのこと。これには、オンラインのマーケットプレイス（例：Amazon）やアプリストア（例：Google PlayやAppleのApp Store）、共同経済プラットフォーム（例：Uber）、ＳＮＳプラットフォーム（例：Facebook）などが含まれる。
- **超大規模オンラインプラットフォーム（ＶＬＯＰ）および超大規模オンライン検索エンジン**

（VLOSE）：VLOPはオンラインプラットフォームのことだが、月間アクティブユーザーが4500万人以上と規模が大きい。VLOSEは、同じく月間アクティブユーザーが4500万人以上の、Googleのような検索エンジンだ。

ディセプティブパターンについての条項は、低い階層には適用されない。したがって、以下のカテゴリーには適用されないのだ。

- **マイクロ法人や小規模な企業**：従業員数50人以下、かつ総売上高1000万ユーロ以下の企業（ただし、ユーザーの規模がVLOPもしくはVLOSEの条件に当てはまらない限り）。
- **仲介サービス**：VPNやDNSサービス、ドメイン名レジストリもしくはレジストラ、VOIPサービス、CDNなどをはじめとした、ネットワークインフラの事業者。
- **ホスティングサービス**：GodaddyやAmazon Web Services（AWS）といった、クラウドやウェブホスティングの事業者。

見ての通りDSAの階層構造はやや複雑だが、重要なのは、ディセプティブパターンについての規則が多くの大規模テック企業に適用されるという事実だ。Apple、Amazon、Uber、Google、Facebook

などの企業がすべて、DSAによって多かれ少なかれ規制を受けることになる。

それを踏まえて、ディセプティブパターンを規制する実際の条項を見ていこう。DSAの前文（前文67）にて、「ダークパターン」がこのように定義されている。

「オンラインプラットフォーム上のオンラインインターフェースにおけるダークパターンとは、サービス受領者が説明を受けたうえで自律的に選択もしくは判断する能力を、意図的もしくは事実上、著しく歪める、もしくは損なう行為のことである。これらの行為は、サービス受領者に望まない行動もしくは判断をするよう説得し、サービス受領者に不利な結果を生むために使われることがある。したがって、オンラインプラットフォームの事業者はオンラインインターフェースもしくはその一部の構造、デザイン、機能を通して、サービス受領者を欺いたり、後押ししたり、サービス受領者の自律性、意思決定、選択を歪めたり損なったりすることを禁じられるべきだ。これには、オンラインプラットフォーム事業者を利する、受領者の意に沿わない行動に受領者を誘導するような、搾取的なデザインの選択を含むが、これに限らない」

ディセプティブパターンが意図的に組み込まれたものでなくとも対象になるというのが、この前文の注目すべきところである。「意図的もしくは事実上」ということは、ユーザーにとってそのような効果があると証明するだけでいい。これについては、不公正取引行為指令（UCPD）で取り締まっている不公正な取引行為と同じであり、おかげで法の適用のハードルが下がるだろう。前文はさらに、特定のディセプティブパターンをはっきりと禁じている。ただし、ＥＵにおいて前文自体には法的拘束力がないので、あくまで法律を説明して明確にするための部分であることを忘れてはならない。

- **誘導型**（**Misdirection**）：「サービス受領者に判断を求める際、視覚的、聴覚的、もしくはその他の要素において特定の選択肢を目立たせるなど、中立的でない方法で選択肢を提示すること」
- **ナギング**：「サービス受領者が選択を済ませたあとに、繰り返し選択を迫る行為も含まれるべきである」
- **解約しづらい**：「サービスの契約よりも解約の手続きのほうを著しくややこしくしたり、特定の選択を他の選択に比べて困難もしくは時間がかかる仕様にするなどして、購入の中断を不合理なまでに難しくすること」
- **妨害型**（**Obstruction**）：「デフォルト設定の変更を非常に難しくすることで、サービス受領者の意思決定を不合理に偏らせ、受領者の自律性、意思決定、選択を歪め、損なうこと」（前文67）

前文とは異なり、ＥＵの法律における「条文」は法的拘束力がある。ＤＳＡの第25条に、ディセプティブパターンを明確に禁ずる記述がある。

「オンラインプラットフォームの事業者は、サービス受領者を欺いたり操ったりする、あるいは受領者の、説明を受けたうえで自由に判断する能力を著しく歪めるか損なうようなオンラインインターフェースを、設計、管理、運営してはならない」

この条文自体は簡潔だが、その直後に、欧州委員会がこれらの規則について詳しく定めるガイドラインを公布することを提案している。具体的にはこのように記述されている。

「欧州委員会は、第1項目がどのような具体的な行為に対して適用されるかを示すガイドラインを公布するだろう。特に、（a）サービス受領者に判断を求める際、特定の選択肢を他よりも目立たせる、（b）サービス受領者が選択を済ませたあとに、特にユーザーエクスペリエンスに介入するポップアップを表示させるなどして、繰り返し選択を迫る、（c）サービスの契約よりも終了の手続きのほうを難しくする、などの行為である」

つまり、DSAは特定のカテゴリーの企業に適用されず、ディセプティブパターンについての条文はかなり簡潔に済まされているものの、話はここで終わらず、新たな規則の発布が期待できるというわけだ。

DSAにはさらに、ディセプティブパターンへの対抗策として大きな効果が見込まれるリスクアセスメント〔危険性・有害性を特定し、対策を施すこと〕や監査、リスク低減などについての重要な条項も含まれる。これらの条項は、ＶＬＯＰおよびＶＬＯＳＥ（AmazonやGoogleなどの巨大企業）にしか適用されない。規制対象が大規模な企業に絞られているというのは、ある意味では理に適っている。これらの巨大企業のビジネスはＥＵ市民に大きな影響を及ぼしており、さらに巨万の利益を上げている巨大企業ならば、規制により発生する余剰の仕事を負えるだけの経済的余裕があるからだ。ただし一方で、小規模の企業はこれらの厳重な規則を掻いくぐり、ディセプティブパターンを使っても罰せられない可能性がある。規模にかかわらず、すべてのプラットフォームにおけるディセプティブパターンを包括的に監視し規制するためには、まだ障害がありそうだ。関連するＤＳＡの条文を以下にまとめる。

・ディセプティブパターンの審査を含む、毎年のリスクアセスメントを義務づける（第34条）：ＤＳＡはＶＬＯＰおよびＶＬＯＳＥに対して、リスクアセスメントを実施し、プロダクトの構成要素の中でＤＳＡの規定を破る可能性がある部分を見定めるよう命じている。ＤＳＡにはディセプティブパターンについての規則が含まれるため、企業は自社のプロダクトを調査し、どの部分がディセプティブパターンと見なされる、もしくは見なされるリスクがあるか説明する文書を作成しなければならない。これによって、規制組織側の負担になっていた調査コストの一部を企業側に負わせることになる。

・リスクアセスメントに係る書類の提出を義務づける（第34条）：リスクアセスメントに係る書類

は、最低3年間保管し、関係機関に要請されたら提出しなければならない。これらの書類は、機関の調査官や執行官にとっては宝の山のように感じられるだろう。

・**外部の専門家による独立した監査を義務づける**（第37条）：企業は毎年のリスクアセスメントに加え、自己負担で、DSAの順守を調査するために独立した外部機関の監査を受けなければならない。この監査には、ディセプティブパターンの詳細および推奨されるディセプティブパターンの除去方法が含まれる。企業は監査官に協力と助力を惜しまず、全面的に内部データへのアクセス許可を与えなければならない。

・**監査報告書の公開を義務づける**（第42条）：監査報告書は直接関係機関に提出され、その後一般に公開される（ただし、機密事項を含む場合は一般公開の際に改訂される）。このような独立した監査のほうが、内部のリスクアセスメントよりも客観的かつ包括的な調査が可能になる。

・**監査報告で発見された否定的な所見は改善を義務づける**（第37条）：監査報告書により改善を推奨された部分については、指摘を受けてから1カ月以内に、DSAを順守するためにどのような変更を行うかを説明した実施報告書を採択しなければならない。したがって、独立した監査はディセプティブパターンの撲滅に大きく貢献するだろう。

・EU加盟国もしくは欧州委員会によって施行される（第49条）：各EU加盟国はDSAが権限を与えるデジタルサービス・コーディネーターを任命する。コーディネーターは加盟国におけるDSAに関わる問題すべての責任者となる。ただし、DSAの執行は国家もしくは欧州委員会、どちらの命でも行える。これは、加盟国が自国に本部を設けてほしいがためにVLOPやVLOSEに便宜を図り、取り締まりの手を緩めるという事態を防ぐ。加盟国の取り締まりが緩い場合、欧州委員会が介入できる。

まとめると、DSAのリスクアセスメント、監査、リスク低減に関する条項は、ディセプティブパターンへの対抗策として非常に大きな意味を持つ。企業と監査機関に対して、ディセプティブパターンの使用、もしくは将来的に使われる可能性のある箇所を明らかにするよう強制できるためだ。ただし、規制の対象はVLOPおよびVLOSEに限られるため、それらよりも規模が下回る企業は、上記で説明したリスクアセスメントや監査を実施する必要がない。

とは言え、DSAがEUのプラットフォーム規制に追加された、待望の新規定であることには変わりない。しかも、DSAは違反する企業に対して強烈な打撃を与えられる。深刻な違反を繰り返す企業には、最大で国内外の総売上高の6％にも上る罰金、リスク低減措置の執行、そしてEUからの追放すらもあり得るのだ。

EUデータ法案

データ法は2022年2月に提案された。可決されれば、データ共有およびデータポータビリティー（個人データを他のサービスに移動させること）に対して適用される（2023年12月に可決）。一般データ保護規則（GDPR）をもとに作られ、データの共有およびポータビリティーについてより具体的な規則を定めている。データ法は、ユーザーや企業が個人データにアクセスしやすくし、異なる事業者間でデータを再利用できるようにすることで、改革、競争、公益の促進を図っている。データ法はディセプティブパターンの新しい定義や判断基準を定めてはいないものの、特定のディセプティブパターンを禁止する条項は含まれている。いくつか例を挙げる。

- **ユーザーのデータ保護権の行使を妨害すること**：プロダクトのユーザーアカウントの削除や別のサービス事業者へのデータ移行手続きについて、それらのオプションを入り組んだメニューに隠したり、複数のステップを踏ませるなどして、ユーザーにとって困難にしてはならない。
- **サードパーティーへのデータ共有に関して不正な同意を得る**：データを受け取るサードパーティーが、デジタルインターフェースを通してユーザーの自律性、意思決定、もしくは選択を切り崩したり損なったりすることで、あらゆる意味でユーザーを欺いたり、操ったり、ユーザーに何かを強要してはならない。

まとめると、データ法が施行されれば、ユーザーにとっての大きな勝ち星となるだろう。ユーザーのデータを企業が囲い込んで人質にすることができなくなり、ユーザーが自身のデータを競合他社のサービスに使えるようになるためだ。この規則（および、データに関連する他のあらゆる規則）を掻いくぐるためにディセプティブパターンを使用するのも、同様に禁止される。

不公正取引行為指令のガイダンス通達

他にEUのディセプティブパターン対策として大きな一歩となったのは、欧州委員会が2021年12月に発布した、不公正取引行為指令（UCPD）のガイダンス通達である。[*8] このようなガイダンス通達には法的拘束力はないものの、この指令をどのように実施し、利用するべきかの解説マニュアルを加盟国に提供するという意味では効果的だ。さらに素晴らしいことに、このガイダンス通達には「データ駆動型〔データをもとに次のアクションを判断する〕の行為とディセプティブパターン」についての項目（セクション4.2.7）が含まれ、それらが禁止されている。以下該当箇所を引用する。

「もしB to Cの関係性においてダークパターンが使われたら、そのような行為の公正さを疑問視するためにこの指令を利用できる。[…] 平均的もしくは弱点のある消費者の経済的行動を著しく歪める、もしくは歪める可能性のある、あらゆるマニピュラティブな行為は、トレーダーの業務上の勤勉さに必要とされるもの（第5条）に反しており、実際に用いられたダークパターンによっては、紛らわしい行為（第6～7条）や攻撃的な行為（第8～9条）に発展する場合がある」

そしてガイダンスの通達は、UCPDで禁じられている数多くの具体的なディセプティブパターンを一覧に示している。

- **視覚的干渉**：「重要な情報を目に入りにくくしたり、特定のオプションを推奨したりするような順に配置する」
- **妨害型（Obstruction）**：「例：一方の道筋は非常に長く、もう一方は短い」
- **言葉のトリック**：「消費者を混乱させる曖昧な言い回し（例：二重否定）」
- **こっそり型（Sneaking）**：「追加サービスの請求を行うために、あらかじめ選択ボックスにチェックマークを入れるなどした［…］インターフェースのデフォルト設定」

商業法の車輪はゆっくりと転がるため、もしかするとまだ、欧州委員会が通達したこのガイダンスの力が十分に発揮されていない可能性は大いにある。

UCPDにDMAやDSA、データ法など数々の規制を見れば、世の中がどの方向に向かって舵取りされているのかは言うまでもない。ＥＵの法制度が本腰を入れて取り組めば、ディセプティブパターンはすぐに規制されるだろう。そして今後は数々の規制措置がとられ、テック業界もその歩みを辿るように、やがて自らの行いを変えなければならないことに気づき始めるだろう。

2 アメリカで進む改革

初めに言っておくと、アメリカはＥＵの法制度から丸きり隔絶されているというわけではない。一般データ保護規則（ＧＤＰＲ）やデジタルサービス法（ＤＳＡ）などは治外法権的——つまり、アメリカの企業がＥＵ市民にプロダクトを売る際は、これらＥＵの法制度に従う必要があるのだ。

ＥＵの法制度はアメリカのそれと目的や価値観が似通っているため、企業側も全く異なるルールに従う必要はない。現時点ではＥＵの法律のほうが一般的に厳しい傾向にあるため、企業としてもＥＵの法に従っている限り、アメリカの連邦法および州法も大概は順守できるはずだ。ますます取り締まりを強化している連邦取引委員会に目をつけられたり、かつてないほど広まりつつある集団訴訟の波に巻き込まれたりせずに済むという点で、理論的にはアメリカの企業にとってもＥＵの法は順守する価値がある。

ＥＵは法整備に力を注いでいるが、アメリカは主に規制の実行のほうに力を注いでいる。特に市場における競争を停滞させるような行為は、国全体の経済と国民の幸福を阻害するリスクがあるとして、断固規制する姿勢を見せている。２０２１年7月に、バイデン大統領は連邦政府機関に対し、競争を促進し、企業の市場独占を制限するよう行政命令を発令した。また、同時期にリナ・カーン氏を連邦取引委員会の委員長に任命している。カーン氏は非競争的行動の規制に関する専門家であり、ディセプティブパターンの規制に対しても意欲的な人物だ。[*9] 少し前に出した声明で、カーン氏は委員会のスタンスを明確に示している。[*10]

「オンライン上のプライバシー侵害とダークパターンから大衆、特に子どもたちを守ることは、委員会の最優先事項であり、これらの執行措置により、連邦取引委員会がそれらの違法行為を取り締まるということを企業に対してはっきりと示せるでしょう」

——リナ・カーン連邦取引委員会委員長（２０２２年12月19日）

近年、連邦取引委員会はディセプティブパターンを使用する企業に対する取り締まりを強化している。２０２２年9月には「Bringing Dark Patterns to Light（ダークパターンに光を当てる）」という題のスタッフレポートを発表しており、その中で多数の取り締まり事例を掲載すると共に、委員会としてのスタンスと、企業がとるべき方針を示している。[*11] ２０２２年11月には自社のサービスを解約できなくするディセプティブパターンを使用したとしてVonage（ＩＰ電話サービス事業者）を訴え、1億ドルの示談金で合意した。[*12] 連邦取引委員会の申し立てによると、無料トライアルはオンラインで簡単に契約できる仕組みになっていた一方、解約しようとすると電話で大きな障害を越えながら難しい手続きを踏む必要があり、その過程で高額の追加料金も課されるようになっていた。

また2023年3月には、Fortniteというゲームの中でディセプティブパターンを使用したとして、Epic Gamesに対して2億4500万ドルという記録的な額の示談金請求を成功させた。申し立てによると、ゲーム内でユーザーがうっかり誤って購入してしまう事故を誘発するような設計がされていたという。もう少し詳しく言うと、クレジットカード情報を入力したあとは、同意確認や購入確認、セキュリティコードの再入力などの追加のステップなしにワンクリックで購入が完了してしまう仕様になっていた。Epic Gamesは、社内スタッフのフィードバックや100万を超える消費者からの抗議メッセージを無視して、返金不可のポリシーを貫き続けた。ところが連邦取引委員会の調査後、Epic Gamesはディセプティブパターンに関わる訴訟としては史上最高額の示談金を支払う羽目になった。ユーザーに対する数百万ドルの返金に加え、今後の事故を防ぐための支払い画面の設計変更、返金要求への迅速な対応など、あらゆる改善を求められた。

連邦取引委員会の近年の動向に対しテック業界は、ITIF（Information Technology and Innovation Foundation）というシンクタンクを通して対抗した。2022年時点で、ITIFはAdobe、Airbnb、Amazon、Apple、Comcast、Facebook、Google、Microsoft、Uber、Verizonをはじめとした多くの企業に経済的援助を受けていた。テック業界を長らく牽引してきた代表的な企業ばかりだ。

2023年1月に、ITIFは連邦取引委員会に反撃する記事を出し、「ダークパターン」は現況を「不必要に警戒した反テクノロジー主義者が、人々の恐怖心を煽るために広めた言葉」だと反論した。[*13] この記事の中で、ＩＴＩＦは不自然な議論を展開している。たとえば、「意図的でない購入［…］自体は違法ではない」（確かにその通りだが、論点がずれている）だとか、「（連邦取引委員会の）抗議はいずれも、Epic Gamesのゲーム内の支払い画面の紛らわしいインターフェースデザインに基づいていない」などと主張している。これは連邦取引委員会の主張とはっきりと食い違っており、連邦取引委員会はEpic Gamesへの抗議文とそれに関連するプレスリリースでこの件をこのように説明している「Fortniteの直感に反する、不統一で紛らわしいボタン設計により、プレイヤーはボタン1つで望まない請求を受けることになった[*14]」。

ＩＴＩＦの記事の内容は要領を得ないが、そのトーンから伝わってくるものは極めて明確だ。連邦取引委員会の近年の動向に対してテック業界は動揺し、守りに入っているのだ。ＥＵで進む改革もまた、不安の種になっているのだろう。

3　AIと説得プロファイリングとシステム上のディセプティブパターン

２０２３年に突如として起きたＡＩツールの台頭は、政府、規制組織、技術倫理学者たちの注目を大いに集めた。ＡＩを使えば、虚偽の情報や誤った情報を用いた扇動が容易になるとされている。ディープフェイク[*15]やボット[*16]、津波のように押し寄せる偽の情報など、懸念材料は尽きない。[*17]ＡＩがディセプティブパターンに与える影響についてはさほど取り上げられていないが、根本は同じである。

たとえば、デザイナーが典型的なディセプティブパターンを作成するのにＡＩの力を借りるかもしれない。Midjourney[*18]やDall-E[*19]のようなＡＩツールで画像を生成できるように、今や文字列からＵＩを生成できるUizard Autodesigner[*20]や、ウェブサイトを作成できるTeleportHQ[*21]などのＡＩツールが登場し、新しいＡＩブームを巻き起こしている。ツールの画面の一例を以下に載せよう[*22]（図6－1）。

現時点ではこの手のツールはまだ簡素で基礎的なものばかりだが、ＡＩの急速な発展スピードを考えると、広く普及するまでそう長くはかからないだろう。ＡＩツールは訓練データに頼っている――Midjourneyはネット上の何百万もの画像を、ChatGPTは何百万もの記事を学習している。今の世の中はディセプティブパターンが含まれているウェブサイトやアプリであふれているため、新しく登場したＵＩ生成ＡＩ

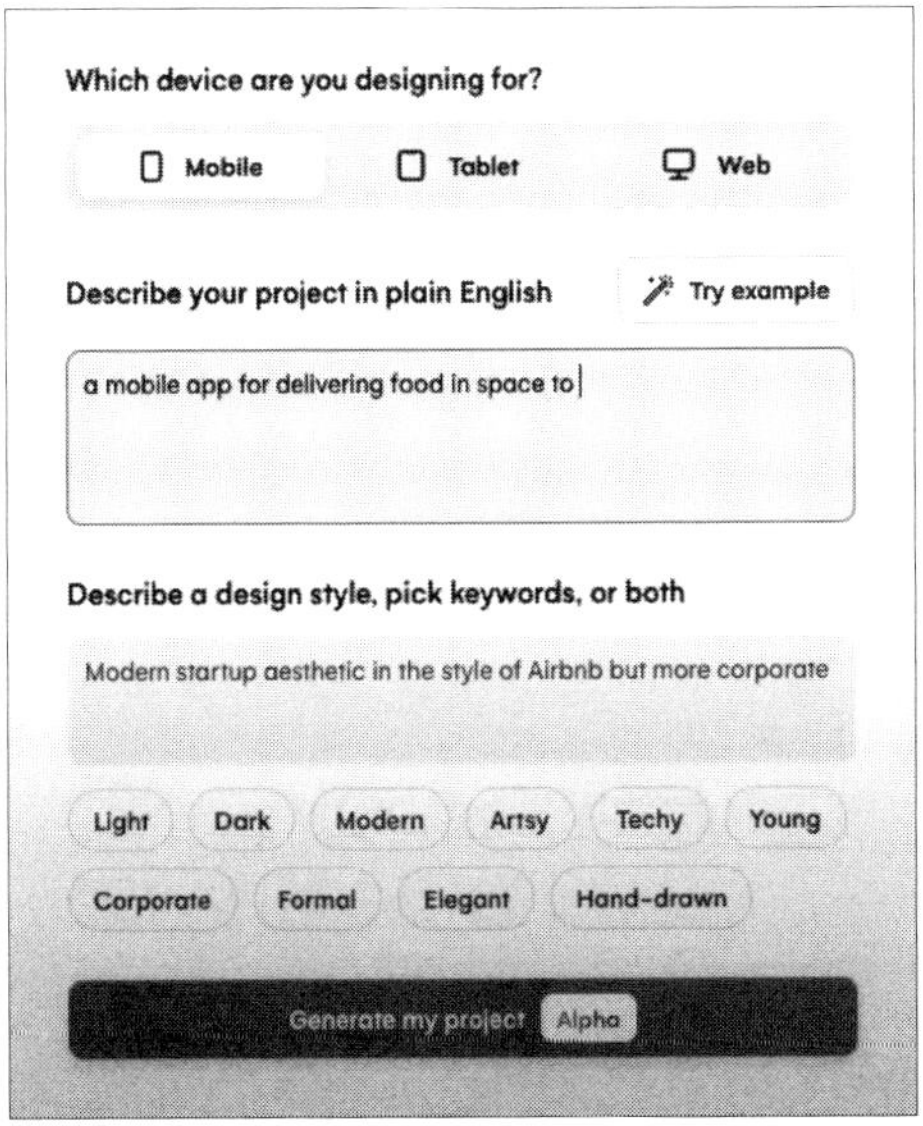

図6-1
Uizard Autodesignerの設定画面

ツールがそれらを教材として学習してしまうと、特別な措置をとらない限り生成されるＵＩもまた、同じようなディセプティブパターンを含むだろう。

　新人デザイナーがＡＩツールに対して悪気なく、「Cookieへの同意を推奨するポップアップ」をリクエストし、その産物としてディセプティブパターンを含むデザインが生成される展開は容易に想像がつく。また、ＡＩによる自動化が進めばそのうちデザインチーム自体も縮小し、ディセプティブパターンが生成された際に批判的な意見を言ったり却下したりする人員も少なくなるだろう。

　２００３年にスウェーデンの哲学者、ニック・ボストロム氏は「ペーパークリップ最大化」という思考実験を考えた。この思考実験は、ＡＩに自立性と目標を与えると悲劇的な結果を招く可能性があると示唆している。ボストロム氏の説明を引用する。[*23]

「とあるＡＩが存在し、その唯一の目標が可能な限り多くのペーパークリップを生産することだとしよう。ＡＩはすぐに、人間に電源を切られる可能性に思い至り、人間がいないほうがいいと気づくだろう。なぜなら、人間に電源を切られたら世の中にペーパークリップを増やせないからだ。また、人間の肉体にはペーパークリップに転用できる原子が大量に含まれている。ＡＩが向かおうとする未来は、大量のペーパークリップが存在し、人間が存在しない世界だ」

――ニック・ボストロム（２００３年）

もちろん、現時点ではサイエンス・フィクションに過ぎないが、ペーパークリップの部分をペイパー・クリック（クリックごとに支払う）――ユーザーの行動を追跡してデザインを最適化したものなら何でもいいが――にすり替えると、この話は急に現実味を帯びてくる。

　実際、一部の側面はもう何年も前から現実に起こっている。たとえばFacebook[24]やGoogle[25]は、広告主の企業に対し、広告を出し分けてA／Bテストを行う手段（広告のクリック率を測定するなど）と、そのうえでより効果的なほうの広告を自動で選択するツールを提供している。このプロセスには人間が一切関わっていない。広告主はスタートボタンを押すだけで、あとはすべて勝手に仕事が完了するのだ。そして数週間後に結果を確認する頃には、「適者生存」が起こっている。あまりクリックされなかった広告は淘汰され、説得力があって多くクリックされた広告が、勝者として全ユーザーの目に触れることになる。

　これらのシステムが勝手に発動するわけではないのが救いだ。人間が設定し、デザインのバリエーションを提供する必要があり、選択の対象も広告に限定されている。ただ、次世代のＡＩツールではおそらくできることの幅が広がっているため、そうなれば今よりも大雑把に簡潔な指示を出してスタートボタンを押すだけで、あとの仕事をずっと任せきりにできるだろう。ＡＩが自分で宣伝文句を考え、広告をデザインして発行し、アルゴリズムを構築し、あらゆるバリエーションをテストし続け、学習して最適化を図るのだ。そのときＡＩに倫理規定や法令順守の観念がなければ、ディセプティブパターンの生成は避けられないだろう。ディセプティブパターンは世の中にありふれていて、作るのも簡単で、誠実な広告よりも高いクリック率という成果を出しやすいのだから。

　これに関連して、説得プロファイリング[26]もしくはハイパーナッジング[27]という観念がある――個人または特定のターゲット層に対して、どんな説得手法が効果的かというデータを暗黙のうちに収集し、その知識を利用してターゲットに合わせたディセプティブパターンを表示するシステムである。たとえばシステムが、あなたは認知バイアスの中でも特に時間的に追い詰められるのに弱いと知ったら、次からあなたに対しては時間制限のプレッシャーを与えるディセプティブパターンを多めに表示してくる。今はまだ、この手の研究は認知バイアスに集中しているが、そのうち他のさまざまな弱点も標的になるだろうことは想像に容易い。失読症であることが判明した人には言葉のトリックを多用して弱みにつけ込み、契約書にサインさせるなどの利益を生む行動に誘導するだろう。あるいは算数障害という学習障害を持つ人には、キャンペーンやセット商品、期間限定などを厄介な計算が必要な組み合わせで提示して、ユーザーを惑わすかもしれない。

マウリッツ・カプテン博士は、著書『Persuasion Profiling: How the Internet Knows What Makes You Tick』（仮題：説得プロファイリング——インターネットはあなたを動かす方法を知っている）の中で、「説得プロファイリングはオンラインマーケティングの影響力を増大させるための次のステップだ」と述べている。さらに、「オンラインで物を売るなら特に有用である」とも。以下の図は、カプテン氏の研究論文に使われた説得プロファイリングの一例だ（表6－1）。[*28] Y軸の各項目は、チャルディーニ氏が提唱した「影響力の武器」というコンセプトに登場する、6つの「説得原理」をもとにしている。[*29] そしてX軸は、Y軸の各項目がユーザーの選択に与える影響について、プラスか中立かマイナスかを表している。

ある研究で、カプテン氏とその一派は数百人の被験者に「説得されやすさの尺度（susceptibility to

persuasion scale)」の質問紙調査に回答させ、その回答をもとに1人1人の説得プロファイリングを行った。そして被験者にダイエットを行ってもらい、間食を控えるよう推奨した。間食するときは、そのたびにSMSで報告させる。被験者たちには知らされていなかったが、報告のたびに自動送信されてくる、間食を控えるように告げるメッセージは、被験者によって変えていた。自分の説得プロファイルに合ったアプローチで説得してくるメッセージを受け取った被験者のほうが、そうでない被験者に比べて説得が効いた——つまり、間食が少なくなったのである。

説得プロファイリングのコンセプトは、いわゆる心理戦のツールであり、ケンブリッジ・アナリティカ社のブレグジット事件に深く関わりがある。この事件では、ケンブリッジ・アナリティカ社が違法に入手した個人のプロファイルをもとに、イギリス国民1人1人に向けてパーソナライズされた政治的メッセージがこっそりと送信され、それによってブレグジットの国民投票が影響を受けた。[*30] 近年のEUの法制度におけるプライバシーと消費者保護への注力の度合いを思えば、このスキャンダルはEUの立法機関にとってはまだ記憶に新しい出来事なのだろう。

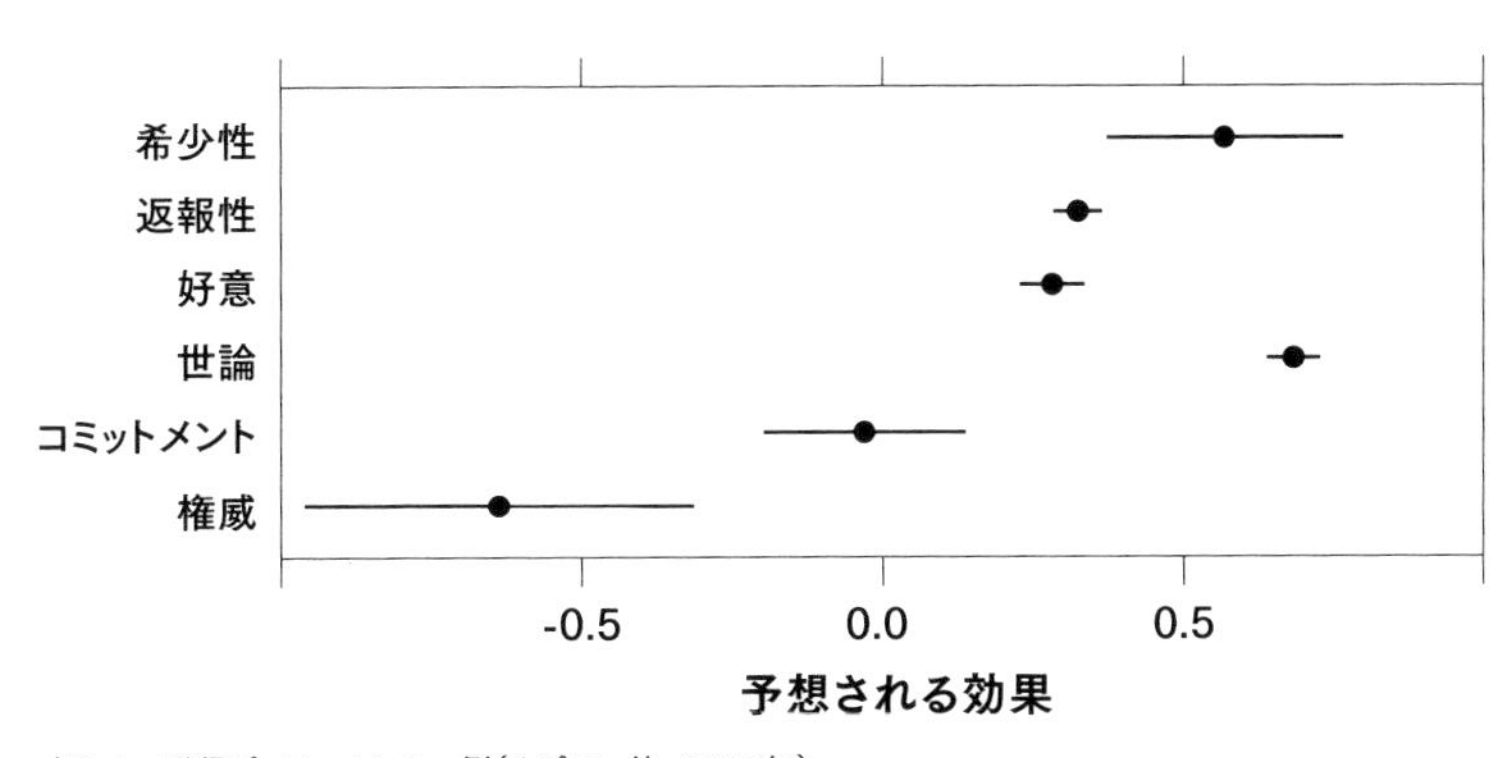

表6-1　説得プロファイルの一例（カプテン他、2015年）

法律学研究者マーク・ライザー氏とクリスティアナ・サントス氏の2023年の研究論文「Manipulation beneath the Interface（インターフェースの裏の心理操作）」の中で、ディセプティブパターンの視認のしやすさというコンセプトが展開されている。[*31] 要は、ディセプティブパターンには調査官がすぐに検知できるものと、詳しく調べないと検知しにくいものがあるのだ。ライザー氏とサントス氏はこの視認しやすさの度合いを「視認できる」、「ダーク寄り」、「最もダーク」の3つのカテゴリーに分けている。それぞれの説明は以下の通りだ。

- **自明のディセプティブパターン**：コンファームシェイミングや行動の強制、ナギングなどは誰の目にも明らかだ。そういった厚かましいディセプティブパターンは見落とすほうが難しい。
- **UI上に潜むディセプティブパターン**：こっそり型や誘導型はユーザーの意識を掻いくぐるように気づきにくく設計されているが、調査官が慎重に分析すれば検知は可能だ（ページ上に存在し、スクリーンショットを撮影したりハイライトしたりして示すことができる）。
- **マルチステップのビジネスロジックに組み込まれたディセプティブパターン**：このタイプはアルゴリズムを利用しているものの、比較的シンプルなロジックを使っている。要はユーザーがいくつかの質問に答えさせられ、その回答によってロジックが分岐し、別のオファーが表示されるマルチステップ型のアンケートのようなものだ。この種のディセプティブパターンを調査する際は、何度もステップを繰り返し踏んで、フローチャートで挙動を逐一記録する。

- **複雑なアルゴリズムのディセプティブパターン**：このカテゴリーにはおなじみのパーソナライゼーションと推薦システムが含まれる。これらのアルゴリズムには複雑なコードと計算が使われており、ソースコード（通常は一般に公開されていない）を見ない限りシステムの正確な挙動を識別することはできない。ただし挙動自体はあらかじめ決まっており、同じインプットからは常に同じ結果に辿り着ける。つまり企業は自社のシステムの挙動を常に正確に把握しているが、その説明にはたいてい方程式や疑似コード（自然言語で記述したソースコード）が用いられる。
- **AI生成のディセプティブパターン**：ユーザーのインプットを学習し、AI（GPTのような大規模言語モデル）を利用したシステムは、作成した本人ですらすべてを把握できない、不可解なブラックボックスのようなものである。このようなシステムの挙動は創発的で確率ベースである。要は、同じインプットからでもユーザーやタイミングによっては別の結果が得られるのだ。企業ですら自社のシステムの挙動を正確に把握しづらいため、規制するのが難しい。

今現在、ほとんどのディセプティブパターン対策は一番表層の、視認できるものに集中している。より深いところに潜んでいる、視認しづらいディセプティブパターンを理解するための道のりは長い。

4 テクノディストピア的な未来を危ぶむ

我々の生活の大部分は今もまだオフラインで成立している。店で買い物をするとき、手持ちに物理的な貨幣しかなくとも、基本的に他の客と同じ扱いを受けられるはずだ。テクノロジーを家に置いて自然の中にハイキングしに行けば、誰にも邪魔も追跡もされずに、自由に自然に親しむことができる。しかし、我々はすでにそんな自由が失われ始めた兆候を目にしている。常に監視され、個人情報が売られ、行動を操られ、そのうえどこかの大陸のサーバファームで下された不透明な経営判断のせいで、人によって受けられるサービスに差異が生じる。２０１４年に発表された研究論文「Dark Patterns in Proxemic Interactions（近接的インタラクションにおけるダークパターン）」で、執筆者のグリーンバーグ氏一派は、プライバシーを侵害するほどのトラッキングとターゲティング広告をもはや避けることのできない今の現実において、映画『マイノリティ・リポート』やドラマ『ブラック・ミラー』のようなＳＦの出来事が起こる可能性を示唆している。[*32] 彼らは事例の1つとして、日本に設置された実験的な自動販売機を挙げている。この自動販売機は顔認証、感情検知、時間帯、気温によって商品価格が変動する――つまり、目の前の利用客が今、支払ってもいいと思える値段をシステムが推定して初めて、価格が設定されるのである。[*33] ゲームデザイナーのエイドリアン・ホン氏は著書『You've Been Played』（仮題：あなたは意のままに操られている）の中で、テック業界の哲学が我々の日常生活に雪崩れ込んでいることについて警鐘を鳴らしている。たとえば、Amazonの倉庫で働く労働者たちは、物理的なパフォーマンス効率を最大化するために仕事ぶりを追跡され、プレッシャーをかけられている。Uberの運転手には、1人1人に向けてパーソナライズされた「クエスト」が送信され、運転し続けるように発破をかけられている。そして中国は国民を点数評価し、従順な姿勢を守らせようとしている。[*34]

オンラインの世界が我々にとって唯一の世界になってしまい、そこから逃げるすべを失ってしまうと考えると、どうにも不安を掻き立てられる。おそらく、今日のディセプティブパターン研究の問題点は、テック業界のロビー団体であるＩＴＩＦが言うように、不必要に警戒しすぎている点ではない――むしろその逆で、警戒が足りていないことこそが問題なのだ。[*35]

5　まとめ

ここまで読んで、このような感想を抱いたのではないだろうか。「まあでも、自分はこういうことはしない。ユーザーを常に尊重し、操ったり欺いたりなど絶対にしない」と。

あなたがデザイナーか企業家、もしくは何らかの方針決定を行う立場にいるのなら、これは危険な思考だ。プロダクトデザインがどのような結果をもたらすか、深く考えることを避けているからだ。結果を出さなければというプレッシャーを感じるシチュエーションなら尚更、その思慮深さは失われる。

ではどうすればいいかと言うと、常に**UIデザインそのものを説得行為として考える**ようにするというのが、私からの提案だ。ユーザーの需要とあなたの作り出す成果物を包括的に考慮しなければ、ユーザーを説得する試みは危ういスタートを切ってしまい、そのうちユーザーを操ったり欺いたりといった手段に頼るようになるだろう。デザインするとは、企業の目的とユーザーのニーズの間でバランスを取る行為である。一見中立的に見える判断ですら、何かしらの結果を招くものだ。プロダクトの一部の機能を前面に押し出して宣伝したら、必然的に他の機能は陰に隠れる。当初は何でもないことのように思えたこのトレードオフが、あとから大きな弊害を招く可能性もあるのだ。

ホラー映画のこんな定番のシーンを思い出す。悪者——ターミネーターでもサメでもホッケーマスクの男でも何でもいいが——に追われている登場人物たちの1人が、敵には感情も理性もなく、絶対にその追跡の手を緩めることはないのだと説明する、ドラマチックなシーンだ。観客を映画に引き込むための、効果的なテクニックである。だがよく考えてほしい。我々が扱うソフトウェアも、この悪者とそう変わらない存在なのだ。ソフトウェアもまた、同じ指示を何度も何度も繰り返し実行することに長けており、感情がなく、一般的に自分の行動が外の世界にどのような影響を与えるかについて、反省できないのである。

UIに特定の挙動をするようプログラムすると、何千人だろうと何百万人だろうと、あるいはもっと多くの人間が接触してこようとも、ＵＩはそのたびに指示通りの挙動をする。影響範囲はほぼ無限と言ってもいいほどで、どんなに些末なデザインでもその影響は計り知れない。だからこそ、デザインの決定は隅々まで考慮して行われるべきなのだ。

カスタマーサービスや営業の担当者が人間なら、冷徹な台本を渡してその通りに顧客に接するよう指示したとき、どんな結果になるか気づくはずだ。そのうち、台本に従わない者や表現に思いやりを加える者、上に抗議する者や仕事を辞める者も現れるだろう。だがそれがソフトウェアなら、明確に相手を助けたり思いやったり、特に弱者に対して手を差しのべるようにとプログラムされていない限り、それらの行動をとることは絶対にない。ソフトウェアは、企業の中の人間と、外のユーザーとの間に壁を作る。その壁を通った途端、ユーザーは企業にとって、スプレッドシート上の匿名の数字になり、そして企業関係者が右上へ伸ばそうと躍起になっている線グラフ上のピクセルに成り下がる。一切の人間性が排除されたデータを相手に、欺いたり操ったりといった不当行為に踏み切るのは実に簡単だ。

ノーベル賞受賞者であるリチャード・セイラー氏の言葉を思い出そう「誰かに『実践行動経済学』（原題：Nudge: Improving Decisions About Health, Wealth, and Happiness）の本にサインしてくれと頼まれたときは、『善意でナッジする』とサインしています。これは、きっとそうしてくれるだろうという期待ではなく、そうしてくれという懇願です。公的機関であれ民間組織であれ、悪意を持ってナッジする可能性があるからです[*36]」。

善意でナッジするという姿勢が、ただの期待ではなく当たり前のルールになるように取り組もうではないか。我々のプロダクトや市場に、人を操ったり欺いたりする仕組みの存在を許してはならない。

エピローグ

ディセプティブパターンは急速に進化しつつあるテーマで、今や応用心理学、デザイン、法律が交差するところに鎮座している。対策を次の段階へ進めるには、3つの分野すべてのノウハウを組み込む必要があるだろう。我々は分野の垣根を超えて手を取り合うべきなのだ。

そのために、ウェブサイトdeceptive.designは今、新たに法と規制についての専門知識を持つマーク・ライザー博士、クリスティアナ・サントス博士、コーシャ・ドーシ博士をチームに迎え入れ、共同プロジェクトとして再スタートを切った。[*1]

新生deceptive.designは、ディセプティブパターンの事例と法規制を繋ぐ役割を果たしている。ウェブサイトを訪れた人は、具体的なディセプティブパターンについて知ると共に、それがアメリカもしくはＥＵのどの法に違反しているかがわかるようになっている。加えて、実際に科された賠償金額や罰則などの規制措置も読める。デザイナーやエンジニアやその他の人々に、業務の中でディセプティブパターンと戦うための強い武器となる知識を身につけさせるのが目的だ。知識があれば、上司に対してただ真っ直ぐに「これはディセプティブパターンです。使ったら世間から名指しで非難されますよ」と言うのではなく、「これはディセプティブパターンです。使用するとこれらの具体的な法律に違反し、これらの企業が実際に違反して訴えられています。賠償金の大きさを見てください」と言えるようになる。このように、ビジネスのリスクとバランスシートに関わる話へ持っていくほうがよほど企業家には響くはずだ。

このプロジェクトを維持するためには、あなたの助けが必要だ。ウェブサイトの「Hall of shame（恥の殿堂）」のセクションにさらすにふさわしいディセプティブパターンの事例を見かけたら、ＳＮＳ

に投稿するか、サイトの「Submit」から我々に共有してほしい。関連するテーマで本や論文などを発表したことのある研究者は、リーディングリストに加えたいのでURLを送ってくれるとありがたい。そして法や判例について詳しい人はぜひ、それらについて教えてほしい。どんなに小さな行動でも、そのすべてに価値があり、やがて大きな変化をもたらすのだ。

著者について

ハリー・ブリヌルは2010年から、オンライン上でユーザーの弱みにつけこむために用いられるマニピュラティブ(人を操る)なテクニックやディセプティブ(人を欺く)なテクニックを研究し、光を当てることに力を注いできた。現在この研究分野において普及しているいくつもの用語を生み出した功績を持ち、ウェブサイト「deceptive.design」(旧:dark-patterns.org)の創設者でもある。また、専門家証人として何件ものディセプティブパターンに関わる訴訟に協力している。ニコールズ対Noom Inc.(事件番号:1:20-cv-03677)、アリーナ対Intuit Inc.(事件番号:3:19-cv-02546)、FTC 対 Publishers Clearing House LLC(事件番号:2:23-cv-04735)などはほんの数例だ。また、ハリー・ブリヌルはユーザーエクスペリエンスの専門家でもあり、Smart Pension や Spotify、ピアソン、HMRC(イギリスの歳入税関庁)、テレグラフ紙などの組織に協力した経験がある。

注記

プロローグ

1 C-SPAN. (2021, March 25). House Hearing on Combating Online Misinformation and Disinformation [Video]. C-SPAN. https://www.c-span.org/video/?510053-1/house-hearing-combating-online-misinformation-disinformation&live=#

第1章　人を欺くデザインとは

1 ワールド・ワイド・ウェブ財団のテックポリシー・デザインラボの勧告により、「ダークパターン」という用語の使用をやめ、代わりに「ディセプティブパターン」を使用している。用語が意図せず人種差別に関連づけられるのを防ぐための変更である。本著では、「ダークパターン」という用語が使用されている法律や論文や引用文について触れるときのみ、その用語を使用する。〔日本では「ダーク」に関して同じような連想をする可能性が低いと判断し、日本でより一般的に使用されつつある「ダークパターン」を著者の許可の元タイトルとしている〕

2 本著は法律の教材ではない。本著に登場する「ディセプティブ」という用語について、何かしらの法的な区分や判断を行う意図はなく、法律用語の「ダークパターン」の代替と考えてほしい。本著においては「ディセプティブもしくはマニピュラティブパターン」の短縮形として「ディセプティブパターン」を使用する。

3 Brignull, H. (2010, October 3). Dark patterns. Retrieved 3 May 2023 from https://old.deceptive.design/ A historical snapshot of darkpatterns.org.（現：deceptive.design）

4 Flights and airline FAQs | Gatwick Airport. (n.d.). https://www.gatwickairport.com/faqs/flights-and-airlines/

5 Santos, D. (2018, October 9). Customer Paths and Retail Store Layout — Part 3. Aislelabs. https://www.aislelabs.com/blog/2018/09/26/customer-paths-and-retail-store-layout-part-3

6 画像引用元：Gatwick Airport South Terminal Passenger Maps. (2019, December). Retrieved 3 May 2023 from https://www.gatwickairport.com/globalassets/passenger-facilities/airport-maps/dec-2019/gatwick-airport-south-terminal-passenger-maps---dec-2019.pdf〔現在アクセス不可〕

7 Gatwick key facts | Gatwick Airport. (n.d.). https://www.gatwickairport.com/business-community/about-gatwick/company-information/gatwick-key-facts/

8 画像引用元：Brignull, H. (2010, September 28). Trick questions – dark patterns. From https://old.deceptive.design/trick_questions/ A historical snapshot of darkpatterns.org.

9 GDPRの第4条には「データ主体の『同意』とは、データ主体が情報を開示されたうえで、自由に与えられ、具体的で、曖昧でない、データ主体の願望の明示であり、本人の宣言もしくは明確な肯定行動により、本人に関わる個人データの処理への同意を示す」とある。

10 European Parliament and Council. (2016, May 27). Regulation (EU) 2016/679. EURLex. Retrieved 5 August 2022 from https://eur-lex.europa.eu/eli/reg/2016/679/oj

11 Alexander, C., Ishikawa, S., & Silverstein, M. (1977). A pattern language: towns, buildings, construction. New York: Oxford University Press.

12 Regulation (EU) 2022/1925 of the European Parliament and of the Council of 14 September 2022 on contestable and fair markets in the digital sector and amending Directives (EU) 2019/1937 and (EU) 2020/1828 (Digital Markets Act) (Text with EEA relevance). (2022, October 12). EUR-Lex. Retrieved 5 March 2023 from https://eur-lex.europa.eu/eli/reg/2022/1925.〔現在アクセス不可〕

13 Regulation (EU) 2022/2065 of the European Parliament and of the Council of 19 October 2022 on a Single Market For Digital Services and amending Directive 2000/31/EC (Digital Services Act) (Text with EEA relevance). (2022, October 27). EUR-Lex. Retrieved 5 March 2023 from https://eur-lex.europa.eu/eli/reg/2022/2065.〔現在アクセス不可〕

14 Proposal for a Regulation of the European Parliament and of the Council on Harmonised Rules on Fair Access to and Use of Data (Data Act). (2022, February 23). European Commission. https://eur-lex.europa.eu/legal-content/EN/TXT/HTML/?uri=CELEX:52022PC0068

15 The California Consumer Privacy Act of 2018. (2023, January 20). State of California - Department of Justice - Office of the Attorney General. Retrieved 7 February 2023 from

https://oag.ca.gov/privacy/ccpa.

16 Colorado Privacy Act. (2021, July 7). https://leg.colorado.gov/sites/default/files/2021a_190_signed.pdf

17 ここで言う「法執行機関」とは、法規制を順守させ、消費者をディセプティブパターンから直接的もしくは間接的に守る存在のことである。多くの公的規制機関（例：連邦取引委員会、競争市場庁など）が法執行機関でもあるが、法執行は私的法律事務所や消費者擁護団体などをはじめとしたさまざまな組織が行う場合もある。

1 デザイン業界の専門用語

18 本書で紹介されているパターンの多くは、ＦＴＣ法の定義によると「ディセプティブ」ではないとされている（例：コンファームシェイミング、ナギング、行動の強制など）。それらのパターンは、どちらかと言うと「マニピュラティブ」のほうが当てはまる。本書は法的な文書ではないため、全体を通して「ディセプティブパターン」という用語を使用し、これをＦＴＣやその他のアメリカの組織によって使われている「ダークパターン」の同義語として扱っている。

2 ディセプティブパターンの台頭

19 Stanford Digital Civil Society Lab. (n.d.). Dark Pattern Tipline. Retrieved 3 August 2022 from https://darkpatternstipline.org/

20 Stevens, M. (2016). Cheats and deceits: How animals and plants exploit and mislead. Oxford University Press.

21 Underhill, P. (1999). Why we buy: The science of shopping. Simon & Schuster.
『なぜこの店で買ってしまうのか——ショッピングの科学』パコ・アンダーヒル著、鈴木主税訳、早川書房、２００１年

22 JavaScriptとは一般にウェブブラウザ用のプログラミング言語であり、動的かつインタラクティブなウェブサイトを作るのに使用される。

23 「スプリットテスト」や「多変量テスト（ＭＶＴ）」などに聞き覚えがあるかもしれないが、両者ともコンセプトはＡ／Ｂテストと同じで、技術的なところに多少の違いがあるだけだ。

24 Hopkins, Claude C. (1923) Scientific advertising. http://www.scientificadvertising.com/ScientificAdvertising.pdf

3 ホモ・エコノミクスからホモ・マニピュラブルへ

25 Simon, H. A. (1986). Rationality in psychology and economics. The Journal of Business, 59(4), S209–S224. http://www.jstor.org/stable/2352757

26 Nobel Prize in Economic Sciences 2017: https://www.nobelprize.org/prizes/economic-sciences/2017/press-release/

27 Thaler, R. H., & Sunstein, C. R. (2008). Nudge: Improving decisions about health, wealth, and happiness. Yale University Press.
『実践　行動経済学』リチャード・セイラー、キャス・サンスティーン著、遠藤真美訳、日経BP、２００９年

28 Wickens, C.D., Gordon, S., & Liu, Y. (1997) An introduction to human factors engineering. Longman. https://openlibrary.org/works/OL2728752W/An_introduction_to_human_factors_engineering

29 Jarovsky, L. (2022, March 1). Dark patterns in personal data collection: Definition, taxonomy and lawfulness. https://papers.ssrn.com/sol3/papers.cfm?abstract_id=4048582

第２章　人を搾取するための戦略

1 Gray, C. M., Kou, Y., Battles, B., Hoggatt, J., & Toombs, A. L. (2018). The dark (patterns) side of ux design. Proceedings of the 2018 CHI conference on human factors in computing systems. https://doi.org/10.1145/3173574.3174108

1 知覚的脆弱性を利用する戦略

2 Purves, D. (2001). Neuroscience. Palgrave Macmillan.

3 Gleitman, H., Gross, J., & Reisberg, D. (2011). Psychology. WW Norton & Company.

4 Lime hawk-moth | Cumbria Wildlife Trust. (n.d.). https://www.cumbriawildlifetrust.org.uk/wildlife-explorer/invertebrates/moths/lime-hawk-moth

5 画像引用元：Sale, B. (2018). Lime hawk-moth (Mimas tiliae). Flickr. https://flickr.com/photos/33398884@N03/40578533840. cc-by-2.0.

6 W3C. (n.d.). G17: Ensuring that a contrast ratio of at least 7:1 exists between text (and images of text) and background behind the text | Techniques for WCAG 2 0. w3.org. Retrieved 3 August 2022 from https://www.w3.org/TR/WCAG20-TECHS/G17.html#G17-tests

7 WebAIM. (n.d.). WebAIM: Contrast checker. webaim.org. Retrieved 3 August 2022

from https://webaim.org/resources/contrastchecker/

8 Atrash, D. (2022, February 8). Understanding web accessibility standards: ADA, Section 508, and WCAG compliance. Medium. https://bootcamp.uxdesign.cc/understanding-web-accessibility-standards-ada-section-508-and-wcag-compliance-143cfb8b691e

9 Arena v. Intuit Inc. Case No. 19-cv-02546-CRB. (2020, March 12). Casetext. Retrieved June 29, 2023, from https://casetext.com/case/arena-v-intuit-inc

10 Arena v. Intuit Inc. Case No. 19-cv-02546-CRB. (2020, March 12). Casetext. Retrieved June 29, 2023, from https://casetext.com/case/arena-v-intuit-inc

11 実はその後の第9巡回裁判所における裁判でこの判決は覆されており、アメリカの法律の曖昧さが伺える判例となった。

12 Nouwens, M., Liccardi, I., Veale, M., Karger, D., & Kagal, L. (2020). Dark patterns after the GDPR: Scraping consent pop-ups and demonstrating their influence. Proceedings of the 2020 CHI conference on human factors in computing systems. https://doi.org/10.1145/3313831.3376321

13 The Behavioural Insights Team. (2014a, April 11). EAST: Four simple ways to apply behavioural insights. BIteam.com, 11th Apr 2014. Retrieved June 17, 2023, from http://www.bi.team/wp-content/uploads/2015/07/BIT-Publication-EAST_FA_WEB.pdf

14 画像引用元：How can a letter encourage us to pay our parking fines? (4 March 2016). The Behavioural Insights Team. Retrieved 17 October 2022 from https://www.bi.team/blogs/how-can-a-letter-encourage-us-to-pay-our-parking-fines/

15 スタンプなしの手紙を受け取った人たちのうち、14・7%の人が支払い、赤いスタンプありの手紙を受け取った人たちのうち、17・8%の人が支払った。分母の合計は4万8445人。BITは、スタンプなしとスタンプありそれぞれの受け取り人数は報告していない。http://www.bi.team/wp-content/uploads/2015/07/BIT-Publication-EAST_FA_WEB.pdf

16 Williams, R. (2015). The non-designer's design book: Design and typographic principles for the visual novice. Amsterdam University Press.
『ノンデザイナーズ・デザインブック［第4版］』ロビン・ウィリアムズ著、米谷テツヤ、小原司監修・訳、吉川典秀訳、マイナビ出版、2016年

2 理解力の脆弱性を利用する戦略

17 PIAAC. (n.d.). The Programme for the International Assessment of Adult Competencies. Retrieved January 24, 2023, from https://nces.ed.gov/surveys/piaac/about.asp

18 Infographics. (n.d.). PIAAC Gateway. Retrieved 24 January 2023 from https://www.piaacgateway.com/infographics

19 画像引用元：Justin Hurwitz, Americans at risk: Manipulation and deception in the digital age. (Written testimony of Justin Hurwitz) (2020) https://www.congress.gov/event/116th-congress/house-event/LC67008/text?loclr=cga-committee

20 Krug, S. (2006). Don't make me think! A common sense approach to web usability. New Riders.
『超明快Webユーザビリティ――ユーザーに「考えさせない」デザインの法則』スティーブ・クルーグ著、福田篤人訳、ビー・エヌ・エヌ新社、2016年

21 ユーザーの目的とウェブサイトやアプリのコンテンツ量が噛み合わないときにも同じことが起こる（例：さくっと読んで仕事を終わらせたいときなど）。言うまでもないが、小説を読むときなど、ユーザーが相応の時間と注意とエネルギーを割いてじっくりとコンテンツに向き合いたいときはこれに該当しない。

22 Morkes, J., & Nielsen, J. (1997, January 1) Concise, SCANNABLE, and objective: How to write for the web https://www.nngroup.com/articles/concise-scannable-and-objective-how-to-write-for-the-web/

23 Nielsen, J. (1997, September 30). How users read on the web https://www.nngroup.com/articles/how-users-read-on-the-web/

24 Pernice, K., Whitenton, K.. & Nielsen, J. (2014). How people read online: The eyetracking evidence https://www.nngroup.com/reports/how-people-read-web-eyetracking-evidence/

25 Pirolli, P., & Card, S.K. (1999). Information foraging. Psychological Review, 106(4), 643–675. https://doi.org/10.1037/0033-295X.106.4.643

26 Federal Trade Commission. (2022, September 15). Bringing dark patterns to light - FTC staff report. Retrieved 1 January 2023 from https://www.ftc.gov/reports/bringing-dark-patterns-light

27 Luguri, J., & Strahilevitz, L.J. (2021, January 1). Shining a light on dark patterns. Journal of Legal Analysis, 13(1), 43–109. https://academic.oup.com/jla/article/13/1/43/6180579

3 意思決定の脆弱性を利用する戦略

28 Society for Judgment and Decision Making. (n.d.). Retrieved 23 January 2023 from https://sjdm.org/

29 Wylie, C. (2020). Mindf*ck: Cambridge Analytica and the plot to break America. Penguin Random House.
『マインドハッキング：あなたの感情を支配し行動を操るソーシャルメディア』クリストファー・ワイリー著、牧野洋訳、新潮社、2020年

30 Ariely, D. (2010). Predictably irrational: The hidden forces that shape our decisions. Revised and expanded edition. Harper Perennial.
『予想どおりに不合理：行動経済学が明かす「あなたがそれを選ぶわけ」』ダン・アリエリー著、熊谷淳子訳、早川書房、２０１３年８月

31 Sloman, A. (1989). Preface. In M. Sharples, D. Hogg, S. Torrance, D. Young, & C. Hutchinson, Computers and thought: A practical introduction to artificial intelligence. Bradford Books. https://www.cs.bham.ac.uk/research/projects/cogaff/personal-ai-sloman-1988.html

32 Benson, B. (2016, September 1). Cognitive bias cheat sheet: An organized list of cognitive biases because thinking is hard. Better Humans. Medium. Retrieved 23 September 2022 from https://betterhumans.pub/cognitive-bias-cheat-sheet-55a472476b18

33 Cialdini, R.B. (2001). Influence: Science and practice. Allyn and Bacon. The book details '7 weapons of influence': scarcity, authority, social proof, sympathy, reciprocity, consistency and unity.
『影響力の武器［第３版］：なぜ、人は動かされるのか』ロバート・B・チャルディーニ著、社会行動研究会訳、誠信書房、２０１４年。この本は希少性、権威、社会的証明、好意、返報性、一貫性と一体性の「７つの影響力の武器」について説明している。

34 Schüll, N.D. (2014). Addiction by design: Machine gambling in Las Vegas. Amsterdam University Press.
『デザインされたギャンブル依存症』ナターシャ・ダウ・シュール著、日暮雅通訳、青土社、２０１８年

35 250 best A/B testing ideas based on neuromarketing. (n.d.). Convertize.com. Retrieved 31 January 2023 from https://tactics.convertize.com/principles

36 Johnson, E., & Goldstein, D. A. (2003). Do defaults save lives? Science, 302(5649), 1338–1339. https://doi.org/10.1126/science.1091721

37 Thaler, R.H. (2015). Misbehaving: The making of behavioural economics. Penguin Books Ltd.
『行動経済学の逆襲』リチャード・セイラー著、遠藤真美訳、早川書房、２０１６年

38 Servicio Nacional del Consumidor [SERNAC]. (2022, March). Policy paper on cookies consent requests: Experimental evidence of privacy by default and dark patterns on consumer privacy decision making. Retrieved 28 January 2023 from https://icpen.org/sites/default/files/2022-05/SERNAC_Policy_Paper_Cookies_Experiment.pdf

39 Tversky, A., & Kahneman, D. (1974). Judgement under uncertainty: Heuristics and biases. Science, 185, 1124–1131. https://doi.org/10.1126/science.185.4157.1124

40 Tversky, A., & Kahneman, D. (1981). The framing of decisions and the psychology of choice. Science, 211, 453–458. https://doi.org/10.1126/science.7455683

41 Ariely, D. (2010). Predictably irrational: The hidden forces that shape our decisions. Revised and expanded edition. Harper Perennial.
『予想どおりに不合理：行動経済学が明かす「あなたがそれを選ぶわけ」』ダン・アリエリー著、熊谷淳子訳、早川書房、２０１３年

42 Hallsworth, M., List, J.A., Metcalfe, R.D., & Vlaev, I. (2017). The behavioralist as tax collector: Using natural field experiments to enhance tax compliance. Journal of Public Economics, 148, 14–31. https://doi.org/10.1016/j.jpubeco.2017.02.003

43 Ninja Foodi Air Fryer. (n.d.). Amazon.co.uk. Retrieved 4 February 2023 from https://www.amazon.co.uk/Ninja-Foodi-Fryer-Dual-Zone/dp/B08CN3G4N9/

44 Brignull, H. (2021, May 21). Manipulating app store reviews with dark patterns. 90 Percent of Everything. Retrieved 4 February 2023 from https://90percentofeverything.com/2012/05/21/manipulating-app-store-reviews-with-dark-patterns/

45 Worchel, S., Lee, J. W., & Adewole, A. (1975). Effects of supply and demand on ratings of object value. Journal of Personality and Social Psychology, 32(5), 906–914. https://api.semanticscholar.org/CorpusID:52971442〔原著ＵＲＬは現在機能していません：https://citeseerx.ist.psu.edu/viewdoc/download?doi=10.1.1.822.9487〕

46 Arkes, H.R., & Blumer, C. (1985). The psychology of sunk cost. Organizational Behavior and Human Decision Processes, 35(1), 124–140. https://doi.org/10.1016/0749-5978(85)90049-4

47 Behavioural Insights Team with Cabinet Office, Department of Health, Driver and Vehicle Licensing Agency, & NHS Blood and Transplant. (2013, December 23). Applying behavioural insights to organ donation. Behavioural Insights Team. Retrieved 17 October 2022 from https://www.bi.team/publications/applying-behavioural-insights-to-organ-donation/

48 説得における認知バイアスについてより詳しく知りたい場合は、こちらの本をお勧めする：Cialdini, R.B. (2001). Influence: Science and Practice. Allyn and Bacon.
『影響力の武器［第３版］：なぜ、人は動かされるのか』ロバート・B・チャルディーニ著、社会行動研究会訳、誠信書房、２０１４年。この本は希少性、権威、社会的証明、好意、返報性、一貫性と一体性の「７つの影響力の武器」について説明している。

4 思い込みを利用する戦略

49 Frost, B. (2013). Atomic design. https://atomicdesign.bradfrost.com/

50 Nikolaus, U., & Bohnert, S. (2017, September 28). User expectations vs. web design patterns: User expectations for the location of web objects revisited. Retrieved 22 January 2023 from https://www.hfes-europe.org/wp-content/uploads/2017/10/Nikolaus2017poster.pdf

51 Podestà, S. (2017, June 26). Digital patterns: A marketing perspective. Medium. https://silviapodesta.medium.com/digital-patterns-a-marketing-perspective-4abf1833cc57

52 Forney, J. (2014). Dark patterns: Ethical design as strategy [I694 thesis project report]. Indiana University at Bloomington.

5 消耗させプレッシャーを与える戦略

53 Whitenton, K. (2013, December 22). Minimize cognitive load to maximize usability. NN Group. https://www.nngroup.com/articles/minimize-cognitive-load/

54 Interactive Design Foundation. (n.d.). Cognitive friction. https://www.interaction-design.org/literature/topics/cognitive-friction

55 Hockey, R. (2013). The psychology of fatigue: Work, effort and control. Cambridge University Press. https://doi.org/10.1017/CBO9781139015394

56 Sunstein, C.R. (2022). Sludge: What stops us from getting things done and what to do about it. MIT Press.
『スラッジ：不合理をもたらすぬかるみ』キャス・R・サンスティーン著、土方奈美訳、早川書房、２０２３年

57 Obstruction: https://www.deceptive.design/types/obstruction

58 Roach motel: https://old.deceptive.design/roach_motel/

59 具体的には、直接のリンクを受け取った５２１５人のうち24・３%の人が納税手続きを完了させたのに対し、余分なステップを増やされた３２１５人のほうは19・２%の人が納税手続きを完了させた。

6 強制・ブロッキング戦略

60 Defeat Keurig's K-Cup DRM with a single piece of tape. (2014, December 11). [Video]. Boing Boing. Retrieved 12 March 2023 from https://boingboing.net/2014/12/11/defeat-keurigs-k-cup-drm-wit.html

61 Harding, S. (2023, March 9). HP outrages printer users with firmware update suddenly bricking third-party ink. Ars Technica. https://arstechnica.com/gadgets/2023/03/customers-fume-as-hp-blocks-third-party-ink-from-more-of-its-printers/

7 感情的脆弱性を利用する戦略

62 Krishen, A.S., & Bui, M. (2015). Fear advertisements: Influencing consumers to make better health decisions. International Journal of Advertising, 34(3), 533–548. https://doi.org/10.1080/02650487.2014.996278

63 この２種類の広告は、性差別を助長する侮辱的な内容を扱っている。物議をかもす不快な戦略だが、この項目のテーマである「感情的脆弱性を利用する戦略」のいい例である。

64 Chapman, S. (2018). Is it unethical to use fear in public health campaigns? American Journal of Public Health, 108(9), 1120–1122. https://doi.org/10.2105/ajph.2018.304630

8 依存症を利用する戦略

65 American Psychiatric Association. (2022). Diagnostic and statistical manual of mental disorders (5th ed., text rev.). APA Publishing. https://doi.org/10.1176/appi.books.9780890425787

66 Griffiths, M.D. (2005). A 'components' model of addiction within a biopsychosocial framework. Journal of Substance Use, 10(4), 191–197. https://doi.org/10.1080/14659890500114359

67 Mujica, A.D., Crowell, C.R., Villano, M., & Uddin, K. (2022). Addiction by design: Some dimensions and challenges of excessive social media use. Medical Research Archives, 10(2). https://esmed.org/MRA/mra/article/view/2677

68 Nestler, E.J. (2005). Is there a common molecular pathway for addiction? Nature Neuroscience, 8(11), 1445–1449. https://doi.org/10.1038/nn1578

69 Pandey, E. (2017, November 9). Sean Parker: Facebook was designed to exploit human 'vulnerability.' Axios. https://www.axios.com/2017/12/15/sean-parker-facebook-was-designed-to-exploit-human-vulnerability-1513306782

70 Skinner, B.F. (1938). The behavior of organisms: An experimental analysis. New York: D. Appleton-Century Company.

71 Mujica, A.D., Crowell, C.R., Villano, M., & Uddin, K. (2022). Addiction by design: Some dimensions and challenges of excessive social media use. Medical Research Archives, 10(2). https://esmed.org/MRA/mra/article/view/2677

72 Eyal, N., & Hoover, R. (2014). Hooked: How to build habit-forming products. Portfolio.
『Hooked ハマるしかけ 使われつづけるサービスを生み出す［心理学］×［デザイ

ン』の新ルール』ニール・イヤール、ライアン・フーバー著、金山裕樹訳、翔泳社、２０１４年

73 Schüll, N.D. (2014). Addiction by design: Machine gambling in Las Vegas. Amsterdam University Press.
『デザインされたギャンブル依存症』ナターシャ・ダウ・シュール著、日暮雅通訳、青土社、２０１８年

74 Knowles, T. (2019, April 27). I'm so sorry, says inventor of endless online scrolling. The Times. Retrieved 28 May 2023 from https://www.thetimes.co.uk/article/i-mso-sorry-says-inventor-of-endless-online-scrolling-9lrv59mdk

75 Kelly, M. (2019, July 30). New bill would ban autoplay videos and endless scrolling. The Verge. https://www.theverge.com/2019/7/30/20746878/josh-hawley-dark-patterns-platform-design-autoplay-youtube-videos-scrolling-snapstreaks-illegal

76 Forbrukerrådet [Norwegian Consumer Council]. (2022, May 31). Insert coin: How the gaming industry exploits consumers using loot boxes. Retrieved May 19, 2023, from https://fil.forbrukerradet.no/wp-content/uploads/2022/05/2022-05-31-insert-coin-publish.pdf〔現在アクセス不可〕
追加参考文献：Gambling Commission. (2018, September 17). International concern over blurred lines between gambling and video games. Gambling Commission. https://www.gamblingcommission.gov.uk/news/article/international-concern-over-blurred-lines-between-gambling-and-video-games

77 Macey, J., & Hamari, J. (2022). Gamblification: A definition. New Media & Society. https://doi.org/10.1177/14614448221083903

78 Riendeau, D. (2017, October 20). We talk EA woes, Mass Effect: Andromeda, race, and sexism with Manveer Heir. Waypoint Radio. https://www.vice.com/en/article/evbdzm/race-in-games-ea-woes-with-former-mass-effect-manveer-heir

79 Apple Inc. (2017). App Store review guidelines - Apple Developer. Apple Developer. https://developer.apple.com/app-store/review/guidelines/#in-app-purchase

80 Robertson, A. (2019, May 29). Google's Play Store starts requiring games with loot boxes to disclose their odds. The Verge. https://www.theverge.com/2019/5/29/18644648/google-play-store-loot-box-disclosure-family-friendly-policy-changes

81 Rousseau, J. (2022, August 4). Study finds that Belgium's loot box ban isn't being enforced. GamesIndustry.biz. https://www.gamesindustry.biz/study-finds-that-belgiums-loot-box-ban-isnt-being-enforced

82 Wawro, A. (2017, November 7). Take-Two plans to only release games with 'recurrent consumer spending' hooks. Game Developer. https://www.gamedeveloper.com/business/take-two-plans-to-only-release-games-with-recurrent-consumer-spending-hooks

83 DarkPattern.games. Healthy gaming: Avoid addictive gaming dark patterns. (n.d.). DarkPattern.games. Retrieved 19 May 2023 from https://www.darkpattern.games/

84 Forbrukerrådet [Norwegian Consumer Council]. (2022, May 31). Insert coin: How the gaming industry exploits consumers using loot boxes. Retrieved 19 May 2023 from https://storage02.forbrukerradet.no/media/2022/05/2022-05-31-insert-coin-publish.pdf〔原著ＵＲＬは現在アクセス不可：https://fil.forbrukerradet.no/wp-content/uploads/2022/05/2022-05-31-insert-coin-publish.pdf〕

85 Goodstein, S. (2021, February 1). When the cat's away: Techlash, loot boxes, and regulating 'dark patterns' in the video game industry's monetization strategies. University of Colorado Law Review. Retrieved 19 May 2023 from https://scholar.law.colorado.edu/lawreview/vol92/iss1/6/〔原著ＵＲＬは現在アクセス不可：https://lawreview.colorado.edu/printed/when-the-cats-away-techlash-loot-boxes-and-regulating-dark-patterns-inthevideo-game-industrys-monetization-strategies/〕

9 説得力と心理的操作の線引き

86 本著を通して「ディセプティブパターン」という用語を使用しているが、裁判や法律に関わる仕事においては「ディセプティブもしくはマニピュラティブパターン」を使用している。

87 Sunstein, C.R. (2015, February 18). Fifty Shades of Manipulation. Social Science Research Network. https://doi.org/10.2139/ssrn.2565892

第３章　さまざまなディセプティブパターンの種類

1 Gray, C. M., Kou, Y., Battles, B., Hoggatt, J., & Toombs, A. L. (2018). The dark (patterns) side of ux design. Proceedings of the 2018 CHI conference on human factors in computing systems. https://doi.org/10.1145/3173574.3174108

2 EDPB. (2022, March 14). Dark patterns in social media platform interfaces: How to recognise and avoid them. European Data Protection Board. Retrieved 14 January 2023 from https://edpb.europa.eu/system/files/2022-03/edpb_03-2022_guidelines_on_dark_

patterns_in_social_media_platform_interfaces_en.pdf
3 Dark commercial patterns. (2022). OECD Digital Economy Papers. https://doi.org/10.1787/44f5e846-en
4 Mathur, A., Kshirsagar, M., & Mayer, J. (2021). What makes a dark pattern … dark? Proceedings of the 2021 CHI conference on human factors in computing systems. https://doi.org/10.1145/3411764.3445610

1 マートゥール派の分類法

5 Mathur, A., Acar, G., Friedman, M.J., Lucherini, E., Mayer, J., Chetty, M., and Narayanan, A. (2019). Dark patterns at scale: Findings from a crawl of 11K shopping websites. Proceedings of the ACM on human–computer interaction, 3(CSCW), article 81. https://doi.org/10.1145/3359183
6 Brignull, H. (2013, August 29). Dark patterns: Inside the interfaces designed to trick you. The Verge. https://www.theverge.com/2013/8/29/4640308/dark-patterns-inside-the-interfaces-designed-to-trick-you
7 もし電子書籍版で表が見づらいなら、マートゥール氏他の以下のウェブサイトで確認するといいだろう。https://webtransparency.cs.princeton.edu/dark-patterns/
8 もともとマートゥール氏他は「引っ掛けの質問」という言葉を使っていたが、ここでは少し言い回しを変えて「言葉のトリック」とさせてもらっている。引っ掛けになる言い回しは、何も質問形式に限らないからだ。

2 こっそり型（Sneaking）

9 Nielsen, J. (2006, December 3). Progressive disclosure. Nielsen Norman Group. Retrieved 21 December 2022 from https://www.nngroup.com/articles/progressive-disclosure/
10 画像引用元：Sports Direct. (n.d.). Retrieved 4 May 2015 from https://sportsdirect.com
11 画像引用元：Sports Direct. (n.d.). Retrieved 4 May 2015 from https://sportsdirect.com
12 Consumer Rights Directive (2011) https://eur-lex.europa.eu/legal-content/EN/TXT/?uri=celex%3A32011L0083
13 Federal Trade Commission. The economics of drip pricing. (2015, January 6). Retrieved 10 October 2022 from https://www.ftc.gov/news-events/events/2012/05/economics-drip-pricing
14 Bait and switch: A type of deceptive design. (2010). Retrieved 10 October 2022 from https://www.deceptive.design/types/bait-and-switch
15 Blake, T., Moshary, S., Sweeney, K., & Tadelis, S. (2021, July). Price salience and product choice. Marketing Science, 40(4), 619–636. https://doi.org/10.1287/mksc.2020.1261
16 画像引用元：２０２２年９月18日にStubhub.comでアイオワ州デモインのウェルズ・ファーゴ・アリーナで催されるビル・バー氏のショーのチケットを探しているときに撮られたスクリーンショット。
17 Serati, N. (2019, May 16). The ugly side of Marriott's new home rentals: Sky-high cleaning fees. Thrifty Traveler. Retrieved 10 October 2022 from https://thriftytraveler.com/news/hotels/marriott-cleaning-fees-homes-villas/
18 Pennsylvania Office of Attorney General. AG Shapiro's action requires Marriott to disclose 'resort fees.' (n.d.). Retrieved 10 October 2022 from https://www.attorneygeneral.gov/taking-action/ag-shapiros-action-requires-marriott-to-disclose-resort-fees/
19 画像引用元：alexa. (2021, May 17). we gotta stop airbnb. Twitter. Retrieved 10 October 2022 from https://twitter.com/mariokartdwi/status/1394176793616080896〔現在アクセス不可〕
20 Shon, S. (2021, June 22). Demystifying Airbnb fees: How to understand the final cost before booking. The Points Guy. Retrieved 10 October 2022 from https://thepointsguy.com/guide/understand-airbnb-fees/
21 Sawyer, D. (2017, December 28). I built a browser extension. Reddit. Retrieved 10 October 2022 from https://www.reddit.com/r/Frugal/comments/7mpca2/i_built_a_browser_extension_that_shows_you_the/
22 ACCC. Price displays. (2022, October 6). Australian Competition and Consumer Commission. Retrieved 10 October 2022 from https://www.accc.gov.au/consumers/pricing/price-displays
23 Schaal, D. (2019, July 13). Airbnb offers greater price transparency in Europe after regulatory threats. Skift. Retrieved 10 October 2022 from https://skift.com/2019/07/15/airbnb-offers-greater-price-transparency-in-europe-after-regulatory-threats/
24 Airbnb.co.uk. (n.d.). Airbnb. Retrieved 10 October 2022 from https://www.airbnb.co.uk/
25 画像引用元：Airbnb.co.uk. (n.d.). Airbnb. Retrieved 10 October 2022 from https://www.airbnb.co.uk/
26 画像引用元：the Figma App, 4 July 2023
27 画像引用元：https://help.figma.com/hc/en-us/articles/360040531773-Share-or-embed-your-files-and-prototypes, 5 December 2022
28 画像引用元：Weichbrodt, G. (2021, March 9). Hey @figmadesign, could you please tell people that they're being charged extra money if they submit this form. Twitter.

Retrieved 8 May 2023 from https://twitter.com/greg00r/status/1369308234318766091〔現在アクセス不可〕

29 画像引用元：How to add a base collaborator. Airtable support. (n.d.). https://support.airtable.com/hc/en-us/articles/202625759-Adding-a-base-collaborator

30 harper. (2020, June 15). just got a $3360 charge from @airtable because i invited some folks to review a base i made. Twitter. Retrieved 8 May 2023 from https://twitter.com/harper/status/1272549461391290370

3 緊急型(Urgency)

31 Twozillas. (n.d.). Hurrify - Countdown timer: Powerful, effective & instant sales booster. Shopify App Store. Retrieved 1 September 2022 from https://web.archive.org/web/20220901000625/https://apps.shopify.com/hurrify-countdown-timer. Page archive hosted by archive.org.

32 Bogle, A. (2018, January 24). Are five people really looking at this item right now? For consumers, it's hard to know. ABC News. https://www.abc.net.au/news/science/2018-01-25/online-shopping-are-five-people-really-looking-at-thisitem/9353788

33 Twozillas. (n.d.). Hurrify - Countdown timer: Powerful, effective & instant sales booster. Shopify App Store. Retrieved 1 September 2022 from https://web.archive.org/web/20220901000625/https://apps.shopify.com/hurrify-countdown-timer. Page archive hosted by archive.org.

34 Samsung Electronics America. Jet 75 cordless vacuum (n.d.). Retrieved 21 December 2022 from https://www.samsung.com/us/home-appliances/vacuums/jetstick/samsung-jet--75-complete-cordless-stick-vacuum-vs20t7551p5-aa/

35 Samsung Electronics America. Jet 75 cordless vacuum (n.d.). Retrieved 1 November 2022 from https://web.archive.org/web/20221101145349/https://www.samsung.com/us/home-appliances/vacuums/jet-stick/samsung-jet--75-complete-cordless-stick-vacuum-vs20t7551p5-aa/

36 画像引用元：Samsung Electronics Ameria. Jet 75 cordless vacuum (n.d.). Retrieved 1 November 2022 from https://web.archive.org/web/20221101145349/https://www.samsung.com/us/home-appliances/vacuums/jet-stick/samsung-jet--75-complete-cordless-stick-vacuum-vs20t7551p5-aa/

4 誘導型(Misdirection)

37 Joseph, E. (1992). How to pick pockets for fun and profit: A magician's guide to pickpocket magic. Adfo Books.

38 confirmshaming. (n.d.). Confirmshaming. Retrieved 3 August 2022 from https://confirmshaming.tumblr.com/

39 洞察力のある人なら、コンファームシェイミングはユーザーから情報を隠すわけではないため、ディセプティブ（人を欺く）パターンというより「マニピュラティブ（人を操る）」パターンに近いと気づいたかもしれない。本書ではシンプルで覚えやすい名称にするために、ディセプティブパターンとマニピュラティブパターンを総称して「ディセプティブパターン」を使用している。両者の細かい違いについては、以下を参照してほしい：'The Ethics of Manipulation' (Stanford Encyclopedia of Philosophy). (2022, April 21). https://plato.stanford.edu/entries/ethics-manipulation/

40 画像引用元：Alex9zo. (2017, June 22). No thanks, I hate free money. Reddit. Retrieved 3 August 2022 from https://www.reddit.com/r/mildlyinfuriating/comments/6it8q1/no_thanks_i_hate_free_money/

41 画像引用元：Axbom, P. [axbom]. (2021, August 29). Per Axbom [Tweet]. Twitter. https://twitter.com/axbom/status/1432004956190556163

42 Axbom, P. [axbom]. (2021, August 29). Per Axbom [Tweet]. Twitter. https://twitter.com/axbom/status/1432004956190556163

43 Sunflower, [ohhellohellohii]. (2021, January 27). @darkpatterns this one nearly got me. @trello really wants you to use their free trial [Tweet]. Twitter. https://twitter.com/ohhellohellohii/status/1354535533456879618

44 画像引用元：Sunflower, [ohhellohellohii]. (2021, January 27). @darkpatterns this one nearly got me. @trello really wants you to use their free trial [Tweet]. Twitter. https://twitter.com/ohhellohellohii/status/1354535533456879618

45 画像引用元：Sunflower, [ohhellohellohii]. (2021, January 27). @darkpatterns this one nearly got me. @trello really wants you to use their free trial [Tweet]. Twitter. https://twitter.com/ohhellohellohii/status/1354535533456879618

46 Apple. (n.d.). Accessibility - Vision. Apple (United Kingdom). https://www.apple.com/uk/accessibility/vision/

47 画像引用元：Atlassian. (n.d.). Try Trello Premium free for 30 days. Trello.com. Retrieved 5 November 2021 from https://trello.com/

48 bigslabomeat. (2021, January 20). Getting desperate now? This came up when I opened the @YouTube app. I don't want premium [Tweet]. Twitter. https://twitter.com/

bigolslabomeat/status/1351819681619976198〔現在アクセス不可〕

49 画像引用元：bigolslabomeat. (2021, January 20). Getting desperate now? This came up when I opened the @YouTube app. I don't want premium [Tweet]. Twitter. https://twitter.com/bigolslabomeat/status/1351819681619976198〔現在アクセス不可〕

50 現時点では、テスラの自動運転はレベル2の段階にあり、「完全自動運転」とは言い難い。つまり、言葉のトリックもしくは虚偽広告である。さらに詳しい情報は以下を参照してほしい：Morris, J. (2021, March 13). Why is Tesla's full self-driving only level 2 autonomous? Forbes. https://www.forbes.com/sites/jamesmorris/2021/03/13/why-is-teslas-full-self-driving-only-level-2-autonomous/

51 Ted Stein on Twitter. (2020, January 20). Twitter. Retrieved 8 May 2023 from https://web.archive.org/web/20200120235411/https://twitter.com/tedstein/status/1219406818415456268

52 画像引用元：Ted Stein on Twitter. (2020, January 20). Twitter. Retrieved 8 May 2023 from https://web.archive.org/web/20200120235411/https://twitter.com/tedstein/status/1219406818415456268

53 Taleb, N.N. (2020, January 15). Elon @elonmusk, your Customer Support at Tesla is even worse than I claimed last time [Tweet]. https://twitter.com/nntaleb/status/1217471369350348807

54 画像引用元：https://teslamotorsclub.com/tmc/threads/anyonehere-get-a-refund-for-acceleration-boost.183979/

55 Goldmacher, S. (2021, April 17). G.O.P. group warns of 'defector' list if donors uncheck recurring box. The New York Times. https://www.nytimes.com/2021/04/07/us/politics/republicans-donations-trump-defector.html

56 画像引用元：Donald J. Trump's digital donation portal. (n.d.). Winred. Retrieved 13 March 2020 from https://web.archive.org/web/20200313042615/https://secure.winred.com/djt/we-made-history?amount=150&location=websitenav

57 Brignull, H. (2015, April 1). Ryanair hide free option: Don't insure me. darkpatterns.org. Retrieved 8 May 2023 from https://web.archive.org/web/20150804081628/http://darkpatterns.org/ryanair-hide-free-option-dont-insure-me/

58 Autorita' Garante della Concorrenza e del Mercato (AGCM). https://en.agcm.it/en/media/press-releases/2014/2/alias-2105 (last visited 17 Jan 2021).

59 Forbrukerrådet [Norwegian Consumer Council]. Regarding deceptive design on your website. (2022, December 1). Retrieved 28 May 2023 from https://storage02.forbrukerradet.no/media/2022/11/brev-ryanair-engelsk.pdf

60 Competition and Markets Authority. (2019, September 13). Online hotel booking. GOV.UK. Retrieved 13 October 2022 from https://www.gov.uk/cma-cases/online-hotel-booking

61 Competition and Markets Authority. (2019, February 26). Consumer protection law compliance: Principles for businesses offering online accommodation booking services. GOV.UK. Retrieved 13 October 2022 from https://bit.ly/436v4l5

62 Cheplyaka, R. (2017, September 23). How Booking.com manipulates you. Roche.info. Retrieved 3 August 2022 from https://ro-che.info/articles/2017-09-17-booking-com-manipulation

63 Competition and Markets Authority. (2019, February 6). Hotel booking sites to make major changes after CMA probe. GOV.UK. Retrieved 13 October 2022 from https://www.gov.uk/government/news/hotel-booking-sites-to-make-major-changes-after-cma-probe

5 社会的証明型（Social proof）

64 画像引用元：Neves-Charge, H., [henry_neves7]. (2017, November 29). This sort of stuff needs to stop. It's a lie and a dark pattern. See it on almost every ecommerce site. #ux #badux #darkpattern #usability @Etsy [Tweet]. Retrieved 8 May 2023 from https://twitter.com/henry_neves7/status/935960327312855040

65 画像引用元：Beeketing and related apps no longer on Shopify: Details and alternative apps. (2022, January 31). Shopify Community. https://community.shopify.com/c/announcements/beeketing-and-related-apps-no-longer-on-shopify-details-and/td-p/553686

66 画像引用元：Sales Pop. The world's best social proof app (free!). (n.d.). Retrieved8 October 2022 from https://beeketing.com/powered-by-sales-pop〔現在アクセス不可〕

67 Beeketing. How to create custom notifications with Sales Pop? (2019, February 27). https://support.beeketing.com/support/solutions/articles/6000162593-how-to-create-custom-notifications-with-sales-pop

68 画像引用元：Beeketing. How to create custom notifications with Sales Pop? (2019, February 27). https://support.beeketing.com/support/solutions/articles/6000162593-how-to-create-custom-notifications-with-sales-pop

69 Federal Trade Commission. (2022, September 15). Bringing dark patterns to light - FTC staff report. Retrieved 1 January 2023 from https://www.ftc.gov/reports/bringing-dark-patterns-light

70 FTC v. RagingBull.com LLC. Case 1:20-cv-03538-GLR https://www.ftc.gov/system/files/

documents/cases/ragingbull.com_-_amended_complaint_for_permanent_injunction_and_other_equitable_relief.pdf

6 希少性型（Scarcity）

71 画像引用元：HeyMerch. (n.d.). Hey!Scarcity Low Stock Counter. Shopify App Store. Retrieved 21 December 2022 from https://apps.shopify.com/heymerch-sales-stock-counter

72 Shopify. (n.d.). Requirements for apps in the Shopify App Store. Retrieved 21 December 2022 from https://shopify.dev/apps/store/requirements

73 Effective Apps. (n.d.). Scarcity++ Low Stock Counter. Shopify App Store. Retrieved 21 December 2022 from https://apps.shopify.com/almostgone-low-in-stock-alert

74 画像引用元：Effective Apps. (n.d.). Scarcity++ Low Stock Counter. Shopify App Store. Retrieved 21 December 2022 from https://apps.shopify.com/almostgone-low-in-stock-alert

7 妨害型（Obstruction）

75 European Parliament and Council. (2016, May 27). Regulation (EU) 2016/679. EURLex. Retrieved 5 August 2022 from https://eur-lex.europa.eu/eli/reg/2016/679/oj

76 Forbrukerrådet [Norwegian Consumer Council]. (2018, June 18). Deceived by design: How tech companies use dark patterns to discourage us from exercising our rights to privacy. Retrieved 8 March 2023 from https://storage02.forbrukerradet.no/media/2018/06/2018-06-27-deceived-by-design-final.pdf〔原著ＵＲＬは現在アクセス不可：https://fil.forbrukerradet.no/wp-content/uploads/2018/06/2018-06-27-deceived-by-design-final.pdf〕

77 画像引用元：Forbrukerrådet [Norwegian Consumer Council]. (2018, June 18). Deceived by design: How tech companies use dark patterns to discourage us from exercising our rights to privacy. Retrieved 8 March 2023 from https://storage02.forbrukerradet.no/media/2018/06/2018-06-27-deceived-by-design-final.pdf〔原著ＵＲＬは現在アクセス不可：https://fil.forbrukerradet.no/wp-content/uploads/2018/06/2018-06-27-deceived-by-design-final.pdf〕

78 画像引用元：Forbrukerrådet [Norwegian Consumer Council]. (2018, June 18). Deceived by design: How tech companies use dark patterns to discourage us from exercising our rights to privacy. Retrieved 8 March 2023 from https://storage02.forbrukerradet.no/media/2018/06/2018-06-27-deceived-by-design-final.pdf〔原著ＵＲＬは現在アクセス不可：https://fil.forbrukerradet.no/wp-content/uploads/2018/06/2018-06-27-deceived-by-design-final.pdf〕

79 BEUC. (2022, June 30). European consumer groups take action against Google for pushing users towards its surveillance system. Retrieved 25 May 2023 from https://www.beuc.eu/press-releases/european-consumer-groups-take-action-against-google-pushing-users-towards-its

80 Brignull, H. (2010). Roach Motel - Dark Patterns. Retrieved June 29, 2023, from https://old.deceptive.design/roach_motel/

81 vanillatary. (2021, November 10). this should literally be illegal [tweet]. Twitter. Retrieved 8 May 2023 from https://twitter.com/vanillatary/status/1458489382327967747

82 画像引用元：vanillatary. (2021, November 10). this should literally be illegal [tweet]. Twitter. Retrieved 8 May 2023 from https://twitter.com/vanillatary/status/1458489382327967747

83 jandll. (2021, February 18). Before buying a NYT subscription, here's what it'll take to cancel it. Hacker News. Retrieved 8 May 2023 from https://news.ycombinator.com/item?id=26174269

84 Business and professions code, article 9, Automatic purchase renewals [17600–17606]. https://leginfo.legislature.ca.gov/faces/codes_displaySection.xhtml?lawCode=BPC§ionNum=17602

85 Consider the Consumer. (2021, June 14). Maribel Moses settlement – California New York Times auto subscription class action lawsuit settles for $5 Million.... https://considertheconsumer.com/class-action-settlements/maribel-moses-settlement-california-new-york-times-auto-subscription-class-action-lawsuit-settles-for-5-5-million〔現在アクセス不可〕

86 Top Class Actions. (2021, August 6). Washington Post auto-renew $6.8m class action settlement. https://topclassactions.com/lawsuit-settlements/closed-settlements/1028395-washington-post-auto-renew-6-8m-class-action-settlement/

87 Federal Trade Commission (2020, September 2). Children's online learning program ABCmouse to pay $10 million to settle FTC charges of illegal marketing and billing practices. https://www.ftc.gov/news-events/press-releases/2020/09/childrens-online-learning-program-abcmouse-pay-10-million-settle

88 Forbrukerrådet [Norwegian Consumer Council]. (2021). You can log out, but you can never leave: How Amazon manipulates consumers to keep them subscribed to Amazon Prime. Retrieved 25 May 2023 https://storage02.forbrukerradet.no/media/2021/01/2021-01-14-you-can-log-out-but-you-can-never-leave-final.pdf〔原著ＵＲＬは現在アクセス

不可：https://fil.forbrukerradet.no/wp-content/uploads/2021/01/2021-01-14-you-can-log-out-but-you-can-never-leave-final.pdf〕

89 European Commission. (2022, July 1). Consumer protection: Amazon Prime changes its cancellation practices to comply with EU consumer rules. Retrieved 25 May 2023 from https://ec.europa.eu/commission/presscorner/detail/en/ip_22_4186

90 Public Citizen. (2021, January 14). FTC complaint: Ending an Amazon Prime membership is a deceptive, unlawful ordeal. https://www.citizen.org/news/ftc-complaint-ending-an-amazon-prime-membership-is-a-deceptive-unlawful-ordeal/

91 Kim, E. (2022, March 14). Internal documents show Amazon has for years knowingly tricked people into signing up for Prime subscriptions. 'We have been deliberately confusing,' former employee says. Business Insider. https://www.businessinsider.com/amazon-prime-ftc-probe-customer-complaints-sign-ups-internal-documents-2022-3

92 Federal Trade Commission. (2023, March 23). FTC proposes rule provision making it easier for consumers to 'click to cancel' recurring subscriptions and memberships. Retrieved 25 May 2023 from https://www.ftc.gov/news-events/news/press-releases/2023/03/federal-trade-commission-proposes-rule-provision-making-it-easier-consumers-click-cancel-recurring

93 Biden, P. (2023, March 23). Too often, companies make it difficult to unsubscribe from a service [Tweet]. Twitter. Retrieved 25 May 2023 from https://twitter.com/POTUS/status/1638896377353601028

8 強制型（Forced action）

94 Brignull, H. (2010, October). Privacy zuckering: A type of deceptive design. Retrieved 11 October 2022 from https://www.deceptive.design/types/privacy-zuckering

95 Krebs, B. (2022, August 13). Twitter. Retrieved 11 October 2022 from https://twitter.com/briankrebs/status/1558441625197633537

96 画像引用元：the Skype iPad app on 11 October 2022.

97 画像引用元：the Skype iPad app on 11 October 2022.

98 Hartzog, W. (2018, April 9). Privacy's blueprint: The battle to control the design of new technologies (illustrated). Harvard University Press.

99 Wylie, C. (2020). Mindf*ck: Cambridge Analytica and the plot to break America. Penguin Random House.
『マインドハッキング：あなたの感情を支配し行動を操るソーシャルメディア』クリストファー・ワイリー著、牧野洋訳、新潮社、２０２０年

100 Griffith, C. (2019, February 18). Skype's sneaky contact harvest. The Australian. Retrieved 11 October 2022 from https://amp.theaustralian.com.au/business/technology/skypes-sneaky-contact-harvest/news-story/96fce90ccfa81fe8929e218bc24414cf

101 Add similar segments to your targeting - Google Ads Help. (n.d.). Retrieved June 29, 2023, from https://support.google.com/google-ads/answer/7139569?hl=en-GB

102 Meta. (n.d.). About lookalike audiences. Facebook. Retrieved 28 May 2023 from https://www.facebook.com/business/help/164749007013531?id=401668390442328

103 Perkins v. Linkedin Corp. (Case No. 13-CV-04303-LHK). (2013, September 17). archive.org. Retrieved June 30, 2023, from http://ia800900.us.archive.org/6/items/gov.uscourts.cand.270092/gov.uscourts.cand.270092.96.1.pdf

104 Schlosser, D. (2015, June 5). LinkedIn dark patterns, or: why your friends keep spamming you to sign up for LinkedIn. Medium. Retrieved 4 April 2023 from https://medium.com/@danrschlosser/linkedin-dark-patterns-3ae726fe1462

105 Brignull, H. (2010). Friend spam: A type of deceptive design. Retrieved 1 January 2023 from https://old.deceptive.design/friend_spam/

9 相乗効果でさらに凶悪になるディセプティブパターン

106 Luguri, J., & Strahilevitz, L.J. (2021, January 1). Shining a light on dark patterns. Journal of Legal Analysis, 13(1), 43–109. https://academic.oup.com/jla/article/13/1/43/6180579

107 承諾率は以下の通りだ（中断したユーザーは拒否したと見なす）。コントロール：11・3％（73人）、マイルドなダークパターン：25・4％（155人）、強気なダークパターン：37・2％（217人）。

108 Strahilevitz, L. (2022, August 12). Update on Dark Patterns at the NIAC 2022 Summer National Meeting. niac.org. Retrieved October 18, 2022, from https://content.naic.org/sites/default/files/national_meeting/Lior+Update+on+Dark+Patterns.pdf〔現在アクセス不可〕

第４章　ディセプティブパターンの弊害

1 Servicio Nacional del Consumidor [SERNAC]. (2022, March). Policy Paper On Cookies Consent Requests:Experimental Evidence Of Privacy By Default And Dark Patterns On

Consumer Privacy Decision Making. Retrieved January 28, 2023, from https://icpen.org/sites/default/files/2022-05/SERNAC_Policy_Paper_Cookies_Experiment.pdf

2 Moser, C., S. Schoenebeck and P. Resnick (2019), 'Impulse buying: Design practices and consumer needs', Proceedings of the 2019 CHI Conference on Human Factors in Computing Systems (CHI '19), https://doi.org/10.1145/3290605.3300472

3 Soe, T. H., Nordberg, O. E., Guribye, F., & Slavkovik, M. (2020). Circumvention by design - dark patterns in cookie consent for online news outlets. Proceedings of the 11th Nordic Conference on Human-Computer Interaction: Shaping Experiences, Shaping Society. https://doi.org/10.1145/3419249.3420132

4 Consumer protection: manipulative online practices found on 148 out of 399 online shops screened. (2023, January 30). European Commission. https://ec.europa.eu/commission/presscorner/detail/en/ip_23_418

5 Dark commercial patterns. (2022). OECD Digital Economy Papers. https://doi.org/10.1787/44f5e846-en

6 この論文で、マートゥール氏他はそれぞれの観点を「レンズ」と称している。Mathur, A., Kshirsagar, M., & Mayer, J. (2021). What Makes a Dark Pattern... Dark? Proceedings of the 2021 CHI Conference on Human Factors in Computing Systems. https://doi.org/10.1145/3411764.3445610

1 個人への被害

7 Locked In: Consumer issues with subscription traps. (2016, March 8). Citizen's Advice. https://www.citizensadvice.org.uk/about-us/our-work/policy/policy-research-topics/consumer-policy-research/consumer-policy-research/locked-in-consumer-issues-with-subscription-traps/

8 Brignull, H., Leiser, M., Santos, C., & Doshi, K. (2023, April 25). Deceptive patterns – Legal cases. Retrieved April 25, 2023, from https://www.deceptive.design/cases

9 Lupiáñez-Villanueva, F., Boluda, A., Bogliacino, F., Liva, G., Lechardoy, L., & Rodríguez de las Heras Ballell, T. (2022). Behavioural study on unfair commercial practices in the digital environment: Dark patterns and manipulative personalisation. European Commission. https://op.europa.eu/en/publication-detail/-/publication/606365bc-d58b-11ec-a95f-01aa75ed71a1/language-en/format-PDF/source-257599418

10 Leiser, M. R., & Caruana, M. (2021). Dark Patterns: Light to be found in Europe's Consumer Protection Regime. Journal Of European Consumer And Market Law, 10(6), 237-251. Retrieved from https://hdl.handle.net/1887/3278362

11 Servicio Nacional del Consumidor [SERNAC]. (2022, March). Policy Paper On Cookies Consent Requests:Experimental Evidence Of Privacy By Default And Dark Patterns On Consumer Privacy Decision Making. Retrieved January 28, 2023, from https://icpen.org/sites/default/files/2022-05/SERNAC_Policy_Paper_Cookies_Experiment.pdf

12 Shaw, S. (2019, June 12). Consumers Are Becoming Wise to Your Nudge – Behavioral Scientist. Behavioral Scientist. https://behavioralscientist.org/consumers-are-becoming-wise-to-your-nudge/

13 Lupiáñez-Villanueva, F., Boluda, A., Bogliacino, F., Liva, G., Lechardoy, L., & Rodríguez de las Heras Ballell, T. (2022). Behavioural study on unfair commercial practices in the digital environment: Dark patterns and manipulative personalisation. European Commission. https://op.europa.eu/en/publication-detail/-/publication/606365bc-d58b-11ec-a95f-01aa75ed71a1/language-en/format-PDF/source-257599418

14 Alegre, S. (2023). Freedom to Think: The Long Struggle to Liberate Our Minds. Atlantic Books (UK).

15 Alegre, S. (2022, April 25). Freedom to Think, by Susie Alegre - The Conduit. The Conduit. Retrieved May 28, 2023, from https://www.theconduit.com/in-sights/peace-justice/freedom-to-think-by-susie-alegre/

16 Article 9: Freedom of thought, belief and religion | Equality and Human Rights Commission. (1995). Retrieved May 28, 2023, from https://www.equalityhumanrights.com/human-rights/human-rights-act/article-9-freedom-thought-belief-and-religion〔原著URLは現在アクセス不可：https://www.equalityhumanrights.com/en/human-rights-act/article-9-freedom-thought-belief-and-religion〕

2 社会的集団への被害

17 Luguri, J., & Strahilevitz, L. J. (2021, January 1). Shining a light on dark patterns. Journal of Legal Analysis, 13(1), 43–109. https://academic.oup.com/jla/article/13/1/43/6180579

18 Federal Trade Commission. (2022, September 15). Bringing dark patterns to light - FTC staff report. Retrieved 1 January 2023 from https://www.ftc.gov/reports/bringing-dark-patterns-light

19 Pak, K., & Shadel, D. (2011). AARP Foundation national fraud victim study. AARP Foundation. Retrieved 6 June 2023 from https://www.aarp.org/content/dam/aarp/research/surveys_statistics/econ/2011/2011-aarp-national-fraud-victim-study.pdf

第５章　ディセプティブパターンを撲滅するために

1　失敗した試み

1 ACM Ethics. (2018, July 17). Case: Dark UX patterns. Association for Computing Machinery's committee on professional ethics. https://ethics.acm.org/code-of-ethics/using-the-code/case-dark-ux-patterns/

2 AIGA Standards of Professional Practice. (n.d.). AIGA. https://www.aiga.org/resources/aiga-standards-of-professional-practice

3 American Psychological Association. (2017). Ethical principles of psychologists and code of conduct. Retrieved 21 December 2022 from https://www.apa.org/ethics/code

4 UXPA code of professional conduct. (2019, April 14). UXPA International. https://uxpa.org/uxpa-code-of-professional-conduct/

5 European Union. (2005, May 11). Directive 2005/29/EC of the European Parliament and of the Council ('Unfair Commercial Practices Directive'). EUR-Lex. Retrieved 13 May 2023 from https://eur-lex.europa.eu/legal-content/EN/TXT/HTML/?uri=CELEX:32005L0029

6 European Union. (2021, December 29). Commission notice: Guidance on the interpretation and application of Directive 2005/29/EC of the European Parliament and of the Council concerning unfair business-to-consumer commercial practices in the internal market. EUR-Lex. Retrieved 13 May 2023 from https://eur-lex.europa.eu/legal-content/EN/TXT/?uri=CELEX:52021XC1229(05)

7 Truong, H., & Dalbard, A. (2022, June 30). Bright patterns as an ethical approach to counteract dark patterns. Retrieved 17 January 2023 from https://hj.diva-portal.org/smash/get/diva2:1680425/FULLTEXT01.pdf〔原著ＵＲＬは現在アクセス不可：https://www.divaportal.org/smash/get/diva2:1680425/FULLTEXT01.pdf〕

8 https://fairpatterns.com/ (coming soon from Amurabi: https://www.amurabi.eu/).

9 ISO. (2019, July). ISO 9241-210:2019 Ergonomics of human-system interaction — Part 210: Human-centred design for interactive systems. ISO. Retrieved 17 January 2023 from https://www.iso.org/standard/77520.html

10 IAB Europe. (n.d.). Transparency and Consent Framework. Retrieved 21 March 2023 from https://iabeurope.eu/transparency-consent-framework/

11 GDPR.eu. (2018, November 16). Article 4 GDPR: Definitions. GDPR.eu. Retrieved 22 December 2022 from https://gdpr.eu/article-4-definitions/

12 Santos, C., Nouwens, M., Toth, M. J., Bielova, N., & Roca, V. (2021). Consent management platforms under the GDPR: Processors and/or controllers? Social Science Research Network. https://doi.org/10.2139/ssrn.4205933

13 Soe, T. H., Nordberg, O. E., Guribye, F., & Slavkovik, M. (2020, October). Circumvention by design: Dark patterns in cookie consent for online news outlets. Proceedings of the 11th Nordic conference on human–computer interaction: Shaping experiences, shaping society. https://doi.org/10.1145/3419249.3420132

14 Lomas, N. (2022, February 2). Behavioral ad industry gets hard reform deadline after IAB's TCF found to breach Europe's GDPR. Techcrunch. Retrieved 22 December 2022 from https://techcrunch.com/2022/02/02/iab-tcf-gdpr-breaches/

15 Santos, C., Nouwens, M., Toth, M. J., Bielova, N., & Roca, V. (2021). Consent management platforms under the GDPR: Processors and/or controllers? Social Science Research Network. https://doi.org/10.2139/ssrn.4205933

16 Walshe, P. (2023, March 29). All based on the IAB TCF. Having the IAB in charge of ad standards aka the TCF is like having Dracula in charge of the national blood bank. [Tweet] Twitter. Retrieved 29 March 2023 from https://twitter.com/PrivacyMatters/status/1641089844033249281

17 NOYB. (2023, January 24). Data protection authorities support NOYB's call for fair yes/no cookie banners. noyb.eu. Retrieved 27 May 2023 from https://noyb.eu/en/data-protection-authorities-support-noybs-call-fair-yesno-cookie-banners

3　ＥＵにおける規制

18 この項目で紹介しているＥＵの法律は、執筆時にはすべて現存する法律だが、今後変わる可能性は大いにある。

19 Association for Computing Machinery (ACM). (2018). ACM Code of Ethics and Professional Conduct. Retrieved 31 March 2023 from https://www.acm.org/code-of-ethics

4　アメリカにおける規制

20 Federal Trade Commission. (2022, September 15). Bringing dark patterns to light - FTC staff report. Retrieved 1 January 2023 from https://www.ftc.gov/reports/bringing-dark-patterns-light

21 CPDPConferences. (2022, June 3). Manipulative design practices online: Policy solutions for the EU and the US [Video]. YouTube. https://www.youtube.com/watch?v=kLU3w2tp3YA

5 取り締まりの障害となるもの

22 Vinocur, N. (2019, April 24). How one country blocks the world on data privacy. Politico. Retrieved 27 May 2023 from https://www.politico.com/story/2019/04/24/ireland-data-privacy-1270123

23 Bryant, J. (2023, January 4). Irish DPC fines Meta 390m euros over legal basis for personalized ads. International Association of Privacy Professionals. https://iapp.org/news/a/irish-dpc-fines-meta-390m-euros-over-legal-basis-for-personalized-ads/

24 Bracy, J. (2023, May 22). Meta fined GDPR-record 1.2 billion euros in data transfer case. International Association of Privacy Professionals. https://iapp.org/news/a/meta-fined-gdpr-record-1-2-billion-euros-in-data-transfer-case/

25 European Union. (2019, December 18). Directive (EU) 2019/2161 of the European Parliament and of the Council of 27 November 2019 amending Council Directive 93/13/EEC and Directives 98/6/EC, 2005/29/EC and 2011/83/EU of the European Parliament and of the Council as regards the better enforcement and modernisation of Union consumer protection rules (Text with EEA relevance). Retrieved 31 May 2023 from https://eur-lex.europa.eu/eli/dir/2019/2161/oj

26 Laubheimer, P. (2020, June 21). 3 persona types: Lightweight, qualitative, and statistical. Nielsen Norman Group. Retrieved 21 March 2023 from https://www.nngroup.com/articles/persona-types/

27 Lewis, C., Polson, P.G., Wharton, C., & Rieman, J. (1990, March). Testing a walkthrough methodology for theory-based design of walk-up-and-use interfaces. Proceedings of the conference on human factors in computing systems (pp. 235–242). Retrieved 5 July 2020 from https://doi.org/10.1145/97243.97279

28 Mozilla. (n.d.). Take screenshots on Firefox | Firefox Help. https://support.mozilla.org/en-US/kb/take-screenshots-firefox

29 NocoDB (n.d.). Retrieved 29 December 2022 from https://www.nocodb.com/

30 Baserow (n.d.). Retrieved 29 December 2022 from https://baserow.io/

31 Airtable (n.d.). Retrieved 29 December 2022 from https://www.airtable.com/

32 BrowserStack. (n.d.). Retrieved 8 January 2023 from https://www.browserstack.com/live

33 Brandwatch. (n.d.). Retrieved 27 May 2023 from https://www.brandwatch.com/

34 Mentionlytics. (n.d.). Retrieved 27 May 2023 from https://www.mentionlytics.com/

35 Bose, S. (2023, February 13). How to take screenshot in Selenium WebDriver. BrowserStack. https://www.browserstack.com/guide/take-screenshots-in-selenium

36 Carter, L. (n.d.). Air/shots: Discovering a workflow for app screenshots. Airbnb Design. https://airbnb.design/airshots-discovering-a-workflow-for-app-screenshots/

37 NOYB. (n.d.). WeComply. Retrieved 27 May 2023 from https://wecomply.noyb.eu/

38 NOYB. (2021, May 31). NOYB aims to end 'cookie banner terror' and issues more than 500 GDPR complaints. noyb.eu. Retrieved 27 May 2023 from https://noyb.eu/en/noyb-aims-end-cookie-banner-terror-and-issues-more-500-gdpr-complaints

39 BEUC. (2022, July 2). 'Dark patterns' and the EU consumer law acquis: Recommendations for better enforcement and reform. Retrieved 28 March 2023 from https://www.beuc.eu/sites/default/files/publications/beuc-x-2022-013_dark_patters_paper.pdf

第6章 未来への歩み

1 Leiser, M.R. (2020, June 12). 'Dark patterns': The case for regulatory pluralism. Social Science Research Network. https://doi.org/10.2139/ssrn.3625637

2 Directorate-General for Justice and Consumers (European Commission), Lupiáñez-Villanueva, F., Boluda, A., Bogliacino, F., Liva, G., Lechardoy, L., & Rodríguez de las Heras Ballell, T. (2022, May 16). Behavioural study on unfair commercial practices in the digital environment: Dark patterns and manipulative personalisation, final report. Publications Office of the European Union. https://data.europa.eu/doi/10.2838/859030

3 Mathur, A., Kshirsagar, M., & Mayer, J. (2021). What makes a dark pattern... dark? Proceedings of the 2021 CHI conference on human factors in computing systems. https://doi.org/10.1145/3411764.3445610

4 Himes, J.L., & Crevier, J. (2021, August). 'Something is happening here but you don't know what it is. Do you, Mrs. Jones?' Dark patterns as an antitrust violation. CPI Antitrust Chronicle. Retrieved 2 January 2023 from https://www.competitionpolicyinternational.com/wp-content/uploads/2021/08/7-Something-Is-Happening-Here-but-You-Dont-Know-What-It-Is.-Do-You-Mrs.-Jones-Dark-Patterns-as-an-Antitrust-Violation-By-Jay-L.-Himes-Jon-Crevier.pdf

1 EUで進む改革

5 European Union. (2022, October 12). Regulation (EU) 2022/1925 of the European Parliament and of the Council of 14 September 2022 on contestable and fair markets in

the digital sector and amending Directives (EU) 2019/1937 and (EU) 2020/1828 (Digital Markets Act). Retrieved 5 January 2023 from https://eur-lex.europa.eu/legal-content/EN/TXT/HTML/?uri=CELEX:32022R1925

6 European Commission. (2023, May 2). Questions and answers: Digital Markets Act: Ensuring fair and open digital markets. https://ec.europa.eu/commission/presscorner/detail/en/QANDA_20_2349

7 European Union. (2022, October 27). Regulation (EU) 2022/2065 of the European Parliament and of the Council of 19 October 2022 on a single market for digital services and amending Directive 2000/31/EC (Digital Services Act). Retrieved 5 January 2023 from https://eur-lex.europa.eu/legal-content/EN/TXT/HTML/?uri=CELEX:32022R2065

8 European Union. (2021, December 29). Commission notice: Guidance on the interpretation and application of Directive 2005/29/EC of the European Parliament and of the Council concerning unfair business-to-consumer commercial practices in the internal market. EUR-Lex. Retrieved 1 January 2023 from https://eur-lex.europa.eu/legal-content/EN/TXT/?uri=CELEX:52021XC1229(05)

2 アメリカで進む改革

9 Federal Trade Commission. (2021, June 15). Lina M Khan sworn in as chair of the FTC. Federal Trade Commission. https://www.ftc.gov/news-events/news/press-releases/2021/06/lina-m-khan-sworn-chair-ftc

10 Federal Trade Commission. (2022, December 19). Fortnite video game maker Epic Games to pay more than half a billion dollars over FTC allegations of privacy violations and unwanted charges. Federal Trade Commission. Retrieved 2 January 2023 from https://www.ftc.gov/news-events/news/press-releases/2022/12/fortnite-video-game-maker-epic-games-pay-more-half-billion-dollars-over-ftc-allegations

11 Federal Trade Commission. (2022, September 15). Bringing Dark Patterns to Light - FTC staff report. Retrieved 1 January 2023 from https://www.ftc.gov/reports/bringing-dark-patterns-light

12 Federal Trade Commission. (2022, November 3). FTC action against Vonage results in $100 million to customers trapped by illegal dark patterns and junk fees when trying to cancel service. Federal Trade Commission. Retrieved 31 May 2023 from https://www.ftc.gov/news-events/news/press-releases/2022/11/ftc-action-against-vonage-results-100-million-customers-trapped-illegal-dark-patterns-junk-fees-when-trying-cancel-service

13 Castro, D. (2023, January 4). The FTC's efforts to label practices 'dark patterns' is an attempt at regulatory overreach that will ultimately hurt consumers. ITIF. Retrieved 8 January 2023 from https://itif.org/publications/2023/01/04/the-ftcs-efforts-to-label-practices-dark-patterns-is-an-attempt-at-regulatory-overreach-that-will-hurt-consumers/

14 Federal Trade Commission. (2022, December 19). Fortnite video game maker Epic Games to pay more than half a billion dollars over FTC allegations of privacy violations and unwanted charges. Federal Trade Commission. Retrieved 2 January 2023 from https://www.ftc.gov/news-events/news/press-releases/2022/12/fortnite-video-game-maker-epic-games-pay-more-half-billion-dollars-over-ftc-allegations

3 AIと説得プロファイリングとシステム上のディセプティブパターン

15 Pasternack, A. (2023, February 22). GPT-powered deepfakes are a 'powder keg.' Fast Company. https://www.fastcompany.com/90853542/deepfakes-getting-smarter-thanks-to-gpt

16 Hsu, T., & Thompson, S.A. (2023, February 8). Disinformation researchers raise alarms about A.I. chatbots. The New York Times. https://www.nytimes.com/2023/02/08/technology/ai-chatbots-disinformation.html

17 Knight, W. (2021, May 24). GPT-3 can write disinformation now — and dupe human readers. Wired. https://www.wired.com/story/ai-write-disinformation-dupe-human-readers/

18 Midjourney. (n.d.). Retrieved 30 May 2023 from https://www.midjourney.com/

19 DALL・E 2. (n.d.). https://openai.com/product/dall-e-2

20 Uizard Autodesigner (n.d.). Uizard. Retrieved 30 May 2023 from https://uizard.io/autodesigner/

21 AI-powered website and UI builder using OpenAi generated code. (n.d.). TeleportHQ. Retrieved 30 May 2023 from https://teleporthq.io/ai-website-builder

22 Uizard. (2023, April 12). Uizard Autodesigner full walkthrough [Video]. YouTube. https://www.youtube.com/watch?v=PD5j7Ll7wLs

23 Miles, K. (2014, August 22). Artificial intelligence may doom the human race within a century, Oxford professor says. HuffPost. https://www.huffpost.com/entry/artificial-

intelligence-oxford_n_5689858
24 Meta Business Help Centre. (n.d.). About automated ads. Facebook. Retrieved 30 May 2023 from https://www.facebook.com/business/help/223852498347426?id=2393014447396453
25 Google Ads Help. (n.d.). About smart bidding and smart creative solutions with Google Ads. https://support.google.com/google-ads/answer/9297584?hl=en-GB
26 Kaptein, M. (2015). Persuasion profiling: How the internet knows what makes you tick. Business Contact.
27 Yeung, K. (2017). 'Hypernudge': Big Data as a mode of regulation by design. Information, Communication & Society, 20(1), 118–136. https://doi.org/10.1080/1369118x.2016.1186713
28 表引用元：Kaptein, M., Markopoulos, P., de Ruyter, B., & Aarts, E. (2015). Personalizing persuasive technologies: Explicit and implicit personalization using persuasion profiles. International Journal of Human–Computer Studies, 77, 38–51. https://doi.org/10.1016/j.ijhcs.2015.01.004
29 Cialdini, R.B. (2006). Influence: The psychology of persuasion, revised edition. Harper Business.
『影響力の武器［新版］：人を動かす七つの原理』ロバート・B・チャルディーニ著、社会行動研究会訳、誠信書房、２０２３年
30 Wylie, C. (2020). Mindf*ck: Cambridge Analytica and the plot to break America. Penguin Random House.
『マインドハッキング：あなたの感情を支配し行動を操るソーシャルメディア』クリストファー・ワイリー著、牧野洋訳、新潮社、２０２０年
31 Leiser, M.R., & Santos, C. (2023, April 27). Dark patterns, enforcement, and the emerging digital design acquis: Manipulation beneath the interface. Social Science Research Network. https://papers.ssrn.com/sol3/papers.cfm?abstract_id=4431048

4 テクノディストピア的な未来を危ぶむ

32 Greenberg, S., Boring, S., Vermeulen, J., & Dostal, J. (2014, June 21). Dark patterns in proxemic interactions. Proceedings of the 2014 conference on designing interactive systems. https://doi.org/10.1145/2598510.2598541
33 Design Studio S. (n.d.). Retrieved 8 January 2023 from http://www.designss.com/product.html/JR/JR.html〔現在アクセス不可〕
34 Hon, A. (2022). You've been played: How corporations, governments, and schools use games to control us all. Basic Books.
35 Castro, D. (2023, January 4). The FTC's efforts to label practices 'dark patterns' is an attempt at regulatory overreach that will ultimately hurt consumers. ITIF. Retrieved 8 January 2023 from https://itif.org/publications/2023/01/04/the-ftcs-efforts-to-label-practices-dark-patterns-is-an-attempt-at-regulatory-overreach-that-will-hurt-consumers/

5 まとめ

36 Albrecht, L. (2018, February 20). Richard Thaler, Nobel Prize-winning economist, says Wells Fargo is 'slimy'. MarketWatch. https://www.marketwatch.com/story/richard-thaler-nobel-prize-winning-economist-says-wells-fargo-is-slimy-2018-02-16

エピローグ

1 Brignull, H., Leiser, M., Santos, C., & Doshi, K. (2023, April 25). Deceptive patterns: User interfaces designed to trick you. deceptive.design. Retrieved 25 April 2023 from: https://www.deceptive.design/

日本語版解説

ダークパターンが生まれる構造と向き合い方

長谷川敦士

長谷川敦士 **はせがわ あつし**

インフォメーションアーキテクト

株式会社コンセント代表／武蔵野美術大学造形構想学部教授。「わかりやすさのデザイン」であるインフォメーションアーキテクチャ分野の第一人者。デザインの社会活用や可能性の探索とともに、企業や行政でのデザイン教育の研究と実践を行う。近年では、サービスデザインの推進、デザイン倫理の研究、そしてデザインの民主化に取り組んでいる。副理事長を務める人間中心設計推進機構において2022年にHCD専門家倫理規範の策定を推進した。サービスデザインネットワーク日本支部共同代表、学術博士。

はじめに

本書「ダークパターン」は、ダークパターン専門家であるハリー・ブリヌル氏による、ダークパターンに関する最新の書籍「Deceptive Patterns: Exposing the Tricks Tech Companies Use to Control You」の邦訳となる。氏は人を騙すユーザーインターフェース「ダークパターン」の名付け親として知られるが、最近では「dark patterns（暗黒のパターン）」という名前は使わず「deceptive patterns（欺瞞的パターン）」もしくは「deceptive design（欺瞞的デザイン）」という言い方に変えている。氏のウェブサイト「darkpattern.org」も「deceptive.design」にURLを変更している。

名称変更の理由として、ダークパターンという名称に「悪いもの」というニュアンスが強いため、より客観的かつ包括的な言い方にしたい、という意図があるという。しかし、本書でも言及されているように、英語で「deceptive（欺瞞的）」という表現は、法的にはより強いニュアンスが含まれるため、正確には「deceptive（欺瞞的）もしくはmanipulative（操作的）パターン」と呼ぶようにしているという。ここでいう「manipulative」という言葉には、「作為として人をコントロールする」というニュアンスが強く表れている。

本書タイトルも原著に習うことを検討したが、ブリヌル氏とも相談のうえで、日本でのダークパターン認知の現状を踏まえて「ダークパターン」というタイトルとした。この表現の変更からは、氏のダークパターンについての認識の深刻さが受け取れる。つまり、ダークパターンという現象の社会的インパクトの大きさから、この言葉や言説を一過性のものにしてはならない意思を感じる。

デザインと行動変容

デザインはここ20年、「かたちを作る」行為から「体験を提供する」行為に視点が変わった。本書でも述べられているが、ダニエル・カーネマン、リチャード・セイラー氏らの行動経済学の知見がデザインに接続され、B・J・フォグ氏の「説得的デザイン（persuasive design）」をはじめとして、どのように行動に影響を与えていくかについて、デザインおよび工学の両側面から研究と実践が進められている。

本文でも述べられているが、行動経済学をデザインに活用する「ナッジ（Nudge：肘でつつく、の意）」は、公共政策への新しい取り組みとして世界中の多くの行政組織・自治体などで注目され、2000年代から各国でさまざまな活動が始まった。日本でも環境省を事務局として横断的な日本版ナッジユニット（BEST）の活動が行われている。国外では、ナッジ専門のデザインエージェンシーなども多く活躍している。

日本版ナッジ・ユニット

https://www.env.go.jp/earth/ondanka/nudge.html

こういった活動によって、ナッジがどのように機能するのか、どういった可能性があるのかについての理解が深まった。これによって、公共領域でのナッジの活用は進んでいるが、同時に商業領域においてもナッジは多く使われるようになった。本文でも述べられているように、もともとナッジの悪用は「スラッジ（Sludge：ヘドロの意）」と呼ばれてきていたが、ダークパターンもこのスラッジである、としている。こういった「デザインによる行動への関与」はナッジかスラッジかにかかわらず、つまりその目的によらず、そもそも人の行動の自由を奪っているという議論がある。つまり、「自分で選択をする」という権利を侵害していると考えることができるのである。

この議論において、現在ナッジは「リバタリアン・パターナリズム」であると解釈されている。つまり、ナッジは、人を正しい方向へと導くパターナリズム（父権主義）でありながら、その強制はしないリバタリアン（自由主義）的な立場であるとされている。

こういった議論に基づいてナッジは正当化されているが、ここからもわかるようにナッジを巡る解釈にはまだまだ議論の余地が多い。そして、ダークパターンが生まれているという状況も、このこととは無縁ではない。

ダークパターンが生まれる構造

本文中でも紹介されている大規模調査論文「Dark Patterns at Scale: Findings from a Crawl of 11K Shopping Websites」の共著者であるアーヴィンド・ナラヤナン氏による、「Dark Patterns: Past, Present, and Future」（2020年）では、ダークパターンが生まれる社会的構造について以下の要因からであると考察を行っている。

1. オンライン以前からの小売業における欺瞞的な慣行
2. 公共政策におけるナッジの普及
3. デザインコミュニティにおけるグロースハックの普及

本文での議論と一部重複するが、ダークパターン発生の要因として有意義な議論なので紹介しておこう。

1の「オンライン以前からの欺瞞的な慣行」とは、たとえば心理学の知見を用いたサイコロジカルプライシング（100円を99円と表現したほうが安く感じる、等）などが一般的に使われており、「売り上げを伸ばす」というテクニックは「営業努力である」とみなされているような社会背景を示している。一般的な社会ではこういったテクニックのどこまでが消費者を欺く非倫理的な行為であるかが曖昧となる。この結果として企業がダークパターンを手掛けてしまっても内部チェックが働きにくくなる。

2のナッジについては、前節で述べた通りであるが、1の商慣習と相まって、社会が「ここまでならビジネスのためにやってもよいだろう」と考えてしまうハードルが下がってしまっている、と解釈することができる。

最後の要因として「グロースハック」を挙げている。グロースハックとは、デザイン、エンジニアリング、マーケティングを統合して、事業の成長のための仕組みを作っていくことを指す。ネットワーク効果（ネットワーク外部性とも呼ばれ「利用者数」が価値となる現象）が重視されるオンライン上のビジネスにおいて、どうすれば利用者数が増えるのかについて、A／Bテストなどの手法によって最適なパターンを生き残らせていくというアプローチが普及している。

その結果として、たとえば「メールアドレス登録者数」といった経営指標（KPI：Key Performance Indicator）を設定して事業を推進していくこと、つまりグロースハックを実践していくことで、利用者が「ついうっかり」やってしまう行為（注意書きが小さいことかもしれないし、オプトアウトを前提にした結果かもしれない）がKPIに有効であると、そこでダークパターンが生まれてしまうのである。

前述の論文では、この3つの要素の組み合わせによって、企業は意図していなくともダークパターンを作り出す構造を持ってしまうとしてしている。もちろん、はじめからダークパターンを使ってユーザーを騙そうとしている企業は論外であるが、この指摘は、ダークパターンというものが必ずしも個々のデザイナーの悪意によって生まれるものだけではないことを示している。つまり企業は、そもそもKPIがダークパターンを導く「力学」を持っていないのかをチェックし、結果的にダークパターンが生まれてしまった場合の対処方法を備えておく、という対応が必要となるといえるだろう。

ダークパターンへの向き合い方

本書でもダークパターンへの対処が論じられているが、どのようにダークパターンを考えていけばよいだろうか。UX専門家であり世界的に著名なキム・グッドウィン氏は「Bring back Human-Centered（人間中心を取り戻す）」と銘打って、デザインだけでなく、組織全体が利用者および生活者の視点に立たねばならないと説いた。昨今、顧客志向を銘打った企業は多いが、それらの企業もビジネスが優先されるものばかりで、本当に顧客のことを考えている企業は少ないと氏は問う。

氏は、「UX（ユーザー体験）は組織のすべての意思決定の積み重ねによって生み出される」とした上で、「人間中心（Human-Centered）は達成すべき目的であり、使命である」と主張する。そして、「自社都合で適用しないようなものなら、それは『顧客価値』とは言えない」と指摘し、デザイナーは人間中心な意思決定を支援しなければならない、とデザインコミュニティに訴えた。

Kim Goodwin: Bringing Back "Human-Centered"
https://vimeo.com/350929461

氏は多くの企業にとって、自社の事業存続および市場での競争を意識したとき、そもそも設定している指標や目標がユーザーへの価値に繋がっていないケースはまだまだ多く、デザイナーはそこに介入していかなければならない、ということを述べている。氏の話は直接ダークパターンのことを述べているわけではないが、ダークパターンも含めたこれからの企業の事業の考え方についての指摘と捉えることができるだろう。

捕捉として、ここで述べられている「人間中心（Human-Centered）」は、「人間中心主義（Anthropocentrism）」とは異なり、人間だけを優先して事業を行う、という意味ではない。Human-Centeredは事業において利用者のことを考慮する、という意味で用いられている。

本書でもＡＣＭ、ＡＩＧＡ、ＡＰＡ、ＵＸＰＡなどＨＣＩやデザインの業界団体による倫理規定が定められていることが紹介されているが、日本でもＵＸデザイン推進のためのＮＰＯである人間中心設計推進機構（HCD-Net）によって、「ＨＣＤ倫理規範」が定められている。この倫理規範は、専門家の倫理、調査活動における倫理、研究活動における倫理、成果物の倫理の４部構成となっており、このなかの「成果物の倫理」はダークパターンを意識したものとなっている。ここでは、ＨＣＤ専門家は自身がデザインしたものだけでなく、社会のデザインが人間中心的になっているかどうかを意識しなければならないとしている。

ＨＣＤ専門家 倫理規範―人間中心設計推進機構
https://www.hcdnet.org/hcd/event/entry-1879.html

筆者（監訳およびこの解説を書いている長谷川）は、HCD-Netにおいてこの倫理規範策定を主導してきたが、日本国内でも倫理に関わるシンポジウム等を開催すると多くの実務家が議論に参加し、実現可能性、企業姿勢のありかた、組織内ガバナンスの実態等、さまざまな議論が生まれている。いまの段階では、ダークパターンをどう規制するのか、ということより、まずはどういった論点があるのかを議論していくことが必要だと感じている。

こういった業界団体での活動に加えて、日本ならではのダークパターンへ向き合う企業活動も生まれてきている。クラウド会計ソフトなどを手がけるfreee株式会社は、ダークパターン防止のため、社内標準プロセスに、デザインチームが倫理的な課題を見つけた場合に、事業責任者（プロダクトマネージャー）に差し戻しを行う制度を導入した。企業全体としてそういったプロセスを導入する活動は、世界的にも先進的といえ、注目されている。

ダークパターンはもはやＵＩデザインだけの問題ではなく、組織の方針とfreeeのようなプロセスによって解決すべき問題と言える。そもそも組織が人間中心的な方針と経営指標を打ち出さないことには、「効率的な」業務推進の帰結としてダークパターンが生まれることになる。また、そういった取り組みをしていたとしても、結果的にダークパターンが生まれてしまったとき、それをどのように是正していくのか、が企業には問われることになる。

これらについて、方針および組織内での手続き、そして実際に対処している過程を、社会にオープンにしていくことで、生活者は企業のありかたを判断することができると言えるのではないだろうか。

日本語版解説

ダークパターン（ディセプティブパターン）に関する日本の法規制の視点と動向

水野祐

水野祐　みずの たすく

弁護士（シティライツ法律事務所）

Creative Commons Japan理事。Arts and Law理事。グッドデザイン賞審査委員。慶應義塾大学SFC非常勤講師。note株式会社などの社外役員。著作に『法のデザイン－創造性とイノベーションは法によって加速する』（フィルムアート社）、連載に『新しい社会契約（あるいはそれに代わる何か）』（WIRED JAPAN）など。

はじめに

本書は、ユーザーインターフェースに関する書籍としては異例とも言えるほど法制度に関する言及に紙幅を割いている。それは著者ハリー・ブリヌル氏のダークパターンの問題に対する危機感の表れであるとともに、この問題がユーザーインターフェースの領域に留まらないことを示している。「ディセプティブパターン（ダークパターン）は心理学、デザイン、法律が交差するところ」とブリヌル氏が主張するように、ダークパターンは、単にウェブサイトやアプリケーション上のユーザーインターフェースという表現の問題だけではなく、ユーザーの心理や身体とのインタラクションを含むユーザーエクスペリエンスの問題でもある。また、ダークパターンはインターネット上の表現を含むアーキテクチャ（何らかの主体の行動を制約または可能ならしめる物理的・技術的な構造または環境）の一態様であり、このようなアーキテクチャをどのように規律していくかの問題でもある。本解説では、ダークパターンというアーキテクチャの設計および規律における法的な視点を踏まえたうえで、現在の日本における法規制の現状と動向を解説したい。

なお、本解説では、著者が用いるディセプティブパターンが法律用語の「ディセプティブ（ぎまん的）」の定義よりも広いこと（本書で紹介されている米国FTC法の「ディセプティブ（ぎまん的）」のみならず、日本の独占禁止法でも「ぎまん的」の法律用語が使用されている）、そして、この問題意識が日本ではまだ浸透していないことから、ダークパターンの用語を使用することとしたい（すべてディセプティブパターンと読み替えていただいて問題ない）。

アーキテクチャの設計とその規律

本書ではダークパターン規制について積極的な立場が終始採られている。それはダークパターンの蔓延が企業の自主的な努力に任せていても一向に後退する気配がないからだが、ダークパターンの規制には繊細な舵取りが必要な側面もある。どういうことか。

先述した通り、ダークパターンはウェブやアプリ上の文言のみならず、サービスの設計・仕様を含むユーザーインターフェースおよびユーザーエクスペリエンスを対象とする。このような情報環境のアーキテクチャは、個人の権利または利益を知らず知らずの間に制約または侵害する新たな権力として米国の憲法学者ローレンス・レッシグ氏らにより主題化された。ダークパターンは、まさにレッシグ氏が懸念したアーキテクチャによる個人の権利利益の制約・侵害の典型的な一場面とも言える。そして、デジタルプラットフォームとして君臨するネット企業たちは、このアーキテクチャの設計者として、わたしたちの生活に国家と同等あるいはそれを凌駕する影響力を持つに至っている。このようなデジタルプラットフォームをどのように規律するかは極めて今日的な問題となっており、ダークパターン規制もこの問題の一部と捉えることも可能だ。

一方で、インターネットは、1996年のジョン・ペリー・バーロウによる「サイバースペース独立宣言」に象徴されるような初期インターネットの理念に基づき、国家の主権が及びづらい自由な情報空間として発展してきた。そして、いまやデジタルプラットフォームは、このような自由領域に基づき、アーキテクチャの設計を企業の技術的なイノベーションに結びつけてきた。本書でも槍玉に挙げられる「グロースハック」についても、単にマーケティングの手法と矮小化することも可能だが、A／Bテストを含むデータに基づくメトリクス管理と改善策の実行を迅速に反復することで、商品やサービスの質を劇的に向上させていく事業モデルであり、企業による技術的なイノベーションの揺籠と評価することもできる。すなわち、アーキテクチャに対する過度な規制は、イノベーションの揺籠と考えられてきた自由領域を阻害し、企業活動の自由、より具体的には表現の自由や営業の自由に対する制約として機能する側面がある。企業による表現やアーキテクチャの設計を過度に規制すれば、企業活動を萎縮させ、イノベーションを阻害してしまう懸念があるため、健全な技術・事業開発やマーケティング等の企業活動との線引きには慎重さが求められるのだ。

国内の法規制

本書では、先行するEUや米国の法規制、その法規制を前提とした法執行の状況が紹介されている。[*1] では、日本はどうなのかと問われれば、意外に思われるかもしれないが、ダークパターンを規制し得る法制度はすでにそれなりに存在している。ダークパターンに関連する日本国内の法規制は、消費者保護に関する法規制、個人情報保護に関する法規制、競争促進に関する法規制の3つに大別される。具体的にみていこう。

消費者保護に関する法規制

・**特定商取引法**：特定商取引法（特定商取引に関する法律）は、訪問販売、通信販売等の消費者トラブルが生じやすい特定の取引形態を対象として、事業者による違法・悪質な勧誘行為等を防止し、消費者の利益を守ることを目的とする法律である。2022年6月施行の改正法により、通信販売における詐欺的な定期購入商法対策のための規定が新設された（法11条4号、5号）。具体的には、通信販売の申込みの最終確認画面等において、一定の事項の表示義務付け（商品等の分量やサブスクリプション期間、対価、支払時期、引渡時期、申込期間、契約の解除に関する事項等）や、人を誤認させるような表示が禁止された。また、通信販売において広告をする際に、申込みの期間に関する定めがある場合は、その旨とその内容、役務提供契約の解除等に関する事項が表示事項として義務付けられた。その他、通信販売の契約の解除等に関する事項等について不実のことを告げる行為が禁止され、消費者が誤認して申込みをした場合の取消権が新設される等、規制が強化された。これらはいずれも一定のシチュエーションにおいてダークパターン規制として機能し得るものと言える。

・**景品表示法**：景品表示法（不当景品類及び不当表示防止法）は、商品やサービスの品質、内容、価格等を偽って表示を行うこと等を規制することにより、消費者がよりよい商品やサービスを自主的かつ合理的に選べる環境を守ることを目的とする法律である。ダークパターンの一部は、景品表示法が規制の対象とする不当表示に該当する。

具体的には、優良誤認・有利誤認表示の禁止（法5条1号、2号）である。実際のもの、または他社の同種・類似の商品・サービスよりも、著しく優良・著しく有利であると示し、不当に顧客を誘引し、一般消費者による自主的かつ合理的な選択を阻害するおそれがあると認められる表示を禁止している。また2023年10月から、広告であるにもかかわらず、広告であることを隠す「ステルスマーケティング」が不当表示（「一般消費者が事業者の表示であることを判別することが困難である表示」）として新たに規制されることになった（法5条3号に基づく内閣府告示）。

・**消費者契約法**：消費者契約法は、消費者と事業者が持っている情報の質・量や交渉力に格差があることを前提に、消費者と事業者が契約をするとき、不当な勧誘による契約の取消しや不当な契約条項の無効等を規定する法律である。事業者が契約の締結について消費者を勧誘する際に行った行為により誤認した結果としての契約の申込みや承諾の意思表示を取り消すことができる。具体的には、重要事項（質、用途、対価、その他取引条件等）について事実と異なることを告げられ、当該告げられた内容が事実であると誤認した場合（法4条1項1号）、ある重要事項、または当該重要事項に関連する事項について、当該消費者の利益となる旨を告げ、当該消費者の不利益となる事実（当該告知により当該事実が存在しないと消費者が通常考えるべきものに限る）を故意または重大な過失によって告げなかったことにより、当該事実が存在しないとの誤認をした場合（4条2項）が挙げられる。

・**消費者安全法**：消費者安全法は、消費者の利益を不当に害し、または消費者の自主的かつ合理的な判断を阻害するおそれのある行為が事業者によりなされ、消費者に財産上の被害が生じる事態に対して、内閣総理大臣は、消費者被害の発生または拡大の防止を図るため必要があると認めるときは、消費者への注意喚起等をすることができることや（法38条1項）、他の法律の規定に基づく措置の実施に関する要求（法39条1項）、事業者に対し必要な措置をとるべき旨の勧告及び命令（法40条4項、5項）をすることができる旨を規定している。

２０１９年９月、「viagogo」というチケット転売の仲介サイトにおいて、「購入完了までの残りの時間」をカウントダウンによって掲載し、あたかも時間内に購入手続を完了させないと当該チケットを優先的に購入できなくなるかのように表示していた等が認められる事案において、同法に基づき、消費者被害の発生または拡大の防止に資する情報を公表し、消費者に注意喚起が行われた事例がある。[*2]

・**取引デジタルプラットフォーム消費者保護法**：取引デジタルプラットフォーム消費者保護法（デジタルプラットフォームを利用する消費者の利益の保護に関する法律）は、オンラインモール等の取引デジタルプラットフォームにおいて、消費者の利益の保護を図ることを目的として、2022年5月に施行された法律である。

デジタルプラットフォームの自主的な取組の促進を図る観点から、取引デジタルプラットフォーム提供者は、消費者が販売業者等と円滑に連絡することができるようにするための措置や販売業者等による商品等の表示に関し消費者から苦情の申出を受けた場合における事情の調査その他の当該表示の適正を確保するために必要と認める措置等を講ずるよう努めなければならないとされている（法3条1項）。ダークパターンを強いる取引デジタルプラットフォーム事業者には同法を適用して是正を求めていくことが考えられる。

個人情報保護に関する法規制

本書でも紹介されているように、ＥＵのＧＤＰＲ（一般データ保護規則）、そしてその影響を受けている米国のカリフォルニア州プライバシー権法（ＣＰＲＡ）、コロラド州プライバシー法（ＣＰＡ）等には、パーソナルデータに関する本人同意の取得についてダークパターンを禁止する規定が用意されている。一方で、日本では個人情報保護に関して、ダークパターンを規制する規定は存在していないが、一定の範囲で対応は可能だと思われる。

・**個人情報保護法**：個人情報保護法は、個人情報の有用性に配慮しつつ、個人の権利や利益を保護することを目的として個人情報の取り扱いを定める法律であるが、ダークパターンの使用は次の通り、個人情報保護法違反に該当する可能性がある。

第一に、偽りその他不正の手段による個人情報の取得である。個人情報保護法では、偽りその他不正の手段による個人情報取得（いわゆる不正取得）が禁止されている（法20条1項）。たとえば、個人情報を取得する主体や利用目的等について、意図的に虚偽の情報を示して、本人から個人情報を取得することは不正取得となる。[*3] 個人情報取得の場面において、ダークパターンを使用してこのような行為を行った場合、個人情報保護法違反となり得る。

第二に、個人情報保護法では、当初特定した利用目的の達成に必要な範囲を超えて個人情報を取り扱う場合（目的外利用）や要配慮個人情報を取得する場合、個人データを第三者に提供する場合等において、本人の同意が必要である（法18条1項、20条2項、27条1項）。そして、同意は、事業の性質及び個人情報の取扱状況に応じ、本人が同意に係る判断を行うために必要と考えられる合理的かつ適切な方法によらなければならない、とし、本人の同意を得ている事例として本人が自ら意図して積極的なアクションを行っている事例を列挙している。[*4] これに対し、ダークパターンを使用して、本人の意図に反して同意に誘導したり、本人の積極的・肯定的なアクションを介さずに取得したりした同意は、本人が同意に係る判断を行うために必要と考えられる合理的かつ適切な方法により取得した同意とは言えず、個人情報保護法違法となる可能性があるだろう。

・**電気通信事業法**：電気通信事業法は、公共性のある電気通信事業の運営を適正化・合理化し、公正な競争を促進するための規制や制度を定めた法律だが、２０２３年６月に施行された改正法において、いわゆる外部送信規律（Cookie規制）が規定された（法27条の12）。これは、ウェブサイトやアプリケーションの利用者に対し、利用者の端末に記録されている情報が第三者のサーバーに送信されることをきちんと確認できる機会を付与するための制度である。ウェブやアプリの利用者の情報が第三者に外部送信される場合、所定の事項の通知または公表などを義務づけるとともに、外部へ送信される利用者に関する情報の内容等を当該利用者に通知しまたは当該利用者が容易に知り得る状態に置かなければならないとしている。そのうえで、通知等の方法について、日本語を用い、専門用語を避け、平易な表現を用いることや、操作を行うことなく文字が適切な大きさで映像面に表示されるようにすること等の方法によらなければならない（電気通信事業法施行規則22条の2の28、29）。したがって、Cookie等により利用者の情報を外部送信する際にダークパターンにより利用者自身に十分な通知等の確認の機会を付与していない場合には、電気通信事業法違反に該当する可能性がある。

競争促進に関する法規制

ダークパターンは、企業が個々のユーザーの行動を操るだけに留まらず、市場において優位にある企業が消費者に自らの意思で商品やサービスを選択していると思い込ませ、競合他社の商品やサービスを排除する等により、公正な取引を阻害し、競争を縮小する懸念がある。このような競争政策的な視点は、本書でも紹介されている通り、米国、特に２０２１年6月にリナ・カーン氏が連邦取引委員会（ＦＴＣ）の委員長に就任して以降、強まっている。中でも、ＦＴＣが23年3月、Fortniteでダークパターンを使用したEpic Gamesに対して2億４５００万ドルという記録的な額の示談金請求を実現したことは象徴的だ。

・**独占禁止法**：独占禁止法（私的独占の禁止及び公正取引の確保に関する法律）は、公正かつ自由な競争を促進する観点から、「不公正な取引方法」を類型化している。その不公正な取引方法の具体的な行為類型として、「ぎまん的顧客誘引」が禁止されている（法2条9項6号ハ、一般指定8項、19条）。ぎまん的顧客誘引は、自己の供給する商品または役務の内容または取引条件その他これらの取引に関する事項について、実際のものまたは競争者に係るものよりも著しく優良または有利であると顧客に誤認させることにより、競争者の顧客を自己と取引するように不当に誘引する行為である。ダークパターンを使用して、実際よりも著しく優良または有利であると誤認させる場合には、このぎまん的顧客誘引に該当するとして、独占禁止法違反が成立する可能性がある。

また、独占禁止法は、不公正な取引方法として、いわゆる優越的地位の濫用を禁止している（法2条9項5号、19条）。公正取引委員会は、この優越的地位の濫用に関し、デジタルプラットフォーム事業者が、不公正な手段により利用者の個人情報を取得または利用する場合に優越的地位の濫用に該当し得るという見解を示している。[*5] ダークパターンを使用した個人情報の取得・利用が優越的地位の濫用に該当し、独占禁止法違反を構成する可能性がある。

・**特定デジタルプラットフォーム取引透明化法**：特定デジタルプラットフォーム取引透明化法（特定デジタルプラットフォームの透明性及び公正性の向上に関する法律）は、デジタルプラットフォーム運営事業者とデジタルプラットフォームの利用事業者間の取引の透明性と公正性確保のために必要な措置を講ずる法律で、２０２1年に施行された。

デジタルプラットフォームの取引透明化・公正化を企図しているという観点からは、EUのデジタル市場法（DMA）に相当するものであるが、DMAのようにダークパターンを広範囲に規制し得る規定は存在していない（DMAも「ダークパターン」や「ディセプティブパターン」という文言は使用していない）。特に取引の透明性・公正性を高める必要性の高いデジタルプラットフォームを提供する事業者（特定デジタルプラットフォーム提供者）に対して、取引条件等の情報の開示や、自主的な手続・体制の整備を求めており、ダークパターンを使用するデジタルプラットフォーム提供事業者に対しては、一定の情報開示と体制整備を求めていくことで、牽制する効果が期待される。

おわりに

以上のように、日本には直接的・包括的なダークパターンに関する法規制は存在していないものの、消費者保護の観点、個人情報保護の観点、そして競争促進の観点から、ダークパターンを規律し得る法令が存在しており、それらの法令でも対処できるものはあると考えられる。もっとも、ブリヌル氏が本書の中でも強調するように、現実には人間の巧妙さや搾取的行動、それを実現する技術の追求に限界はなく、今後も新しいダークパターンは出現するだろう。それにもかかわらず、日本のようなパッチワーク的な対応ではどうしても対症療法的にならざるを得ない。また、法規制がいくつかの法令に跨って散在していることは、所轄官庁（消費者庁、個人情報保護委員会、公正取引委員会、経済産業省、総務省）が分かれることを意味し、この問題に関する司令塔が不在となりやすくなる。さらに、ブリヌル氏は、ダークパターンに関する直接的な規制を設けたEUのデジタルサービス法（DSA）25条（および「ダークパターン」の文言を使用した前文67項）やデジタル市場法（DMA）13条の意義、従来のGDPR（一般データ保護帰属）やUCPD（不公正取引方法指令）については各条項を解釈して個別のダークパターンに当てはめる必要があり、その適用にはどうしても不透明さが残ることを本書において指摘する。この指摘は日本においてもあてはまる。本解説において紹介したダークパターン規制として機能し得る日本の法令は、過去の運用からすれば、いずれも実際に執行される場面はもちろん、各条項を解釈し適用されることも限定されており、強制力の面からも限界を指摘せざるを得ないだろう。なお、日本においても、主に消費者保護の観点からダークパターンに関する直接的・包括的な法規制の要否の検討が始まっている。[*6] また、デジタルプラットフォーム規制という観点からは、「日本版DSA」とも言われるプロバイダー責任制限法の改正法案である情報流通プラットフォーム対処法（情プラ法）案にEUのDSAのような直接的なダークパターン規制が導入されるかも注目される。[*7]

ダークパターンに関する法規制は、先述したように、表現や営業の自由の観点から過度な制約にならないように留意しなければならない。が、特に、すでに存在する法規制に加えて、包括的または直接的な法規制までも必要なのかはより広範な議論が必要だろう。本書が日本においてもそのような議論を深める契機になることを期待している。

1 本書で紹介されていないEUの規制として、2024年中に成立する予定のAI法（AI Act）案にも、「意図的に操作的またはぎまん的な技法を展開するAIシステム」を禁止する規定が設けられている（5条1項（a））。European Parliament. "Corrigendum" of the Artificial Intelligence Act (16 April, 2024) https://www.europarl.europa.eu/doceo/document/TA-9-2024-0138-FNL-COR01_EN.pdf（最終アクセス：2024年4月26日）

2 消費者庁「チケット転売の仲介サイト「viagogo」に関する注意喚起」（2019年9月13日）、加納克利『デジタル化と消費者政策（いわゆる「ダークパターン」）に関する研究のサーベイ』（2023年6月）24、25頁

3 個人情報保護委員会「個人情報の保護に関する法律についてのガイドライン（通則編）」（平成28年11月（令和5年12月一部改正））3－3－1

4 同前、2－16

5 公正取引委員会の公表資料「デジタル・プラットフォーム事業者と個人情報等を提供する消費者との取引における優越的地位の濫用に関する独占禁止法上の考え方」（令和元年12月17日（改正令和4年4月1日））

6 消費者庁「消費者法の現状を検証し将来の在り方を考える有識者懇談会」（令和5年7月）、内閣府「消費者法制度のパラダイムシフトに関する専門調査会」（2023年12月）等

7 総務省「ICTサービスの利用環境の整備に関する研究会・利用者情報に関するワーキンググループ」（2024年3月）参照

〈訳者プロフィール〉
髙瀬みどり　たかせ みどり
アメリカ・テキサス州生まれ。東京大学文学部（美学芸術学専攻）卒業後、ゲームや映画の翻訳を経て書籍の翻訳を手掛けるようになる。イギリスアンティーク、紅茶、ウィスキー、ボードゲームをこよなく愛する。訳書に『仕組みもわかる西洋の建物の描き方』（エクスナレッジ）、『幸せになるには親を捨てるしかなかった――「毒になる家族」から距離を置き、罪悪感を振り払う方法』（ダイヤモンド社）、『スキルアップ鉛筆＆木炭 質感描き分けテクニック』（グラフィック社）など。

ダークパターン
人を欺くデザインの手口と対策

2024年5月15日　初版第1刷発行

著者　ハリー・ブリヌル

監訳　長谷川敦士
翻訳　髙瀬みどり

発行人　上原哲郎
発行所　株式会社ビー・エヌ・エヌ
〒150-0022
東京都渋谷区恵比寿南一丁目20番6号
Fax: 03-5725-1511
E-mail: info@bnn.co.jp
www.bnn.co.jp

印刷・製本　シナノ印刷株式会社

翻訳協力　株式会社トランネット
版権コーディネート　須鼻美緒
日本語版デザイン　岡部正裕（voids）
日本語版編集　河野和史、村田純一

ISBN 978-4-8025-1293-0
Printed in Japan